献给我的父亲母亲

# 人格判断：

## 多维的视角

**Personality Judgment:**
A Multidimensional Perspective

陈少华　著

暨南大学出版社
JINAN UNIVERSITY PRESS

中国·广州

图书在版编目（CIP）数据

人格判断：多维的视角/陈少华著. —广州：暨南大学出版社，2013.8
ISBN 978 – 7 – 5668 – 0739 – 7

Ⅰ.①人…　Ⅱ.①陈…　Ⅲ.①人格心理学—研究　Ⅳ.①B848

中国版本图书馆 CIP 数据核字（2013）第 200398 号

出版发行：暨南大学出版社

地　　址：中国广州暨南大学
电　　话：总编室（8620）85221601
　　　　　营销部（8620）85225284　85228291　85228292（邮购）
传　　真：（8620）85221583（办公室）　85223774（营销部）
邮　　编：510630
网　　址：http：//www. jnupress. com　http：//press. jnu. edu. cn

排　　版：广州市天河星辰文化发展部照排中心
印　　刷：佛山市浩文彩色印刷有限公司

开　　本：787mm×960mm　1/16
印　　张：18.75
字　　数：375 千
版　　次：2013 年 8 月第 1 版
印　　次：2013 年 8 月第 1 次

定　　价：39.80 元

（暨大版图书如有印装质量问题，请与出版社总编室联系调换）

# 序　言

　　以下这组数据是从帕梅拉·迈耶（Pamela Meyer）的《别对我说谎》中摘录下来的[①]：

* 我们大多数人每天会遭受将近 200 次的欺骗。
* 1/3 的简历中存在着虚假信息。
* 1/5 的员工认为自己在工作中有过说谎行为。
* 超过 3/4 的谎言并没有被人们发现。
* 每年由于欺骗导致的财产损失高达 9 940 亿美元。

　　如果生活中真的存在如此多的谎言和欺骗的话，那么我们应该如何去了解一个人？如何去相信别人？又该如何让别人相信我们？难怪人们会发出这样的感慨：这是一个信任危机的年代。人与人之间的信任一旦缺失，冲突也就随之增多。的确，认识一个人很难，认准一个人更难，谁都不会嫌弃朋友多，但谁都更希望能交上真朋友。认识和认准一个人未必会给你带来多少好处，但一定会让你避免一些不必要的损失。如果你将自己的薪水借给了一个不讲信用的人，如果你将一个没有能力的人招进了自己的公司，如果你将自己的终身托付给了一个不负责任的人，那么你失去的不只是钱财和利润，甚至还包括自己一生的幸福。这一切都是基于准确了解一个人，判断一个人。在了解和判断人的过程中，谎言和真实其实只有一墙之隔，尽管我们能够想方设法识别各种谎言，但似乎总是难以接近那个真实。《人格判断：多维的视角》为你提供了接近真实的途径。

　　现代心理学对人（格）的了解和判断大都通过心理测量的途径，这种方法为揭示人（格）及个体差异的本质作出了重要贡献。即便如此，现实中我们在了解和判断人的时候，仍然感到无所适从，因为人太过复杂和富于变化。一直以为我们是最了解自己的人，但是看过《人格判断：多维的视角》之后才发现，我们在某些方面并不了解自己，正如我们不了解身边的人那样。大千世界，人们每天忙忙碌碌，行色匆匆，有些人可能会与我们相伴到老，有些人我们也许只能见上一次，我们希望对前者了解更多、更真，但很多时候又事与愿违。父母不了解孩子的想法，老师不了解学生的人格，夫妻不了解彼此的情感，老板不了解员工的能力，这样的例子举不胜举。说到底，心理学脱离了生活。事实上，有些没

---

　① 帕梅拉·迈耶（2012）. 别对我说谎：练就一双精确识人眼. 张鹏等译. 北京：中信出版社，5~6.

有学过心理学的人比学过心理学的人更懂"心理"，他们似乎更能解读别人的"心思"。心理学应该借鉴其中的合理做法，将科学研究与直觉经验相结合，这方面，国外的一些研究具有开创性。只要看一下你的卧室就知道你是否是个开放的人，只要浏览一下你的个人网站就知道你是否具有严谨性，只要翻阅一下你收藏的 CD 就知道你是否是个重感情的人……这些既是了解人的线索，也是《人格判断：多维的视角》的信息源。

近年来，心理学不断朝着"高、精、尖"的方向发展，尤其是与脑神经科学的结合日益紧密，传统的主流研究已逐渐淡出了人们的视野，取而代之的是ERP（事件相关电位）、fMRI（功能性磁共振成像）甚至是基因的研究，这类研究的确有助于我们理解心理和行为的脑机制，但是在一定程度上似乎又偏离了心理学的轨道。人是多样化的，对人的研究也应该是"百花齐放"式的。有些领域可以去探讨脑机制，有些领域则必须回归现实，人格判断研究就是如此。对人的了解和判断不一定要深入到脑机制这样的层面，只要它能帮助我们更好地提高工作效率、改善人际关系、促进社会适应、提升幸福感就够了。准确地说，在人格与社会心理学中，像人格判断和对人知觉一类的研究领域，我们更需要一些"草根式"的研究，以便用于解决更多的现实问题。《人格判断：多维的视角》中充满了这类研究。《人格判断：多维的视角》不一定会让你成为人格判断专家，但它一定能帮你提升对人了解和判断的档次与层次。

这是一本很实用的书，书中的内容与我们的生活、工作和学习紧密结合，许多研究的介绍都是立足于在实践中提高人格判断的准确性，对于现实有很强的指导意义。这是一本很专业的书，对人了解和判断不是心理学的专利，但人们更加信任心理学的研究。该书自始至终围绕心理学的科学研究从不同视角阐述人格判断的准确性问题。这是一本很有趣的书，你的外貌特征和握手方式，你公开的言论和私下的秘密，你抬高自己和贬低他人，你为何有（或没有）自知之明，等等，都是《人格判断：多维的视角》的内容。这是一本很权威的书，书后所附的大量参考文献是权威性的最好诠释。书中引用的每个研究结果和结论几乎都出自权威杂志的第一手资料，这一点难能可贵。这是一本很有启发性的书，当国内一些学者忙于心理的脑神经机制研究时，应该想到心理学还有更广泛的领域和多元化的方法，《人格判断：多维的视角》在心理学应用研究方面无疑有启发价值。

人格判断既是一个过程，也是一种能力，准确的人格判断有许多实实在在的好处，但是真正要做到判断准确并不容易。我们身处一个富于变化的时代，这样的时代容易导致浮躁的心态，以至于我们不能静心"阅读"自己和身边的人，这便又加剧我们的浮躁和不安。当你冥思自我反省时，当你抛开名利看待他人时，你一定能看得更真、更准。

郑　雪

2013 年夏于广州番禺山语轩

# 人们相互之间其实并不真的了解

就在母亲去世后的第 10 个年头，父亲选择了自杀。父亲离去已有 20 多年，除去丧父之痛，有一件事我至今仍然想不通：父亲为什么会走上这一绝路？母亲病故后，父亲好不容易将几个小孩拉扯大，不想却作出了这样的选择，没有谁知道原因。在乡民们的眼里，父亲是个热情好客、吃苦能干、为人爽快而又大方的人；而在孩子们的眼里，父亲是个脾气急躁、专制严厉、苦干蛮干的人。我一直在问自己，父亲到底是一个怎样的人？他为何对旁人如此友善而对自己的小孩却这般苛刻？如今想来，突然发现自己并不了解父亲，正如父亲不了解自己的孩子那样。在当时的农村，在父亲的眼里，也许没有什么事情比谋生更重要，把孩子养大就是天大的事情，他的觉悟还没能高到设身处地地为孩子着想的境界。一直以为，只有家人和亲人之间才会更加熟悉和了解彼此，现在看来，人们相互之间其实并不是真的了解，即便是亲密的家人和朋友之间也是如此，至少不像我们想象的那样了解。

父亲的离去给家人带来伤痛的同时也给了我很大的触动：如何真实了解和准确判断我们身边的人？我们的家人、亲戚、伴侣、恋人、知己、朋友、同学、同事、领导、下属还有身边的陌生人，他们组成了我们的人际世界，对他们的了解和判断成为我们生活中不可或缺的一部分，甚至有可能是最重要的一部分。古人云："尽人事，知天命。"尽管对人的了解和判断其作用不至于大到预测一个人的命运，但其重要性却是不言而喻的。你的家庭是否和睦？你的人际关系是否和谐？你决定娶谁或嫁谁？你决定聘谁或雇谁？你会将谁当成亲密朋友？谁又只能做一般朋友？什么样的人值得信任和托付？诸如此类的问题，无不与对人的了解和判断有关。近年来，小到夫妻之间、亲子之间、同学之间、师生之间、主雇之间、医患之间、干群之间、同事之间，大到组织之间、企业之间、集团之间、政党之间、国家之间、民族之间、种族之间，误解不断，冲突频发，足以证明人们相互之间其实并没有真的了解。

仔细想想：日常生活中你是如何去了解他人的？他人又是怎样判断你的？你们彼此都了解到了什么？这些了解到的信息可靠吗？据此作出的判断准确吗？在我们这个星球，人类是最善于伪装的动物，在自我保护动机的驱使和高科技的辅助下，人类的伪装已达到了登峰造极的地步，加之社会生活中各种各样的利益关系和利害关系，人际判断的准确性似乎越发遥不可及。2013 年初，中国社会科

1

学院社会学研究所发布的《社会心态蓝皮书》调查显示，社会的总体信任进一步下降，只有不到一半的人认为社会上大多数人可信，只有两至三成的被调查者信任陌生人。社会的不信任源于相互之间的不了解，这种不了解甚至误解会导致社会冲突的增加和社会矛盾的加剧。《社会心态蓝皮书》是对"人们相互之间并不真的了解"这一事实的最好诠释，它提醒我们要去关注身边的每一个人，正如我们需要身边每一个人的关注一样，否则我们的心灵都将陷入孤独和惶恐之中。

尽管多数时候人们相互之间的了解不一定真实，判断不一定准确，但这似乎并不影响人们的正常交往。吉尔和斯旺（Gill & Swann，2004）的研究表明，人们之间只要能够获得实用准确性（pragmatic accuracy）就够了，这种准确性使得人们相互之间能够达成各自的人际关系目标①。恋爱中的情侣对于彼此与恋爱相关的个人品性比较了解，而对与恋爱不太相关的品性不够了解；一个老师对与学生学业有关的品质会了解得比较准确，而对与学业无关的品质未必了解。我从不相信所谓的"读心术"，但我的确承认有的人比其他人更擅长解读他人的内心。范德（Funder，2012）指出，只有当判断目标表现出了与特质相关的行为信息，而且这种信息对判断者是可用的，以及判断者能够觉察到这一信息并正确利用这一信息时，对人的了解和判断才有可能准确②。如此看来，要真正了解一个人包括我们自己并不是一件容易的事情，尤其是在线索不多、情境受限、目标模糊、时间仓促的情况下更是如此。

其实人们之间并非所有的了解都不真实，我们能够一眼看出一个人的衣着、打扮、长相和表情，并据此作出快速判断，这种根据第一印象作出的判断其准确性甚至高达60%③。我们能够比较准确地了解一个人身上那些相对客观的情况，如职业、地位、收入、兴趣及其人际关系等，但是对于那些比较稳定、持久、一致、内在的特征——人格特征，却不太容易了解。正是这些不太容易了解的方面激发了心理学家的兴趣。长期以来，人格与社会心理学家非常关注人格判断及人际知觉的准确性问题，并积累了丰富的研究经验和资料，他们的研究成果很多已被广泛应用于工业、组织、教育、临床、司法等各个领域。作为一名新手，我有幸目睹了该领域研究最鼎盛的时期。2010 年，美国华盛顿大学斯明·瓦兹（Simine Vazire）博士一篇名为"谁了解一个人？自我—他人知识不对称模型"的文章吸引了我的注意，看完之后不禁感慨：其实我们并不真的了解自己！我们对自己的了解与他人对我们的了解是不对称的，有些方面我们比他人更了解（如我们

---

① Gill, M. J., & Swann, W. B. Jr. (2004). On what it means to know someone: A matter of pragmatics. *Journal of personality and social psychology*, 86, 405–418.

② Funder, D. C. (2012). Accurate personality judgment. *Current directions in psychological science*, 21, 177–182.

③ http：//news. xinhuanet. com/world/2012–12/04/c_ 124044079. htm.

的情感），而另一些方面他人比我们更了解（如我们的智力）①。从此，我便迷恋上了"人格判断"。致力于人格研究有十余载，我一直希望能够找到一个接地气的研究领域，希望人格研究不要过于理论化，希望这一领域的研究能够解决实践问题，幸运的是10年后，我自认为找到了这样一个研究领域——人格判断及其准确性问题。

老实说，我对人格判断领域的了解非常有限，有些方面还只是一知半解。从20世纪初到现在，人格判断领域从来不缺大师，从奥尔波特（Allport）到麦克亚当姆斯（McAdams），从克伦巴赫（Cronbach）到范德，从肯尼（Kenny）到高斯林（Gosling）和瓦兹（Vazire），他们要么是这一领域的开创者和领军人物，要么是多产者和集大成者。作为该领域的集大成者，美国加利福尼亚大学的大卫·范德博士早在1999年就出版了《人格判断：人际知觉的现实主义方法》②，该书主要围绕作者1995年提出的人格判断的"现实准确性模型"（RAM）来展开论述，荟萃了作者在人格判断领域近30年的研究成果，其研究广度和深度至今无人能及。我无意将自己和这些前辈们相比，只是有感于这十多年来人格判断研究领域发展太快，研究成果层出不穷，社会应用越来越广泛，觉得有必要重新梳理一下这一领域的研究。作为对范德博士《人格判断：人际知觉的现实主义方法》的后续版，这就是您所看到的这本《人格判断：多维的视角》。之所以称之为"多维的视角"，是因为我想从不同的角度去看待人格判断及其准确性问题，这些角度包括自我与他人知觉的不对称、人际交往和关系质量、特质的属性与特性、信息的数量和质量、信息的来源和类型、判断者的个体差异、元知觉及其准确性以及社会实践中的人格判断。全书共分九章，其内容简要概括如下：

第一章是关于对人判断的理论思考。对人的了解和判断进行研究，不是心理学家的专利。几千年前，许多伟大的哲学家都在研究人性的判断问题，此后，所有与人有关的学科都与人的判断问题结缘。本章概述了从对人的判断到人格判断研究的发展脉络，重点论述了人格心理学领域人格判断问题的来源、人格分析的三种层面（人类本性、个体和群体差异、个体独特性）以及人格判断的三种水平（特质水平、个体关注水平和身份水平）。

第二章介绍了人格判断及其准确性的一般问题。如果人格真的存在的话，那就一定存在人格判断准确性的问题，但是谁的判断准确呢？谁又能接近那个真实的人格呢？准确性有标准吗？判断间的一致性能够等同于准确性吗？根据现实准确性模型，要作出准确的人格判断，个体要经历相关性、可用性、察觉性以及利

① Vazire，S.（2010）. Who knows what about a person? The self-other knowledge asymmetry（SOKA）model. *Journal of personality and social psychology*，98，281 - 300.

② Funder，D. C.（1999）. *Personality judgment：A realistic approach to person perception*. San Diego，CA：Academic Press.

用性四个阶段，其中，判断者的个体差异、特质特性、判断目标的可判断性以及信息的数量和质量会影响该模型的一个或多个阶段，并最终决定准确性的获得。

第三章从自我知觉与他人知觉差异的角度分析了人格判断准确性的不对称问题。每个人对自己的看法不同于他人对自己的看法，自我知识有别于他人知识，这种差异导致了判断的不对称。当自我知觉与他人知觉不一致性时，谁的判断更准确呢？我们为何在某些方面不了解自己？他人为何在另一些方面比我们更了解自己？是什么原因导致了这种判断的不对称？我们能够缩小这种判断准确性的差异吗？这种差异对我们有何启示意义？

第四章论述了特质的属性和特性对人格判断准确性的影响。作为联结判断者与判断目标之间的纽带，特质特性似乎是一个影响准确性的客观因素。从特质本身分析，有些特质比其他特质更容易判断，如可观察性高的特质；有些特质容易产生判断偏差，如可评估性高的特质；有些特质则容易导致判断间的不一致性，如比较模糊的特质。不仅如此，特质特性还与判断者对目标的熟悉度等主观因素交互作用于准确性。

第五章从判断者与判断目标关系的角度分析了人格判断的准确性。相对于他人，父母更了解自己的孩子，这种准确性取决于关系的亲密度或熟悉度（acquaintance）。一般认为，熟人的判断比陌生人的判断更准确，亲密朋友的判断比一般朋友的判断更准确，这是因为前者往往比后者掌握的信息数量更多。但是，并非信息越多越准确，起决定作用的是信息质量。在人际交往中，私密信息比公开信息更有可能揭示真实的人格，人们在弱情境下比在强情境下更有可能真实地表现。

第六章阐述了信息来源、信息类型与人格判断准确性的关系。我们对他人的第一印象通常是基于对方的身体面貌、衣着打扮、面部表情及姿态语言，这些外部特征会左右我们随后的判断。除了行为观察或面对面交谈外，现实生活中人们还会利用行为痕迹线索进行人格判断，这些痕迹常见于卧室、办公室及其居住地。互联网是人格判断的另一重要信息来源，网络聊天、个人网页、QQ 空间、电子邮件以及微博有助于我们作出准确的人格判断吗？虚拟世界与现实世界所揭示的人格有分别吗？

第七章探讨了判断者的个体差异对人格判断准确性的影响。谁是最准确的判断者？为什么有些人比其他人更能准确地知觉他人？围绕这一问题，研究者从性别、认知能力、人格特征、情绪智力以及社会适应等个体差异的角度作出了解释。男性还是女性更擅长人格判断？聪明人作出的人格判断就一定准确吗？在人格判断中，IQ 和 EQ 的作用一样吗？准确的判断者有共同的人格特质吗？适应良好还是适应不良的个体更能准确地洞察他人？

第八章介绍了元知觉与元准确性及其相关研究。在人际知觉中，我们不仅掌握了大量与自我有关的知识，即人格的自我知识（self-knowledge），而且还需要知道身边其他人如何看待我们，这种关于他人如何看待我们的信念被称为元知觉（meta-perception）。人们在多大程度上了解他人对他们的看法被称为元准确性（meta-accuracy）。元知觉真的存在问题吗？元准确性准确吗？关于自己的人格，人们能够洞察元知觉与他人知觉的分别吗？自恋的人知道他人的消极看法不同于自己的积极看法吗？

第九章回顾总结了人格判断及其准确性在社会实践中的应用。日常生活中的机遇和期望会影响我们对他人的判断。在学校情境下，由于关系的不对等以及情境中规则的限制，师生双方对彼此判断的准确性都有待进一步提高。在人力资源管理中，从人才招聘到绩效考核，管理者越来越多地依赖于人格判断，而作为最高管理层的 CEO，同样也是下属判断和考核的对象。在实践中提高人格判断的准确性对自己、他人和社会都有极其重要的意义。

人不仅善于伪装，而且也是极其善变的动物，这无形中阻碍了人格判断准确性的获得，从而导致人们相互之间并不真的了解。每个人都很熟悉人与人之间如何相互了解，这种了解的准确性往往由一个人的经验、阅历、能力、人格及其人际的敏感性和洞察力共同决定。从这种意义上讲，常识水平的人与人间的相互了解与科学水平的人格判断研究并不矛盾。但是，当您认真阅读完本书后会发现，其实两者之间仍然有较大的差距。在判断的准确性方面，既有专家也有新手，但是都有提高的空间，不论您是什么职业，身处何种职位，我们都希望您能从拙作中受益。人际交往双方从不了解到比较了解到非常了解，需要不断在实践中接受检验；人格判断中从不准确到比较准确到非常准确，需要不断学习人格判断知识，这是作者写作本书的初衷。

# 目录

content

目

录

content

目

录

content

# 第一章

# 人—社会—人格判断

......

# 1　引　言

　　"人啊，认识你自己。"这句古希腊德尔斐神庙的铭文成为西方心理学最初的起源。无论是借助于传统思想还是现代技术，"认识并理解人"是心理学追求的最终目标。尽管当代西方心理学理论流派纷呈，学科门类齐全，研究方法多样，研究技术先进，但是距离自身追求的目标仍有较大差距。从科学层面上讲，心理学研究者可利用 ERP（事件相关电位）或 fMRI（功能性磁共振成像技术）将人的研究深入到脑细胞层面，"已经开始用分子遗传学技术来探索与酗酒、认知能力、犯罪和冲动控制有关的基因，他们很可能会找到能够合成特殊神经递质的基因，而这些神经递质又与特定特质有关"（Larsen & Buss，2011，p. 585）。然而，这样的研究对于我们在现实中准确了解和判断一个人又有多少帮助呢？心理学家当然可以从不同层面揭示人类心理的奥秘，但是如果他们的研究不能做到对人类的生活有所裨益的话，人们就有理由怀疑其存在的价值。

　　幸好还有人格与社会心理学家，他们中的一些人终其一生都在努力探索认识自我和认识他人的问题，并获得了许多有意义的结论。表面看来，没有谁比我们更了解自己，而事实上，在某些方面，我们并非是自己最准确的判断者。在生活中，有时候我们跟某些人即便只有一面之交也能比较准确地了解对方；而另一些时候，我们跟某个人一起生活了大半辈子却仍然不太了解对方。为什么人们在一些情境中的表现比另一些情境要更真实？为什么有些人比另一些人更善于了解和判断自我或他人？为何有的人比其他人更容易被他人了解和判断？为什么我们对有些特质容易准确判断而对另一些特质却很难准确判断？……所

图 1 - 1　"人啊，认识你自己"

有这些都涉及对人的判断问题。从人格心理学的角度去分析，人格的本质是任何人格理论都不能回避的问题，人格的测量与评估则是最重要的应用研究领域，人格心理学家强调的是人格的个体差异，因此往往从个体的视角去判断一个人的人格。从社会心理学的角度来看，社会知觉（对人知觉）是所有社会心理学理论

的核心问题，社会心理学家更加关注社会情境中的人，因此他们也更加看重社会关系中的对人判断。20世纪90年代以来，上述两个领域的研究已逐渐整合到一个统一的理论框架中（Funder，1995，1999）。

无论是科学研究水平还是世俗观念水平，准确了解和判断人，其价值是不言而喻的。在哲学和社会科学中，人性是一切研究的出发点；在心理学学科中，人格是最重要的研究领域之一。但是，即便我们将所有关于人性和人格的科学研究成果综合在一起，仍然难以帮助我们在较短的时间内准确地判断一个人，这正是作者撰写本书的出发点。在实践中，老师之于学生，医生之于病人，家长之于孩子，上司之于员工，法官之于犯罪嫌疑人等，无一不以准确判断为前提。虽然在不同的职业和领域，判断的内容和目的不尽相同，但意义却是相通的。老师不了解学生，教育就不可能有效；医生不能准确判断病人，医治就不可能有疗效；家长不理解孩子，就不可能建立良好的亲子关系。简言之，从行为到意图，从情感到人格，从单个的人到社会中的人，快速而准确的判断有着重要的现实意义。反言之，大至国家之间的冲突，小到人与人之间的摩擦，大都与不能准确判断有关。我们认为，构建和谐社会，促进个人幸福，应当从准确了解和判断人开始。

对人判断涉及的内容非常广泛，包括外貌、长相、名望、表情、姿态、言行、情感、思想、动机、能力、人格等各个方面，既有生理层面的也有心理层面的，既有个人层面的也有社会层面的，甚至还包括文化层面的。关于这些判断准确性的研究，既有经验水平的，也有科学研究的；既有理论探讨的，也有实验研究的。在众多的判断领域，我们最感兴趣的是人格判断，即判断一个人成为他自己以及区别于任何他人的最重要的特性——人格，它是所有对人判断中最核心的判断。人格判断（personality judgment）是人们通过接收到的关于他人的特定信息或与他人接触时感知彼此人格特征的过程，目的在于理解个体过去的行为或预测个体今后的行为表现（Funder，1995）。当我们知道对方是个值得信任的人时，我们可能会对他委以重任；当我们了解到某人是个负责任的人时，我们就会预测这个人在其岗位上会有较好的发展。这些都建立在准确的人格判断的基础上。

在现实中，不仅临床心理学家或人格心理学家对人格判断感兴趣，普通大众也对此着迷。在欧美一些发达国家，那些想找工作、变换工作的人常常运用人格测试的方法选择新的工作；雇主们则越来越倾向于用人格评估的方法来判断其雇员是否适合某种工作；一些畅销杂志也充斥着简短的人格测验游戏，以便人们深入了解自己、恋人或父母的人格。更多的时候，人们常常为了了解自我而费尽心机，当人格不再用于测试时，它便成为人们茶余饭后的谈资，因为人们总是试图描述和解释其配偶、子女或对手的行为举止。于是就产生了这样的问题：我们哪些爱好是与生俱来的？我们是如何受生活环境左右的？我们彼此之间有哪些不同或相似之处？……对于那些因性情失常而备受精神折磨的人来说，上述问题就变得更加敏感。这种精神痛苦不仅仅困扰着他们自己，而且也影响着他们周围的每个人。

# 2　对人判断的探索历程

　　无论对专业人员还是普通百姓而言，有一个问题他们都极为关注：怎样去判断一个人的个性或人格，怎样了解他的一言一行？人与人之间的行为差异作何解释？很显然，人们所说的一些话并不是可靠的信息来源，因为在所有有生命的物种中，人类是最能够撒谎的，事实上他们也经常撒谎。同样，我们也不能采信于他人的手势、动作或表现，因为他们会装假，有些人还装得极像，直到最后的关键时刻才暴露出真实的自我。鉴于此，人性研究自古以来就是哲学家和普通人最感兴趣的问题，也是过去100多年来现代心理学最重要的研究领域之一。

　　根据记载，最早的对人判断研究起源于占星术这门伪科学。早在公元前10世纪，古巴比伦的占星士们就已经开始根据行星的位置来预测战争和自然灾害了。到公元前5世纪，古希腊的占星士们依据占星的数据来解释人的性格并用以预测未来。在前科学年代，人们普遍相信一个人出生时行星所处的位置会影响他的性格及其未来的命运，这在当时是非常有吸引力的观点。令人奇怪的是，在天文学和心理学业已表明占星术是迷信的今天，这种观点仍然具有很大的诱惑力。有一种自称能挖掘潜在人格的假把戏叫面相学，至今也已持续了相当长的时间。聪明的古罗马人非常相信面相学，马库斯·西塞罗（公元前106—公元前43）曾说："面相乃心灵的图像。"朱力斯·凯撒认为，"我并不害怕这些肥头大耳的家伙，可那些面容苍白的瘦家伙着实让人操心"。按莎士比亚的话说，凯撒的观点最明显不过了："让我的身边围满肥仔/天庭滑润的男人可安度良宵/那位加西阿斯生相瘦弱，面露饥容/他心机多端/这样的人危险难缠。"耶稣的实际面相一直无人知晓，可是从公元2世纪到现在，他的画像一直是面容祥和、端庄非凡的。看面相的传统一直延续下来，很多人在遇到生人时总喜欢根据其面相来猜测他的人格。与占星术不一样，"脸部特征是人的内心线索"这一说法有心理学上的根据，我们的长相和我们对自己的感觉显然是有联系的。然而，古希腊哲人希波克拉底（公元前460—公元前377年）、毕达哥拉斯（公元前572—公元前497）及其他面相学家都没有想到这层关系，相反，他们编辑了一大堆资料，在某种特别的面相特征与人格特质之间拼凑了许多奇妙的联系。就连伟大的亚里士多德先生也强调："前额大的人偏向于呆滞，前额小的人用情不专；天庭宽阔者易于激动，天庭突出者好发脾气。"

　　还有一种根据外表特征来判断人格的方法是颅相学，它认为通过按摸头骨形

人格判断：多维的视角

Personality Judgment: A Multidimensional Perspective

4

状就能知道一个人的性格，也是一门伪科学。颅相学理论认为，高度发达的大脑器官会挤压头骨并产生突起，通过测量与各个器官（这些都与爱的教养方式、友谊、好斗有关）有关的突起的大小即可判断一个人的特点。尽管颅相学在 21 世纪的今天已销声匿迹，然而这种学说在 19 世纪曾风行一时，且至今仍有许多人相信，天庭饱满突出的人是"足智多谋之士"，而天庭扁平窄小的人多半是头蠢驴，而且铁面无情。将人格特质与生理特征联系起来的最有名的理论是古罗马医生盖伦（Galen，129—200）提出的"体液说"。他认为，体内黏液过多的人冷静镇定，黄胆

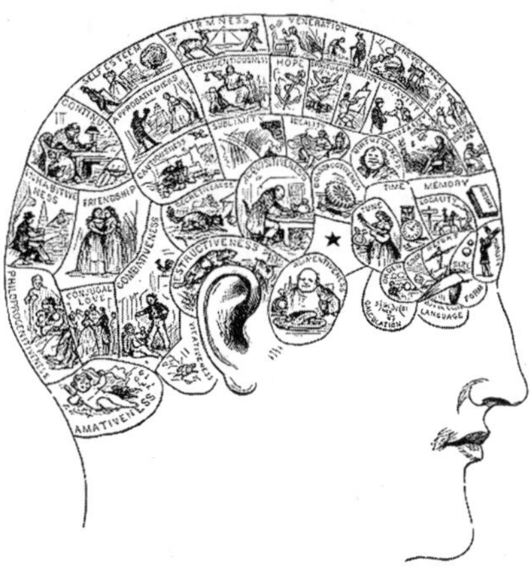

图 1-2　颅相学示意图（1883）
（资料来源：zh. wikipedia. org）

汁过多的人性情急躁，黑胆汁过多的人沉湎于忧郁，血液过旺的人乐观自信。该理论一直统治到 18 世纪。此后，德国哲学家克里斯蒂安·托马西乌斯（1655—1728）提出了一种准科学的人格评定方法，那就是通过用数字给不同的人格特质打分来判断一个人的人格。这种方法虽然有些粗糙，但是在很大程度上启发了后来的人格"等级评定"技术。托马西乌斯为自己的书所取的名字也耐人寻味——《一种实在科学的新发现：哪怕违背其愿望，但对公众从日常谈话中以洞悉别人内心之秘密都极为必要》。

# 3　不同学科视野中的对人判断

## 3.1　哲学家的观点

一切人文社会科学研究的核心都是人，人的本质或人性（human nature）本质的问题是哲学的起源问题之一。随着人类不断进化和大脑日益发达，思维也得到了前所未有的发展，他们喜欢对感知的事物刨根究底，从而作出一个结论性的解释。一些先哲把研究的视角对准了自己和同类，不断地提出了"我是什么、人是什么、世界的本质是什么"等问题。先哲们在深入研究的基础上形成了自己的见解，纷纷著书立说，用自己的观点来解释人和社会，于是就形成了许许多多的古典人性观，如性善论、性恶论、性无善恶论及性有善恶论，这些人性观直至今天还在深刻地影响着人们的思想。中国传统儒家人性学说认为，"人皆可以成尧

舜"，只要"内养外化，皆可成善"；而法家的代表荀子（公元前313—公元前238）则主张，"人之性恶，其善者伪也"，"不可学、不可事而在天者谓之性。可学而能、可事而成之在人者谓之伪。是性伪之分也"。在欧洲，文艺复兴后的资产阶级提出了以解放人的个性为主要内容的人性论，在当时具有反封建的作用。但资产阶级的人性论不用阶级观点分析人，不按照人的历史发展解释人性，而只侈谈所谓人类共有的人性。马克思主义认为，人性是人的自然属性和社会属性的统一，在有阶级的社会里，人的社会性包含着人的阶级性，所以只存在具体的人性，而抽象的所谓人类共有的人性是不存在的。

在现实生活中，尽管我们不会像哲学家那样在人性问题上咬文嚼字，但每个人自幼形成的对人生和世界的看法与哲学家并无二致。换言之，每个人都有自己的统一哲学观和人生观，这种观念决定了个体为人处世的原则和态度。在今天这种价值观倾向于多元化的社会，人们已不常争论人性是善是恶问题，善恶的标准也日益变得模糊不清，然而，一个人在整体上关于人性的观点多少会左右他的学习、工作、人际交往及其价值观念。当我们认为人的本质是善良的时候，我们总是会从积极的方面去替人着想，以一种理解和期望的眼光去看待周围的一切；而当我们认为人性是丑恶的时候，即便周围的人和事是积极的、优秀的，我们也可能会以一种不正常的心态或偏见去看待。虽然对人性的判断带有浓厚的思辨性，而且与人格的判断尚有距离，但是，这种整体的人性判断构成了人格判断的基础。如果说人格判断主要关注个体层面的对人判断问题的话，那么哲学家们的人性论主要关注群体层面的判断。这些人性论左右了人格心理学家的理论导向，弗洛伊德的精神分析建立在性恶论的基础上，而马斯洛的人本主义则持性善论的观点。

## 3.2 人类学与进化论的观点

从个体的角度而言，对人判断是一种很重要的能力，这种能力不仅跟后天的教育和成长历程有关，而且必定也与先天的遗传素质有关。从物种的角度来看，对人判断可视为物种进化的结果，可以假定，那些能够作出准确判断的个体比不能准确判断的个体更有可能适应环境的需要，因而得以生存和繁衍。试想，我们的祖先如若不能对其所在的部落群体成员作出准确判断和了解，那么不仅不可能进行有效的沟通，而且可能因此而起冲突。从进化心理学的角度来讲，从有人类的时候开始，就有了人格判断。一个无法有效感知他人人格的个体，难以维系正常的社会关系。在远古的合作性社会中，这种个体也将很难获得维持生存的物质资源，从而也很难找到配偶，与之相应的基因也就很难遗传下来。打个比方，进化就像个筛子，一遍又一遍，最后剩下来的，都是那些能有效进行人格判断的个体。也就是说，人格判断的天生效度在整个人类中具有普适性。

人类是一个凝聚力极强的社会性物种，因此，人与人之间有效的判断可以帮助我们避开敌害、结成联盟以及找到合适的配偶，而错误的判断对于个体和种族有时候可能是致命的（Haselton & Funder，2004）。进化论的观点指出，人类应当首先形成和发展用以解决人际判断问题的技能技巧，包括对他人人格的判断，这种能力对于生存和繁衍这一基本任务有重大意义。从狩猎过程中合作同盟的形成，到朋友和配偶的选择，以及集团谈判和社会交换，

图 1 - 3 对人判断是物种进化的结果

（资料来源：scipark.net）

可以想象社会判断和社会决策在其中将会起到怎样的作用。按照进化心理学的观点，对女性而言，繁殖是件比男性付出更多的买卖，因此，女性会将更多的注意力放在男性抚育后代的能力和意愿上；男性则会将注意力放在女性的生育能力上（Dunbar，Barrett，& Lycett，2011）。反言之，那些不能判断男性抚育能力的女性和不能判断女性生育能力的男性繁衍和保全后代的概率更小，生存下来的可能性更低。关于征婚的研究表明，配偶选择偏好与真正结婚的数据一样，都体现了配偶选择决策的确存在进化的考虑。值得一提的是，人们所作的决策视"自己对异性有多少吸引力"而定。同样地，一些显著进化的身体特质（如男性突出的下巴、高大的身材、强壮的体魄，女性年轻、漂亮、胸大、细腰、肥臀）被认为对配偶选择决策起了重要作用。时至今日，这些身体特征仍然是我们对人判断中的重要依据。

## 3.3 社会学与社会心理学的观点

从社会学的观点分析，人不只是个体的，更是群体的和社会的，一个人的发展始终不能脱离周围的人和环境。在这种意义上，人的本质就是社会性。社会学家更愿意将人转到社会环境和人际关系中进行判断，社会适应良好的个体是那些既能够准确判断他人又能够被他人准确判断的个体。与其他人文社会科学和心理学相比，社会学家更关注一个人的社会身份和地位，关注其社会角色、职业以及个体所在的群体、社会组织和文化背景。事实上，当我们初次了解一个人时，我们首先会从个体附属的社会因素开始，例如，问对方的籍贯、职业，了解他的家庭情况、婚姻状况、社会地位等。当对这些有了大致了解后，我们就能对对方形成初步的第一印象，这种印象有可能左右我们对其进行更深入了解的意愿。当我

们得知某人是权高位重的社会名流后，我们可能会赋予他更多积极或消极的看法，如推断其人品是否优秀，收入所得是否正当等，社会偏见以及刻板印象与此不无关系。

关于对人知觉，社会心理学最关注的是我们如何形成对他人的印象，尤其是第一印象（first impressions）[①]。泰勒（Taylor）等人（2010）指出，在考察人们如何形成对他人的印象时，有六条简单而又普遍的原则（p. 32）。

（1）人们根据少量信息迅速形成对他人的印象，并赋予他人一些普遍特质。

（2）人们特别注意他人的显著特质，而不是关注所有方面。我们会留意那些让一个人显得与众不同的品质。

（3）对他人的信息加工包含知觉他们行为中的一致性含义（coherent meaning）。在某种程度上，我们参考个人行为所在的情境去推测该行为的含义，而不是孤立解释某种行为。

（4）我们通过对刺激进行分类或分组来组织我们的知觉。我们并非将某个人看作孤立的个体，而是倾向于将人看作群体的一员——穿白大褂的人是医生，虽然每个医生都有一些与其他医生有所不同的特质。

（5）我们利用自身具有的持久的认知结构来解释人们的行为。在确认某位女性是名医生之后，我们就利用关于医生的信息对她的特质和行为的含义作出一般性的推论。

（6）知觉者自身的需要和个人目标将影响他如何知觉他人。例如，你对只需见一次的人形成的印象与你对新室友形成的印象非常不同。

即使一个人准确把握了上述原则，他（或她）是否能形成准确的第一印象呢？答案是否定的。从影响对人知觉准确性的因素分析，我们对人知觉的动机以及所掌握的信息共同决定了知觉的准确性。无论是对谁知觉，我们都不可能做到完全客观，也不可能把握所有信息。大量证据表明，人们对他人的知觉并不是非常准确，却能获得实用准确性，这种准确性使他们能够达成人际关系目标（Gill & Swann，2004）。因此，实用准确性不需要特别高，只需要让人们能够满足在关系中所持的目标即可。

---

[①] 在与陌生人交往的过程中，所得到的有关对方的最初印象称为第一印象。第一印象并非总是正确，却总是最鲜明、最牢固的，并且决定着以后双方交往的过程。

**链接：成见对判断的影响**

成见（stereotype）又叫刻板印象，是指对某一类人或某个群体（比如男性或女性、黑人或白人、银行家、大学生、中国人等）的人格特质的固定看法，这种看法来自于对整体的概括。成见能使我们的周遭环境简单化，这是它的唯一用处。有了它，我们在不知不觉中对信息"打包"，我们将不同的人编入不同的小组，同时又力图使同组的各个成员间差异最小化。在判断某人的时候，你会不自觉地一概而论或受成见的影响吗？不管你的回答是肯定还是否定，我都希望你能往下看，下面这些内容很可能与你有关。

（1）性别间的成见。性别成见会让我们固执地认为男性处于主宰地位，他们理智，以自我为中心，而女性则比较热情，多愁善感，依赖性比较强。在一项实验中，当男性大学生面对一位高成就的女医生时，会认为她的能力较差，而且她的成功之路比男性医生轻松（Feldman-Summers & Kiesler，1974）。女大学生的看法则有所不同，尽管她们认为男医生和女医生的能力一样，但是却认为男医生的成功之路会比较轻松。

（2）对外貌的成见。你对帅哥美女和对丑男丑女的态度一样吗？大量的实验都给出了否定的答案。这些实验表明，我们以貌取人实在是太平常了，我们通常也更加信任长相俊美的人。如果我们对与之有关的所有实验做一个全面分析，会发现长得漂亮的人比长得难看的人显得更加善于交际，更有支配力，更加性感迷人，也更聪明，心态更平和，更易相处（Feingold，1992）。更令人意外的是，格根（Gergen）等人还发现，人的外貌甚至会影响他人对其配偶的看法。研究人员请参与者根据照片对一位男士进行评价，男士或与一位美女相伴，或与一位相貌平平的女士为伴。研究发现，当男士身边站着的是美女时，他在参与者眼中就显得更加具有智慧，更善于交际，也更有钱（Gergen，1981）。

（3）对衣着的成见。虽然说"人不可貌相"，可是我们仍然喜欢凭衣着取人。例如，看到一位男子带着船长帽，嘴里衔着烟斗，身穿条纹套头毛衣，你一定会说这是个布列塔尼水手。福赛特（Forsyte）等人的实验研究发现，人们特别喜欢把某些男性化的标签贴在前来应聘要职的身着深色套装的女性身上（Forsyte, Drake, & Cox, 1985）。对这些女性求职者进行评价的参与者认为她们竞争力强，有领导气质，有责任感和自信心，处事客观，雄心勃勃。而一个衣着"挑逗"的女应聘者在参与者看来更有自信，也更世故，更有吸引力，但她跟其他衣着风格的女性相比，也显得不够优雅，不够诚恳，不够谨慎（Abbey et al.，1987）。

（4）对社会地位的成见。如果有人告诉你，你马上要见到的人其家庭背景不错，那么你对他的判断很有可能会受到这则信息的影响。达利（Darley）和格鲁斯（Gross，1983）为参与者播放短片，片中展示了一个小女孩的社会出身：半数观众看到这个小女孩出身殷实家庭（现代化的学校，豪华的住所），另一半观众看到她来自社会底层（学校破旧，街道衰败）。接下来，研究者继续给所有参与者一起播放另一段影片，影片中小女孩正在进行一项艰苦的任务，是成是败还很难说。看完后要求参与者为小女孩的表现打分。结果发现：如果参与者之前看到小女孩来自富裕家庭，就会认为她禀赋过人，而在另一种情境下则认为她天资一般。他们所评价的其实是同一个孩子。

（5）文化成见。与文化相关的成见是人们谈论最多的，因为在存在种族主义或是排外主义的国家中，此类成见可谓屡见不鲜。博登豪森（Bodenhausen，1988）请一些美国人判断犯罪嫌疑人是否有罪。他对其中半数参与者说，该名嫌疑人叫拉米雷斯（Ramirez）（在美国，人们通常认为拉美裔人犯罪的可能性特别大），对另一半参与者说他名叫约翰逊（Johnson），随后，参与者根据一系列对嫌疑人有利或不利的目击证据来判断他是否有罪，结果发现：名叫拉米雷斯（Ramirez）的嫌疑人比名叫约翰逊的嫌疑人更容易被判有罪。

有个小笑话，说的是对欧洲各国的文化成见，有时候这些成见也未必都是负面的……"法国人当大厨，德国人当机师，英国人做警察，意大利人谈恋爱，一切的一切都靠瑞士人运筹帷幄，这就是天堂。英国人当大厨，法国人当机师，德国人做警察，瑞士人谈恋爱，一切的一切由意大利人组织管理，这就是地狱。"

（资料来源：塞尔日·西科迪，2009，pp. 149 - 152）

# 4　人格心理学领域的人格判断

## 4.1　人格判断问题的起源

### 4.1.1　人格—环境之争

一个人的行为到底取决于个体的人格还是特定的情境，心理学家对此一直争论不休。特质论者认为，个体的行为表现由人格特质决定，了解特质就能预测行为；情境论者则认为，个体的行为由特定情境决定，知道一个学生在学校表现诚实无助于我们了解这个人是否在家里也有诚实表现。这就是人格心理学领域中著名的"人格—环境之争"。人格—环境之争的起因在很大程度上是由沃尔特·米歇尔（Walter Mischel）在1968年出版的《人格评估》一书引发的。米歇尔认为，从一种情境到另一种情境的行为非常不一致，因此用概括的人格特质刻画个体差异是不合适的，而特质心理学家包括那些致力于人格测评技术和实践的学者则强烈反对这一观点。范德（2009）在总结已有研究的基础上指出，人格—环境之争涉及三个核心问题：第一，是个体的人格超越即时情境而对行为提供一致的指导，还是一个人的行为最终取决于他当时所处的情境？因为直觉告诉我们，人有稳定的人格（每个人每天都使用人格特质词汇）。这个问题也引发出第二个争议点，即是否日常生活中普通的人对人的直觉是无效的，或根本就是错误的？第三个问题涉及的层面更深：基础的实证问题已经在很多年前解决，为什么心理学家还年复一年地争论人格的一致性问题呢？

### 4.1.2　关于人格一致性的两种观点

西方人格心理学有一条不成文的假设，即假设人格是个体稳定的反应倾向及个体内部一致性的行为模式，稳定性和一致性是人格研究的理论基础。然而这并不意味着人格一致性与可变性问题的解决。人格心理学家在接受该假设的同时常常蒙受两难之苦：如果说人格具有稳定性和一致性，那么如何解释人格发展的多样性与复杂性？人格教育及相应的心理干预又将起何作用？然而，如果说人格是不断变化的，那么我们的行为也将日复一日地随情境变化而发生难以预料的改变，一切基于人格研究所做的预测亦无从谈起（陈少华，郑雪，2000）。

在对待人格的一致性与可变性问题上，西方传统的人格理论大致分为两派：一致论与可变论。精神分析和特质论者持人格一致性的观点，而行为主义、认知学派及人本主义者则相信人格是可变的。弗洛伊德认为，个体人格至5岁左右已趋成型，此后的发展历程不过是对早期业已形成的人格作细枝末节的修补而已。早期的特质论者，如奥尔波特、卡特尔等人也认为，人格由不同水平、不同等级的特质组成，这些特质在跨时间及跨情境上具有相对的稳定性和一致性，稳定和一致是建构特质理论的一个重要前提。新特质论者，如大五因素理论的代表麦克雷（McCrae）和科斯塔（Costa，1992），通过大量实验研究表明，个体人格不外乎由五个维度构成：神经质（N）、外倾性（E）、开放性（O）、宜人性（A）及责任心（C）。这些维度不仅在个体内部有较高的一致性，而且在不同文化和群体之间也是相对稳定的。

相反，行为主义者指出，相信人格具有稳定性和一致性纯属天方夜谭。从某种程度上讲，个体身上只存在行为而不存在意识，只有情境而没有人格；个体的行为几乎完全由情境决定，所谓的"人格差异"不过是"S—R"（刺激—反应）结合之不同导致的。行为主义者举例说，当一座房屋着火时，试图预测高自尊或低自尊的人是否会逃离现场的做法是可笑的。人格认知理论家凯利（Kelly）则主张，人格包括"个人建构"（personal construct），它是用以建构世界及预期行为结果的两极知觉：如果某一建构产生了不正确的预期，那么这种建构应该而且也将会被修正，从而促成新的建构形成。由于个体的建构自始至终处于不断更新与变化之中，因此人格也在不断发展和变化。而人本主义的观点更明显，个体要想达到自我实现，只有不断地完善其人格，否认人格的可塑性也就否认了个体的主观能动性。

尽管如此，人格的特质理论家反驳道，如果不承认人格具有稳定性和一致性，那么一切人格研究都将无从下手，研究结果也将毫无意义；如果说人格中确有变化的话，那也只是人格特质随年龄增长在活动水平上有较小的下降，并不表明人格是变幻莫测的，行为随情境而改变不应成为否认人格具有一致性的依据。与此同时，近年来，越来越多的研究结果也支持了人格在跨时间及跨情境中的一致性。

### 4.1.3　人格跨时间一致性的研究

人格跨时间的一致性被认为是人格的稳定性，它是指个体的人格特质随时间变化而保持稳定的趋势。人格跨时间一致性问题的研究始于 20 世纪 30 年代，经过大半个世纪的探讨，到 20 世纪 90 年代初已积累了数以千计的研究资料，其间影响较大的当数麦克雷和科斯塔（McCrae & Costa）的一项长达几十年的纵向研究。该研究结果表明：人格特质在个体发展的前 30 年内变化较大，至 30 岁以后变化甚小；从总体上看，随着年龄的增长，个体身上的五种特质因素及其固有的比例保持稳定。"在头 30 年中，多数人的生活结构都要发生急剧变化，他们要经历上学、就业、结婚甚至离异，或许还要经受搬家的折磨……然而在人格的大五因素方面，大多数人不会有什么改变。"（McCrae & Costa，1990，p. 87）尽管诸如此类的重大生活事件会对人格发展产生影响，但是研究者仍然主张基本的人格不会发生变化。

为了检验人格在跨时间方面的稳定性，罗伯茨（Roberts）及其同事用元分析技术考察了个体生活过程中

图 1-4　人格具有跨时间的稳定性

特质一致性是否会在某个特定时期或年龄阶段达到最大化和稳定化（Roberts & Delvecchio, 2000）。研究者采用了152个纵向研究中的3 217个重测相关系数，对这些相关系数的元分析结果表明：特质的稳定性从童年到大学其系数从0.31增加到0.54，30岁时达到0.64，至50～70岁达到最高值（0.74）。据此，研究者推断，人格特质在个体毕生的发展中具有相当的稳定性，这种稳定性在成年以后达到最大化。此外，夫妻关于其配偶人格的看法及源于个案调查的自我评估也进一步证实了人格在跨时间上的稳定性。

人格特质何以在个体毕生发展历程中如此稳定？研究者认为主要有以下五种机制起作用：环境因素、遗传因素、心理因素、人境作用以及认同结构（Caspi, 1998）。上述五种机制都在不同程度上强化了人格的跨时间一致性。

第一，按照大多数研究者普遍赞同的观点，稳定、一致的环境对人格稳定性的影响最为明显。例如，父母在将孩子从幼年抚养成人的过程中，其对待孩子的方式是高度一致的。研究者认为，不仅是环境，而且由环境累积起来的经验亦将增强成人人格的一致性。因此，相对稳定的环境成为人格跨时间一致性的重要因素。

第二，遗传因素对人格跨时间的一致性也起重要作用。一方面，从已有的研究大致可以断定，人格中至少有40%的变异由遗传决定；另一方面，研究者从双生子的样例研究中初步估计，人格跨时间一致性约有80%归因于遗传的影响（McGue, Bacon, & Lykken, 1993）。

第三，对人格特质一致性起作用的是个体的心理构成。在现实生活中，特定的人格特质或认知结构倾向于使原有的人格特质变得更趋一致。例如，那些活泼好动的儿童在不同的时间总是倾向于做出一致性的表现，据此强化其外倾的人格特质。舒尔格（Schuerger）等人的研究发现，与那些情绪上不太稳定的临床样本相比，非临床样本被试的人格特质具有更高的一致性，并且同时指出，具有较强计划能力特质的人倾向于更自信、更独立及更有头脑（Schuerger, Zarrella, & Hotz, 1989）。

第四，人格—环境作用及固有的认同结构也会对人格跨时间一致性产生影响。例如，在解释人格特质为何具有跨时间及跨情境的持久性时，人格—环境相互作用能够将心理因素与环境因素紧密结合起来。作为一种认知图式，个体固有的认同结构进一步强化了人格特质的一致性，人们总是倾向于发展那些业已形成的人格特质，强烈的认同体验既在经验上也从概念上整合了那些与一致性相关的概念（如心理调节和幸福感）（Helson, Stewart, & Ostrove, 1995）。

### 4.1.4 人格跨情境一致性的研究

人格跨情境一致性比跨时间一致性更复杂。如何判定一个人在不同情境中以一致的方式行动呢？就连特质论者也认为，个体不可能在任何情境中都以相同的方式行动。很显然，人们不可能在宗教仪式上获得有关攻击性的资料，也不可能在足球比赛中得到宜人性的证据。在人格跨情境一致性的早期研究中，研究者在8 000 多名小学儿童身上考察了"诚实"这一特质（Hartshoune & May，1928）。他们用 23 种方式（如撒谎、欺骗、偷窃等）分别测试孩子们的诚实特质，研究结果发现，这些测试内部的平均相关系数仅为 0.23。换句话说，知道某个小孩在某一情境中是诚实的（如对老师说实话），这几乎无法告诉我们这个小孩在校外是否会骗人抑或课后是否会偷其他小孩的东西。由于特质理论假定人格特质在不同情境中具有一致性，因此上述结果往往视为否认特质具有跨情境一致性的有力证据。

关于特质随情境变化的问题，特质理论家认为，用某种情境中测得的行为来解释该个体具有某种特质的做法是不可取的，因为这有可能导致错误的测量，况且，单一的情境与特质无关。此外，尽管行为表现不同，但它们可能隐含了相同的特质。换言之，不同的行为可以表达相同的特质，同时在大多数情境中，个体都将以一种表达特质的方式来行动。这样，特质论者就得到了特质的"集合原则"：特质并非指特定情境中的特定行为，而是指不同变化情境中的一组行为。例如，健谈、好交友、寻求强烈刺激等行为表现都反映出外倾的特质，人们可以期望该特质在不同的情境中将有不同的表现。假如为观察和测量留有余地的话，那么特质一致性是完全可以观察到的（Buss & Craik，1983）。

爱泼斯坦（Epstein，1983）的一项研究验证了人格跨情境一致性的"集合原则"。研究者要求 30 名大学生被试每 28 天评估他们的情绪体验、行为冲动和实际行为。情绪体验的评估采用 14 种积极和消极的体验状态（如安全、高兴、生气等）；行为冲动和实际行为的评估采用 64 种反应倾向（如寻求刺激、攻击、社会退缩等）。主试要求被试回答如下问题：在某一场合中展示的行为有多少在另一场合中具有预测性？它们是否会随两种场合的时间间隔而变化？研究结果表明：在一天内的取样行为很少对另一天的取样行为有预测性，然而时间间隔为两周的取样行为对另两周间隔的取样行为有相当的预测性。换言之，个体两周以上的行为能够较好地用以预测另外两周以上的行为，这一点对于情绪体验尤其如此。

特质论者进而还指出，个体在相同或相似情境中的行为表现比不同情境中的表现更一致。例如，个体的行为从一个实验室情境到另一个实验室情境以及从一种日常生活情境到另一种日常生活情境比从实验室情境到日常生活情境表现更相似，和朋友在一起比和陌生人在一起表现更一致。毫无疑问，人们在低束缚、轻松的环境（弱情境）中比在高束缚、紧张的环境（强情境）中的行为更具一致性。换句话说，我们应当为特质的行为表现留有更多的空间。与此相似，那些能自由选择环境的人比被环境强加的人，其人格特质更富有表现性和一致性。

尽管如此，特质论的批评者仍然提出了质疑，行为从一种情境到另一种情境是不断变化的，它并非像特质理论家所主张的那样。米歇尔（Mischel，1992）的研究表明，除智力技能外，人格特质并不具备跨越情境的一致性，即便有某些一致的地方，那也是因为情境相似。按照米歇尔的意见，尽管对"攻击性"、"友好性"、"胆怯"等人格特点的归因是我们了解他人的有效方法，但是特质并没有反映真实生活中的实际行为。所谓的一致性也许只是一种个体的"偏见"或刻板效应，人们往往凭着自己在某环境中对某种行为的知觉去预期它在其他环境中的表现。如果说米歇尔是对的，那就是说任何特质或人格测验都不能较好地预测特定生活情境中的实际行为。事实也证明，特质分数与实际行为之间的相关性很小。

人格跨情境一致性问题实质上是传统的人格—环境作用问题，历史上，不同派别的人格心理学家往往各执一端。美国心理学家普汶（Pervin，2001）认为，心理学家往往不断更换自己的理论观点，有的时期强调内部因素，有的时期则更强调外部因素。当代人格领域的研究已逐渐演变成相互作用论，即同时注重内部因素和外部因素。如今，米歇尔（1999）也不得不承认人格在跨情境方面有某种一致性，复杂行为应该由情境变量与特质因素的相互作用来调节。

### 4.1.5 人格—环境作用问题的解决

通过上述分析我们认为，一方面，人格及其一致性问题的争论必将使人格研究愈发深入；另一方面，人格一致性问题看似是单一问题，其实它牵涉到一系列问题。要想彻底解决人格一致性问题，必须首先解决心身关系、人境作用、天性与教养等重大问题。如果事情真像部分认知科学家所说的那样，意识可以还原为大脑神经元的活动，那么人格究竟稳定还是可变就不成为问题，因为"心"都没了，人格一致性又从何谈起？在人格—环境作用、天性与教养等问题上，当代西方心理学越来越趋向于折中，即持相互作用论的观点。其实，这种不彻底性在某种程度上影响了人格一致性问题的解决。

我们认为，要想走出稳定还是可变这种两难境地，至少还要重点考虑以下几个问题：①人格稳定性与可变性的标准，例如，行为能否完全等同于特质甚至人格。②稳定性与可变性的测量方法，其中必须对绝对变化和相对变化、量变与质变、显性变化与遗传变化、连续性变化和阶段性变化作出区分。③人格测量或评估材料的来源及其信度问题。④全面考虑人格测量的指标、研究偏好及研究的方法论问题。也只有在如实解答这些具体问题的基础上，人格一致性问题的争论结果才可能日渐明晰。

## 4.2　人格与个体差异研究

　　人格是个体持久的、内在的特质系统，该系统促进了个体行为的一致性（Derlega，Winstead，& Jones，1999）。人格心理学家对人的研究兴趣与其他心理学家的兴趣有类似的地方，但是在以下三个方面又有不同：其一，人格心理学家重视的是个体之间的差异而不是人的共同之处；其二，人格心理学家更强调将人看作是"整合"的全体而不是许多部分的机能；其三，人格心理学家关注的重点是稳定的特质而不是决定当时行为的外部刺激与情境。

　　第一个差别说的着重点是个体之间的差异，这并不是排除共同点，因为人格心理学家对于人格的其他方面或规律也要进行研究。人格心理学家也不否定人格某些共同的方面或规律，例如，从出生到成熟，人的心理过程都存在分化日益复杂的趋向，而这种发展上的变化在研究人格时也极为重要。在这里，人格的个性与共性，正如汽车的引擎与外观，人格心理学家看重的是人格这一个体内部的"发动机"。

　　第二个差别是关于整合的全体问题。人格心理学家力图了解个别心理机能如知觉、学习、思维及情感等如何有机结合并构成人格的特质，以及这种人格特质又是如何适应各种内外刺激环境的。虽然普通心理学教材通常都是在各章节分门别类地讨论心理的各个机能，但是人格心理学家要求把它们整合起来，将个体视为一个完整的人进行了解和研究。

　　第三个差别是强调内部稳定性。人格心理学家也承认人在环境中对刺激作出反应，不论是自然界的（如狂风暴雨的袭击）或社会性的（如友人对自己的期望）环境，都可能有力地影响我们的思想、情感及行动。然而，人格心理学家还要寻求内部的稳定机制来解释人的全部行为，甚至新生儿的反应也表现出许多重要的个别差异和变化。对于人格心理学家而言，"更为重要的任务是揭示个体的内在特性，并将它们与有关外部刺激的知识结合起来，从而真正理解并成功地预测个体的行为"（陈少华，2010，p. 15）。

　　一直以来，人格心理学面临着双重的研究任务，其一是关于个体差异的研究，其二是作为独特的、整合的、整体的单个人的研究（McAdams，1997）。如今，上述两种任务已经被冠以"分析性研究"对"结构性研究"、"定性研究"对"定量研究"。从历史的角度来看，直至人格作为一个独立的研究领域出现，此时由于心理测量传统已经在心理学中奠定了坚实的基础，导致早期"个体差异"传统压倒了"个体研究"的传统。心理测量使个体之间差异的比较成为可能，人格心理学家对这种差异的关注胜于对个体内部特质的关注。事实上，如果以"个体差异研究"取代"个体研究"，那么很有可能使人格科学中最为核心的成分丧失，正如汽车制造商如果只关心不同品牌汽车的比较而不潜心研究汽车的内部结构与功能的话，那么他是不可能在竞争激烈的汽车市场中占有一席之地的。人格始于人对自身的关注，只有彻底了解了作为单个的、整体的、个体的人以后，我们才能对个体间的差别进行比较。从这种意义上讲，个体研究是个体差异研究的前提。

## 4.3 人格分析的三个层面

克拉克洪和默里（1961）在一本关于文化与人格的书中较好地总结了人格分析的三个层面，他们认为，每个人在某种程度上：①与其他所有人相似（人类本性层面）；②与某些人相似（个体和群体差异层面）；③与任何人都不相似（个体独特性层面）。第一个层面指普遍性，第二个层面指特殊性，第三个层面指唯一性。

### 4.3.1 人类本性

按照字面意义来理解，人类本性即"人性"，是指人类最接近自然、真实的一面，亦即几乎每个人都具备的、人类作为一个物种所拥有的典型的人格特质和机制。例如，几乎每个人都具有语言技能，这使得我们能学习和使用语言。地球上每种文化下的人都使用某种语言，因此口语是人类本性的一部分。在心理层面，所有的人都拥有某种基本的心理机制，例如，与他人共同生活和归属社会群体的愿望，这些机制是人类本性的一部分。由于人类具有共同的祖先，因此无论属于哪个国家、民族或种族，人类在许多生理和心理特性上都具有普遍性，这种普遍性是进化的结果。达尔文在《人类与动物的情感表达》一书中指出，人类的表情是从动物那里进化而来的，诸如愉快、悲伤、恐惧、愤怒一类的表情，在整个人类中都具有普遍性。从这种意义上讲，在许多方面，每个人都与任何其他人相似。通过了解这些方面，我们可以理解人类本性的一般规律（Larsen & Buss，2011）。

### 4.3.2 个体和群体差异

一些人喜爱社交，喜欢参加聚会，另一些人则喜欢安静、独处和看书；一些人为了寻求刺激而去跳伞、驾驶摩托车或 F1 赛车，另一些人却尽量回避刺激；一些人具有高自尊，过着不太焦虑的生活，另一些人则经常感到孤独和被自我怀疑所困扰，这些都是个体差异（individual difference）的维度，是个人与他人既相似又不同的方面。

群体差异也可以用来考察人格。同一群体中的人可能具有某些共同的人格特征，它们使该群体的人有别于其他群体。人格心理学家研究的群体差异包括不同文化、不同年龄、不同政党以及不同的社会经济背景等。还有一个重要差异就是男性和女性之间的差异，人类的许多特质和机制在两性之间是相同的，但仍然存在一些性别差异。例如，大量的证据表明，在所有的文化中，男性通常比女性表现出更多的身体攻击，男性对社会中的多数暴力负有责任。人格心理学的目标之一是探究为什么不同的群体在人格的某些方面具有差异。例如，女性有怎样的人格特征？与男性的人格特征有何不同？为什么一种文化中的人有别于另一种文化中的人？

### 4.3.3 个体独特性

即使生活在同样的家庭和文化背景下，由同一父母抚养的同卵双生子，他们也不可能具有完全相同的人格。每个人都具有一些他人所没有的个人特质。人格心理学的目标之一是考察个体的独特性，并通过多种方法来了解个体丰富而独特的生活方式。该领域的争论之一在于将个体看作总体中具有一般特征的个案（一般规律）还是将个体视为单一的、独特的个案（特殊规律）。一般规律研究通常包括对个体或群体进行统计学上的比较，需要对大量被试样本来开展研究，往往用于识别普遍的人类特征以及个体或群体的差异。特殊规律研究通常关注单一被试，试图观察个体在生活中表现出来的一般规律。特殊规律研究往往采用个案研究或个体的心理传记研究等方法，例如，弗洛伊德曾写过关于达·芬奇的心理传记。有研究者提供了特殊规律研究的另一种途径，即分析人们生活中的一系列事件，并尝试通过理解个体生活史中的关键事件来进行研究（Rosenzweig，1997）。

## 4.4 人格判断的三种水平

虽然我们可以想起自己非常了解的人和只有些表面认识的人，但是当要求我们明白地说清楚这两类人的区别时，一切就不那么简单了。除了各种事实和详细的历史信息，我们很难说自己对亲密朋友的认识会多于对初次相识之人的认识（Gosling，2009）。细言之，我们知道认识很久的朋友在第一天彼此是不认识的。

麦克亚当姆斯（McAdams，1995）认为，人格的个体差异可以从三种不同的水平进行描述：水平一包括那些宽泛的、去情境的和相对非条件性的结构，我们称之为"特质"（traits）水平，该水平为人格描述提供了一种倾向性的标签。离开特质属性的个人描述是有缺陷的、不足的，但是特质属性本身充其量不过是"陌生人的心理学"（psychology of the stranger）。水平二为"个人关注"（personal concerns），这一水平的人格描述包括个人努力、生活任务、防御机制、处理策略、特质领域的技能和价值以及其他动机、发展或策略结构的混合物，它们在时间、空间和影响方面是情境化的。然而，倾向性特质和个人关注仍然表现出接近普遍的适应性。水平三为"身份"（identity），它提供了唯一与成年期相关的框架和结构，在现代社会中，它也许是唯一赋予自我个性化的特质。在当代西方社会，一个完整的人格描述通常要求考虑一个人生活表达的统一及目的，这就是身份的标志。在水平三中，心理学家可以探讨一种内化的和包含生活故事的个人身份。

### 4.4.1 特质水平

当我们第一次遇到某人时，所依据的是那些宽泛的描述语，如外向、有趣、引人注目、情绪化、轻微的忧虑、聪慧和内省。这些描述语就是特质，它们是了解他人的第一个层次。大五维度——开放性、责任心、外倾性、宜人性和神经质——就是描述人们在这个层次上的特质。

麦克亚当姆斯体系中首先谈到的就是特质，因为它们形成了对他人的第一感觉。当描述自己或他人时，特质是我们最先提到的。例如，做自我介绍时，我们常常会说"我有趣、聪明、性感而且开放"、"我诚实、愚钝、有一点没用、非常顽皮但从不令人乏味"。想想你会用什么词语描述第一次见到的人，你的描述语会提到很多特质（描述人格的语言中经常用到的词汇），如好奇、友好、外向、焦虑和情绪化等。一项研究表明，人们描述自己或他人时最常用的词汇是友好、懒散、乐于助人、易相处、诚实、高兴、情绪化、自私和害羞；很少用到的词汇，包括神经过敏、引人注目、勉强和两面派（Gosling，2009，p. 44）[1]。

正如麦克亚当姆斯所说，特质只能带我们向很好地了解他人这个目标靠近一小步，它们只将我们带到认识这个层次。在作重大决策时，光有特质是不够的。你是否准备根据他人的特质描述来选择伴侣呢？我敢保证你不会。麦克亚当姆斯用幽默的口吻说，特质只是"陌生人心理学"。它们只画了一幅粗线条的肖像画，留下了许多需要修饰的细节。外向或是紧张或是有趣或是引人注目或是情绪化，它们都有很多方式。关于一个人的价值观和政治信仰或他的目标和角色，特质能告诉我们什么呢？我们想了解更多。

### 4.4.2 个体关注水平

想要了解一个人表达自己人格的独特方式，我们需要通过麦克亚当姆斯的第一层深入到第二层"个体关注"。个体关注包括特质没有涵盖的详细的背景信息，包括角色、目标、技能，还可能包括价值观，如寻求一种舒适或刺激的生活，一个和平的世界，一个充满美好、雄心、勇气、平安、宽容、想象力、内心和谐、智慧、爱、安全、自尊、社会认同、真诚的友谊和睿智的世界等。当我们想要更好地了解一个人时，这些都是需要挖掘的细节。在通常情况下，了解他人

---

① 高斯林（2008）在其一项关于狗的个性的研究中，发现了一些与人相同的特征，当然也有许多不同之处。狗与人相似的描述语有友好的、爱打趣的、忠诚的、伶俐的、声音大的、可爱的、精力充沛的、保护的、爱睡懒觉的和臭的，而在狗身上很少使用的有活泼的、有皱纹的、温柔的、粗糙的、易激动的以及固执的。

确实能增加关系亲密度。这也就是为何关于人际关系、恋爱或其他方面的研究能够帮助我们理解"开始认识你"这种现象。

美国纽约州立大学的心理学家阿瑟·阿伦及其同事对人们怎样形成恋爱关系非常感兴趣，他提出了一种独创性的方式，让素未谋面的男性和女性彼此感到亲近（Aron et al.，1997）。阿瑟·阿伦通过36个问题让被试男女在短短45分钟内建立亲密关系，而这种关系一般情况下要几周、几个月甚至几年的时间来建立。问题的一部分是"分享游戏"，每对被试男女都需要大声读出问题，然后在进入下一个问题之前两个人都需要回答这个问题。下面是"分享游戏"中所设置的问题的范例，请你尝试在脑海中回答这些问题，再想想这些问题会泄露你人格当中的什么信息。

(1) 如果可以选择世界上的任何人，你想邀请谁来共进晚餐？

(2) 你喜欢什么样的幽默方式？

(3) 在打电话之前，你是否会演练自己要说的话？为什么？

(4) 对你来说"完美"的一天由哪些事物构成？

(5) 你最后一次唱歌给自己听是什么时候？唱给别人听呢？

(6) 如果你能够活到90岁，并且在后面的60年里保持30岁的心理或身体，你会选择30岁的身体还是30岁的心理？

(7) 你对自己将来会怎样死去是否有过预感？

(8) 在你的生活中，什么事情让你心存感激？

(9) 如果你可以改变自己成长过程中的任何事情，你想改变什么？

(10) 用4分钟的时间尽可能详细地告诉你的搭档你的生活故事。

(11) 如果明天一早醒来你可以拥有一种品质或能力，你希望拥有什么品质或能力？

(12) 如果有个预言能够告诉你关于自己的真相，如你的生活、你的未来或任何其他事情，你最想知道什么？

(13) 什么事情是你一直渴望做的？为什么你没有做？

(14) 你生活中最伟大的成就是什么？

(15) 朋友之间你最看重什么？

(16) 你最珍惜或可怕的回忆是什么？

(17) 如果你知道自己将会在一年之内突然死去，你是否会改变自己现在的生活方式？为什么？

(18) 友谊对你意味着什么？

(19) 爱和情感在你生活中扮演着怎样的角色？

(20) 轮流分享你认为搭档身上存在的一种积极特质。

（21）你的家庭是否亲近和温暖？你认为你的童年比其他人更幸福吗？

（22）如何评价你和你母亲的关系？

（23）如果你将要和你的搭档成为亲密朋友，请与他（或她）分享他（或她）想知道的重要事情。

（24）告诉你的搭档你喜欢他（或她）什么。

（25）与你的搭档分享你生活中的一件尴尬事。

（26）你最近一次在他人面前哭泣是什么时候？独自哭泣呢？

（27）什么事情很严重，不能一笑了之？

（28）如果你今天晚上将会死去，而且没有机会和任何人讲，什么事情因为没有告诉某人而让你觉得最遗憾？为什么没有告诉他人？

（29）在你所有去世的家人中，谁的死去让你感觉最难受？为什么？

（30）你的房子以及房子中的所有东西着火了，在救出你喜欢的人和宠物之后，你还有最后一次安全的机会救出任何一样东西，你会救什么？为什么？

在短短的 45 分钟内，阿伦的观察对象们了解到对方平时与陌生人交谈中不会涉及的许多信息。这些问题中有些谈到了价值观和目标，有些则消除了人们在正式场合或表面关系中形成的隔阂。例如，如果我们承认自己在打电话之前会演练要讲的话，那么我们就已经让他人偷看到自己掩盖在大众面具下的真实面目。我们现在就可以谈论其他一些话题，不是那些典型的大众话题，这些话题可能是很难与陌生人分享的，但是阿伦发现，研究中参与者并没有什么消极的抵触性回答。事实上，每个人都很喜欢这种体验，而且也觉得很有意义。

上述问题是否可以用来了解日常生活中的人们呢？阿伦认为它们可以，但是需要记住：你不能太快速地跨越。这个基于长期研究的程序表明，建立友情的最好方式是逐渐地敞开心扉，基本上是通过麦克亚当姆斯的各个层次达成。因此，在初次交往时你应该先问一些温和的问题，如"如果你可以选择任何人，你会邀请谁参加你的晚餐？"再慢慢过渡到比较激烈的问题，如"如果你知道一年内自己将会死去，你是否会改变现在的生活方式？"当谈话变得无聊或肤浅时，阿伦会使用测试中的问题来引发有趣的讨论和更深的友情。

对于那些想要发现和界定他们真实身份的年轻人来说，音乐是一种非常有效的语言，它可以传达许多不同的信息（我叛逆，或是易怒，或是传统，或是痛苦，或是健全，或是这些信息的任意组合），而对于你喜欢什么没有额外限制。而且，关键是你想要交流的对象能够完全理解这种语言。在其他时候，或是针对其他人群，另一个话题可能会凸显出来：年轻的父母可能会在谈论幼儿游戏和儿科医生、谈论打算将儿女送到哪所学校或是给儿女看什么影片时透露出他们的价值观和身份。

### 4.4.3　身份水平

一旦你挖掘出麦克亚当姆斯的前两个层次——特质和个体关注，你便能触及人格的根基——身份。麦克亚当姆斯把第三个层次——身份描述为"自我的内在故事，它将重新建构的过去、已经认知的现在和能够预见的未来整合在一起，并由此创建了一个统一、有目的且有意义的生活"（McAdams，1995，p. 365）。因此，身份就是将生活中的不同元素连贯起来，这是一条线索，将我们的过去、现在和未来的经历串联起来并形成一个故事。

我们的身份包括很多个部分，我们可以轻易地将新片断融入到连贯的自我感觉中。随着环境的不同，身份元素会变大或变小。身份深深地扎根于经历和阅历之中，但很少有人能够按要求描述出他们的身份，这需要充分发挥。作为研究项目的一部分，麦克亚当姆斯设计了一种访谈，可以清楚地获得身份的各个元素。了解某人私密的详细信息能让你更接近他，或许比你期望的还要接近。麦克亚当姆斯力劝访谈者和被访谈者仔细思考他们的关系是否已经可以进一步深入。这种相互影响是经常发生的。这里的身份包括故事，而不是单个整合的快照。基于这样的想法，麦克亚当姆斯的访谈一开始就是让你将自己的生活划分成几个章节。每个人的划分方式不同，一些人按照时间顺序划分，如小学、高中、大学以及参加工作；一些人则按照重要事件划分，如父母离异、意外事故和初吻；一些人按照主题划分，如工作、教育、恋爱和娱乐。访谈中继续询问生活中最美好和最糟糕的经历、心目中的英雄和人生转折点等。

麦克亚当姆斯的访谈获得了非常丰富的人格信息，通过这样的亲密碰撞，甚至是那些认为已经很了解你的人也能获得更多关于你的信息。但是，从一个研究者的角度来看，困难在于整合信息并最终形成关于某人的连贯画面。这不像特质那样的信息，可以很快地收集到，并迅速地进行对比。这些画像的区别是很难量化的。不过，身份是我们的核心，所以真正地了解某人就意味着找出这些要点。我们很多日常用品都会透露出自己的人格信息。关于身份，麦克亚当姆斯有一个很重要的看法：这是一个描述你自己的故事，它使发生在过去的事情和你现在的样子变得有意义。从这个角度来看，故事是真是假并不重要。例如，我认为自己有冒险精神（开放性上获得高分），而且我相信这是真的。与他人相比，我是比较开放的，会尝试菜单上的新菜式、参加新活动、参观新地方等。

在麦克亚当姆斯看来，当我们谈及身份时，我们对自己的看法是真是假事实上都没有关系；当我们谈及自己的故事时，就像古代神话一样，它们是耦合的故事，可能是真的也可能是假的。那我怎样判断开放性究竟是不是我的人格呢？有一个方法：当我的开放性受到质疑时，看我有何反应。如果有人责备我思想封闭，值得注意的是我会马上行动起来维护我的人格，我对自己开放性的看法与对其他特质的看法不同。如果你责备我话太多或是太安静或是太混乱或是太整洁，都没关系，因为我并不是很看重这些特质。从麦克亚当姆斯的工作中了解到的最关键的内容是认识某人不仅仅是更多地了解他，这个"更多"应该是一种不同的信息。你需要超越特质，比如说这个人是怎样一个人，或有多健谈。你需要去了解此人的目标和价值观：她想在职业生涯中实现什么？为人父母的感觉如何？她是否相信高层权力？她在生活中是否渴望刺激或渴望家庭幸福，抑或是否追求事业成功？真正地去了解某个人，你需要更深入，最终了解到那个人的身份。

### 链接：爱情心机——恋爱 10 计谋

许多科学研究揭示了人们怎样坠入爱河，提出了一些能增强爱情关系的技术。以下列出 10 项调查研究，启发心理专家编制筑爱的新技术。

（1）激情。史东尼布鲁克大学的心理学家亚瑟·阿伦（Arthur Aron）等人的研究显示，人们在诸如运动、冒险或者处于危险状态等激情时刻，更容易建立感情联系。不信的话，不妨试试过山车。

（2）接近和熟悉。斯坦福大学的社会心理学家利昂·费斯廷格（Leon Festinger）和罗伯特·扎因斯（Robert Zajonc）等人的研究显示，即便仅仅是围绕在某人周围也有助于产生积极的感觉。当两人有意识地、谨慎地允许彼此进入他们的私密空间时，亲密感可以迅速增加。

（3）相似性。虽说距离产生美，但杜克大学和麻省理工学院的行为经济学家丹·阿雷利（Dan Ariely）等人的研究显示，人们通常更倾向于与自己在智力、背景和吸引力水平等方面相似的人配对。有些研究甚至表明，只有效仿他人才可以增强亲密感。

（4）幽默。婚姻顾问和研究人员珍妮特和罗伯特·劳尔 1986 年的研究表明，幸福长久的伴侣，常使彼此笑口常开。其他研究同样显示，女人更青睐那些会逗她们笑的男性——这可能是因为当我们在笑时，会感觉到轻松。

（5）新鲜感。佛罗里达州立大学的心理学家戈尔格·斯特朗（Greg Strong）和阿伦（Aron）等人表示，人们在尝试一些新鲜事物时，更容易变得亲近。新鲜感使这种亲近更加强烈，并且使人们变得轻松。

（6）解除心理防线。无数的感情关系可能是开始于一杯酒。心理防线阻止我们脱下人格面具，但像喝酒这样解除心理防线的方法确实可以帮助人们建立感情联系。然而，喝醉又会使人迷糊不清，而且使身体虚弱。有没有代替酒精的好方法呢？试试"合二为一"练习法吧。

（7）善意、容忍和宽恕。各种研究显示，我们更倾向于与善良、细腻和体贴的人建立感情。为了对方的需要而体贴地自觉放弃喝酒、抽烟等恶习，能够迅速激发爱的感觉。宽恕经常导致双方都释怀，因为当一个人乞求宽恕时，另一个人会情不自禁地原谅对方。

（8）身体接触。最简单的触碰也可以产生温暖和积极的感觉，背部的触摸（熊抱）更可以创造奇特的感觉。哪怕只是尽可能地接近某人而不实际接触，也会产生效果。伊利诺伊州立大学的社会心理学家苏珊·斯皮尔切尔（Susan Sprecher）的研究表明，与其他方面相比，性接触也会使人们在情感上感觉更亲近，尤其对女性而言。然而这也很危险，这样容易将爱的感

图1-5 爱情让彼此更亲密

觉和性吸引相混淆。在不认识对方的情况下，你不可能爱上某个人；同时肉体上的吸引也阻碍了人们去了解伴侣更重要的特质。

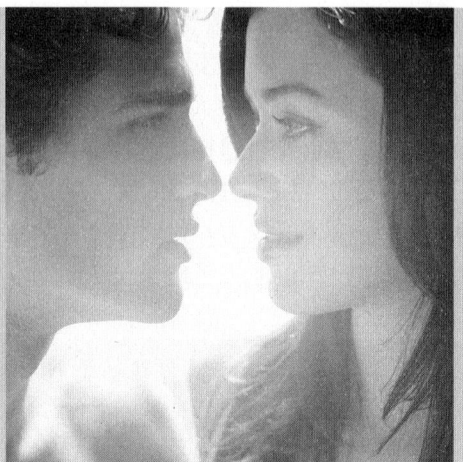

（9）自我表露。阿伦和斯皮尔切尔等人的研究表明，人们在彼此分享秘密时，更容易建立感情联系。再强调一次，重点是允许自己解除心理防线。

（10）承诺。美国人似乎不那么擅长兑现我们感情关系中的承诺，但是普渡大学的心理学家西曼娜·艾瑞加（Ximena Arriaga）的研究显示，承诺是建立爱情关系中的一个关键元素。对于伴侣的同一个行为，承诺不那么坚定的人会看得更消极，而且随着时间的推移，最终可能是致命性的。

契约婚姻——目前只在美国亚利桑那州、阿肯色州和路易斯安那州是合法的——是一种新型婚姻模式（从福音派基督教运动中演变而来），它涉及一个很强的承诺：夫妇同意婚前协商以及有限的离婚权利。契约婚姻在美国容易被抛弃，甚至无须特定的法律原因（所谓不追究责任的离婚就是其中一个原因）。

这些结果与美国的研究仅有一点相冲突：30名参加调查的人中有一些人说，他们的爱情是在和伴侣有了孩子之后才开始增长的。美国的研究发现，为人父母是婚姻中的爱情的威胁，但是也可能是源于刻板印象和不切实际的期望，这种倾向性结果将我们的爱情关系拖下水。抚养孩子的压力很可能打破了这些期待，并最终打破了我们对彼此的积极感觉。

我们想得到所有这些：选择伴侣的自由以及像幻想和童话中那样的深厚、长久的爱情。我们践行建立爱情关系的技巧，就可以获得上面的那种爱情；当我们的爱情消退时，我们也可以通过这些技巧去重建爱情。而顺其自然这一选择其实毫无意义。

（资料来源：Robert Epstein. http://www.psycofe.com/read/readDetail_24576.htm.）

# 第二章

# 人格判断的准确性

. . . . . .

# 1 人格判断及其准确性

## 1.1 什么是人格判断

先看看下面这张图，请你在最短的时间内对他作出判断：他是个"愚蠢的运动员"吗？你会让他做银行出纳员吗？你会让他做你的实验搭档吗？他有可能成为你的知心朋友吗？他擅长于守门员这一角色吗？他担心自己的健康吗？他有很多朋友吗？他了解政治和世界大事吗？他是个大方的、保守的还是个中庸的人？如果他是个与你有关联的人（如你是他的忠实球迷），你又会作怎样的判断？接下来再将视角转向你自己，请问你是否了解自己？别人又是否了解你？你自己的了解还是别人的了解更准确、真实？这个看似简单的问题让心理学家头痛了整整一个世纪。像这样的判断每时每刻都在发生，并左右着我们随后的行为和决定。尽管很多时候对他人或自己的判断内容未必都是人格判断，但是在所有这些判断中，人格判断是所有判断的核心。

我们既可以根据经验或常识水平对人进行判断，也可以根据科学研究作出判断。日常生活中的判断大多是经验或直觉判断，而心理学家则倾向于将对人的判断建立在实验研究的基础上。现实生活中，我们一天也没离开过对人进行判断，包括对人的长相、地位、职位、职业、财富、性格、能力、兴趣、魅力、动机、意图等进行判断，从这个意义上讲，人格判断并非一个新兴的研究领域。人格判断是指人们在其环境中评估他人人格特征的过程，评估的结果通常用于更好地理解个体的现在以及预测个体未来的行为（Funder，1995）。人格判断有可能准确，也有可能不准确。一般来说，那些相信自己能对他人人格作出准确判断的人的确比那些对自己作出准确判断不自信的人要更加

图 2 - 1　他是个称职的守门员吗

准确（Biesanz et al.，2011）。总之，对一个人，无论是陌生人、熟人还是自己，每个人都会形成自己特定的看法。例如，某人有什么性格特点，他是否讨人喜欢。根据这些个人看法，我们会选择其中的一些人进行深入交往，而对另一些人

则只会浅交而已。与之交往时，我们会依据自己对他人的判断来调整自己的行为。同时，我们也会对他人在不同情境下的表现作出一定的推断和预测。所有这些看法或是行为，都是基于自我对他人的评价和判断，尤其是对他人的人格判断。

对自我和他人人格特质的判断是日常生活的一个重要组成部分，它可以用来预测人们的行为。良好的心理社会适应功能要求人们能够在关于他人少量信息的基础上对他人的人格作出判断，我们的社会行为相当一部分取决于我们对交往对象的认识，不管这种认识是正确的还是错误的。在人际交往中，对与我们有社会来往的人作出准确的人格判断非常必要，这有利于我们作出一些重要的决定。例如，这个人是否值得信任、能否成为朋友甚至结为伴侣等。同时，准确的人格判断对于我们生活目标的实现也具有重大的影响，对自我作出准确的人格判断有利于正确认识自我，为自我设定合理的人生目标，而对他人准确的判断对我们的影响更直接。例如，对一个人责任心的判断直接决定了用人单位是否录用这个人，不管在今后的工作中此人表现是否与判断相符。由此可见，人格判断无时无刻不在影响我们的生活。

## 1.2 人格判断的资料来源

没有什么事情比了解和判断一个人更具有挑战性，因为人是最富于变化的动物。仅仅通过听其言、观其行并不足以准确了解对方，但我们大多数时候又只能如此。尽管我们不可能像心理学家那样去全面收集一个人的资料，但是古人的做法对我们仍然有启示。中国古代圣人孔子提出用九种方法来判断一个人的忠诚、礼节、能力、智慧、守信、廉洁、节操、仪态、贞操等九种品质："远使之而观其忠，近使之而观其敬，烦使之而观其能，卒然问焉而观其知，急与之期而观其信，委之以财而观其仁，告之以危而观其节，醉之以酒而观其侧；杂之以处而观其色。"（庄子·列御寇）这些方法的目的就是通过诱发情境获取可靠和有效的资料，与当代心理学家的做法如出一辙。

### 1.2.1 真实的/传记性记录

这种类型的资料指有关个人历史、教育、职业和就医的记录，也可能包括犯罪记录等描述性的资料，例如年龄、受教育类型和年限、所接受的完整的专业教育或职业训练情况、婚姻状况、目前的职业及曾经从事的工作与职位、业余休闲活动、既往病史和住院记录等。一般来说，这些资料有较高的信度，并且经常提供不可取代的信息，尤其是在人格障碍的临床诊断及工业—组织评估中的作用最为明显。有一些传记式核查表——项目评估工具，在特定的语言和文化环境中有特殊的应用。

表 2 - 1　人格判断的资料来源

| 资料来源 | 资料形式 | | | 获取途径 | | 反应的客观性 |
|---|---|---|---|---|---|---|
| | 意识表征 | 行为 | 心理生理学 | 实验室 | 现场 | |
| 1. 传记性记录 | | √ | | | √ | + |
| 2. 行为踪迹 | | √ | | | √ | + |
| 3. 行为观察 | | √ | | √ | √ | + / - |
| 4. 行为等级评定 | √ | | | √ | √ | + / - |
| 5. 表现性行为 | | √ | | √ | √ | + / - |
| 6. 投射技术 | | √ | | √ | | - / + |
| 7. 访谈 | √ | (√) | | √ | | - |
| 8. 问卷 | √ | (√) | | √ | | - |
| 9. 客观性测验 | √ | | | √ | √ | + |
| 10. 心理生理数据 | | (√) | √ | √ | √ | + |

（注：" + "表示很满意，" + / - "表示基本满意，" - / + "表示不够满意，" - "表示缺乏客观性。）

（资料来源：陈少华，2010，p. 288）

### 1.2.2　行为痕迹

行为痕迹是指诸如手迹、艺术作品（图画、作文、诗歌或其他文学作品）、儿童玩耍后在场地里留下的痕迹、在家庭中自我设计的起居环境的类型（是整洁有序还是杂乱无章），还有个人的言行举止（如是否咬指甲）和衣着打扮等，这些都可以用来对人的行为进行真实的追踪。根据人本主义的观点，有时候可能是由于使用了诡计，基于行为痕迹的人格判断的准确性相当有限。例如，长期以来的准确性研究证实，笔迹分析缺乏应有的效度。然而，行为痕迹能够为临床研究和评估假设提供很多有价值的信息。

### 1.2.3　行为观察

从某种意义上讲，行为观察是每一种人格判断都不可缺少的部分。但是在这里，"观察"一词具有更为严格的意义，它是指对人类行为进行直接的记录、监控、描述和分类，在实际中它可能包含一份问卷、一张访谈时间表或者一种客观测验的评分规则。例如，在一个操场里对一个孤僻儿童行为的研究，对一个紧张病人实施全天候的行为监视，在新设计的工作环境中对职员绩效进行观察，人格障碍患者对自己在治疗期间的情绪波动进行自我监控。

### 1.2.4　行为等级评定

在行为等级评定的判断过程中，要请一个人根据给定的特征、判断标准或者核查项目来对他本人的行为或另外一个人的行为进行判断。这种方法能用于直接观察下的同步行为，或者应用于等级评定者观察被评对象在过去的具体情境中的行为或普通意义上的行为。在行为等级评分方法中，等级评定者所掌握的关于被评对象行为的心理表征比行为本身更重要。行为等级评分构成了临床与工业—组织心理学以及基本的人格研究中的一种主要方法论。现代的人格研究教材通常对如何设计行为等级评定量表及如何消除评定过程中共同的误差源作了详细的说明。

### 1.2.5 表现性行为

表现性行为指一个人在看、行动、谈话、表达其目前的情绪状态、感受或动机时的变化。板起面孔、颤抖、脸变红、前额出汗、行动犹豫不决、高声或柔声细语地说话，这些都是行为变化的例子。表达即是指一个人行为的典型特征，这种特征使观察者对那个人的意识状态、情绪紧张度、感觉状态等作出外显的或内隐的推断。根据一个人的行为表现来判断其人格已有很长的历史，尽管从直觉上讲，客观测量的人格属性与其身体和表情上的变化之间似乎有一定的关联，然而它不足以保证这些变量在对稳定的人格特质进行评估时起作用（Guilford，1959）。即便如此，在评估状态变量时，表现性行为变量仍有显著的效度。

### 1.2.6 投射技术

投射技术是人格判断中最经典也是最常用的方法之一，罗夏墨迹测验和主体统觉测验是这种技术的突出代表。20世纪三四十年代，许多临床心理学家受到精神分析和其他深层心理学的影响，对投射技术抱有很高的期望，他们相信通过它可以诱导一个人表现出他对模棱两可刺激物的知觉，从而自觉或不自觉地表露出个人的特征，包括那些甚至连他们自己也未意识到的动机和情绪等。20世纪五六十年代以后，许多研究已明显证明这种评估方法不仅缺乏评分的客观性和测量的信度，而且更重要的是，投射测验的效度非常有限。尽管如此，投射测验在当今仍然具有相当大的吸引力。

### 1.2.7 访谈

一般来说，人格判断往往从探索性的访谈开始，人格心理学家致力于对当前的问题进行聚焦，并且为形成评估的假设去收集信息。如果研究者在访谈中所提的问题不是按照一个预先设定的程序，而是主要依据访谈对象的回答及访谈者本人的临时插入进行的，那么这种方法称为非结构性访谈。如今，大多数访谈都是半结构化或完全结构化的。在半结构化的情况下，访谈者对于需要提出的问题或主题事先有一定的安排，但后继问题在实际提出时可以依据应答者的反应稍作调整。完全结构化访谈则是根据一张包含所有待问问题的访谈表进行，通常情况下，它附有根据受访对象对前一个问题的回答如何决定下一个该问哪个问题的详细说明。访谈的结构化越不强，它所涉及的信息就可能越宽泛，根据评估信度的心理测量标准，其访谈结果能得到证实的东西也就越少。

### 1.2.8 问卷

最初，人格问卷、兴趣调查表、态度或意见调查都以多项选择题的形式设计成纸笔式的结构化访谈。在一份典型的问卷中，每一个项目或陈述后面都有两到三个备选答案，如："是—不知道—否"或"真—不好说—假"等。早期如 MM-PI，它的许多项目的内容取自经过确认的临床症状和症候群。与之相反，旨在测量正常健康状况下个体的内倾—外倾、神经质以及其他人格特质的人格调查表，其项目内容则主要取材于对这些人格的主要因素的（大多数是因素分析性的）实验研究。

在行为等级评定中，研究证实了许多典型的反应程式也存在于问卷调查的数据中，包括默认和社会赞许性。解决的方法是引入特别的效度量表来控制一个人在口语报告中的反应程式。如今，一个人在回答问卷时不能肯定其诚实性也是不争的事实，但有时又无法澄清。例如，一个人对某一问卷中"我经常莫名其妙地感到困倦"这一问题的反应不一定能被解释，比如说行为上所谓的困倦。相当多的受测者对"经常"、"困倦"、"莫名其妙"等概念的认识可能很不相同，他们回答时所依据的时间跨度和当时的情境决定了这些概念的内涵。问卷调查数据是一个人自我知觉和自我认知的行为变化的评估数据，从客观行为的角度来讲，这些行为不一定是诚实可信的。

### 1.2.9 客观性测验

测验是人格测量工具中的核心工具，它在实践中的应用，已使人格评估达到了科学性和广泛应用的高水平。一个测验是由一组项目或问题组成的，它们是从大量能反映待评被试状态或特质的各种项目和问题中选取出来的代表性样本。例如，从能力倾向或人格特质，或者像警觉这样的情绪状态的众多描述中选取一部分作为样本。如果一个测验需要施测者对被试单独进行测验，那它就属于个体测验，如心理动力和其他绩效测验就是非常典型的个体测验。群体测验则是被设计成一个测验者能同时同地对许多人施测的测验。传统的群体测验都是纸笔形式，在这种测验中，测验题目被印刷成一本小册子，受测人员在一张特殊的答卷纸上回答问题。

目前，虽然有关绩效的客观行为测验具有熟练的开发程度与高质量的心理测量水平，但人格的客观行为测验仍然停滞不前。尽管艾森克、卡特尔等人作出了大量的努力，但有确凿证据表明，诸如典型行为（而不是最佳绩效）方式和模式的测量，采用客观测验要远比传统的问卷调查、行为观察或行为等级评分等方法困难得多。因此，20 世纪 90 年代以来，研究者在客观性人格测验设计方面的研究开始将注意力集中在具有潜在效度的微型化实验室任务上，例如，心理病理学的行为标志（Widiger & Trull，1991）。

### 1.2.10　心理生理数据

行为和意识中的所有变量都与神经系统有关联，都依赖荷尔蒙及免疫系统。这使我们意识到，心理生理评估中的个体差异也应该是可以度量的。更直观地讲，通过监控获得与特定行为变量相关的心理生理系统参数是可行的。这些心理生理变量包括大脑的活动情况及其功能状况，如脑电图（EEG）、功能性磁共振成像技术（fMRI）；荷尔蒙和免疫系统参数及反应形式；通过自主神经系统传入的边缘心理生理反应，包括心血管系统反应模式，如心电图（ECG）、呼吸参数、呼吸描记器、汗腺活动变量，以及眼球运动和瞳孔直径等。

值得一提的是，上述十种资料来源使一些评估变量在效度和灵敏性上有很大的差别，并且也只对这些评估变量起作用。例如，问卷调查对人格变量之间的差别的探测更为敏感。因此，从不同的数据源角度出发对同一种待评特质进行测量时，与通过同一种数据源对该特质测量相比，将会表现出较低的相关。换句话说，从同一种数据源对不同待评特质进行评估时，其相关程度会比从不同数据源出发对同一特质的相关程度要高（陈少华，2010）。在实际评估工作中，人们常常把客观测验和行为观察信息、真实的传记性记录资料综合起来，而不是单一地依靠某一种测验去获取数据。因此，人们在评估方法的选择上，总是通过将各种方法结合在一起的方式达到扬长避短的目的。

## 1.3　什么是人格判断的准确性

我们每天都在跟人打交道，因此总离不开对人进行判断，而判断的准确性是交往的关键。人格判断的准确性是指人格描述符合所描述对象的真实属性的程度，亦即判断者的评定与目标人物真实人格相吻合的程度。通俗地说就是两者的一致性程度，一致性越高，准确性也越高。日常生活中的人格判断往往借助于个人经验，通过交谈、观察以及了解个人的生活经历等途径去判断一个人，基于这样的判断很多时候也是比较准确的。人格心理学家则喜欢借助客观的测验或测量工具去评定一个人，一般而言，如果测量工具是有效的和可靠的，那么测量的结果也被认为是真实的。然而，无论是日常判断还是客观测量，准确性问题远比这些要复杂，哪怕是我们认为比较好的人格测量工具（如 16PF、NEO - PI - R），因为受测者在认知能力上的个体差异，使得测量结果的信度大打折扣（陈少华，2012）。尽管如此，人格心理学家仍然一如既往地关注准确性的问题，这种传统由来已久。

人格判断准确性的研究几乎与人格理论的兴起同时起步。研究者认为，只要特质存在，那它就一定能被观察到，特别是被那些与被判断目标关系较为亲近的人观察到，因为关系的亲疏会影响对特质及其相关信息的观察。早在 1936 年，奥尔波特就通过因素分析得到了 4 500 个用以描述人格特质的词汇。时至今日，我们在对自我及他人进行人格判断时仍然广泛采用这些词汇进行描述。直至 20 世纪 60 年代，人格心理学将研究重点转向人格自陈报告测验的使用，社会心理学将研究重点转移到由于偏见引发的错误判断研究上。由于研究范式问题以及判断准确性的标准问题迟迟未能得到解决，人格判断研究一度陷入僵局（Funder，1999）。加之人格研究的复杂性与学科本身的衰落，使得该领域一直没有突破性成果，此后的几十年基本上都处于停滞的状态。

20 世纪 80 年代中期以后，在准确性范式（accuracy paradigm）的引导下，人格判断研究再次呈现繁荣景象（Funder & West，1993），人格心理学家对人格判断的准确性及影响因素问题重新燃起了兴趣（Funder，2001；Lippa & Dietz，2000）。与过失范式（error paradigm）相比，准确性范式不再关注判断者不能做什么，而是关注于他们能够做什么以及什么情况下能做（Funder，1999）。尽管准确性范式看上去比过失范式更乐观，但并非盲目乐观。日常生活中判断错误时有发生，准确性范式让我们意识到，这一领域的发展必须要考察人们什么时候正确，怎样正确，而不是只考虑人们什么时候错误，如何出错。

人格判断的准确性关注两个基本问题：第一，准确的人格判断是如何产生的？范德（1995）的现实准确性模型（RAM）指出，当相关的行为信息对判断者是可用的和可以察觉的，而且判断者能够正确利用这些信息时，人格判断可以获得准确性；第二，准确的人格判断是何时产生的？RAM 帮助我们了解准确的人格判断的四个基本调节变量，包括判断目标的特性、被判断的特质、用于判断的信息（数量和质量）以及判断者的个体差异。通常情况下，人们所作的人格判断的准确性足以应付复杂的社会及世界，而关于准确性的研究则关注准确性如何产生以及何时产生这样的问题。

## 1.4 判断准确性的重要性

设想一封推荐信，其内容包含着人格特质的结构（求职者是认真的、精力充沛的、有洞察力的和友善的）。如果这些结构真的是有意义的，那么求职者可能是对的、错的或介于两者之间的。又比如，一个大学生假期在家里被妈妈要求描述她的新室友，"她是友好的，但属于粗心的一类人，当然也很能吃苦"。可以假定，这些术语一般认为真实地描述了某人或某事，为了更精确，每个术语倾向于描述两类真实的事情：一个人表现的行为模式和推断的特性（Funder，1991）。一些人格判断试图预测具有某些特性的个体的未来行为。例如，一封推荐信的阅读者或许不得不作出是否承认或雇佣这个人的决定，这一决定在很大程度上基于信中所描述的特质以及在此基础上对这个人在学校或工作中的行为预测。人们之间彼此好奇，大学生的妈妈想了解其女儿的生活，而不是想真正预测其室友的行为，仅仅是出于关心而已。许多

图2-2 准确的判断能促进人际沟通
（资料来源：朱慧卿，2013）

人际聊天的特性证实，人们在判断和交流中如何对彼此突出的特征感兴趣，某些时候并没有什么特别的理由，这表明兴趣本身是内在的。

人格判断准确性的重要性还有方法论、理论以及哲学理由（Funder & West，1993）。从方法论的角度来看，人类个体特征的判断是人格、发展和临床心理学数据的重要来源，许多研究要求报告者（可能是其他同伴或临床助手）使用一套量表或 Q 分类检测表提炼和描述他们的印象，然后利用这些数据对他们所描述的被试的人格特征作出判断。这些数据的质量和据此得出的结论效度决定了判断的准确性。从理论的角度来看，人格判断的准确性与人格如何体现在行为当中的问题交织在一起。现实主义假设指出（Funder，1995），为了理解什么时候以及怎样推断一种特质，个体不得不理解哪种特质何时以及怎样影响一个人的做法。后面这一问题是人格心理学关注的传统问题，正是这一原因，准确性研究与社会心理学领域相关，近年来大量的研究都是针对人与人之间的判断。此外，人格判断的准确性直接关系到对人格本质的认识，也直接影响到人格心理学的根基，所有人格理论的出发点都是要准确地判断人格，而建立在某一人格理论上的人格判断的准确性决定了该理论的生命力。从哲学的角度来看，关于知觉和判断的关键问题涉及人们拥有的知识，这一知识的获得方式决定它在何种程度上反映了真实的自然状态。

在实践中，老师要对学生作出准确的判断，这样才有可能做到真正的因材施教；临床心理学家需要正确地判断来访者的人格然后再进行有效的治疗；公司的

人力资源部门也需要对职员进行人格判断，将不同人格的人安排到不同的岗位上，这有利于提高公司的效率。一些心理学家认为，人类对人格的判断倾向是进化而来的。一项最新的研究考察了八种传统文化，结果发现人格判断是所有这些传统文化中非常重要的组成部分，人们不只相互之间进行判断，而且他们还为如何判断他人提供指导（Allik et al.，2010a）。因此人格判断倾向可能是人类进化的结果，它发生在日常生活中的每时每刻。

# 2 人格判断准确性的标准

## 2.1 人格判断准确性的哲学思想

### 2.1.1 实用主义

实用主义（pragmatism）思想源于吉布森主义者的格言"知觉服务于行动"这一思想，假设人们仅仅是想了解他们能够利用的东西（Gibson，1979）。关于准确性的实用主义的观点认为，人们仅仅感知那些他们能够用于与他人交往的人格特征，当人格判断对今后的人际交往有用时，这种判断就是准确的（Funder & West，1993）。正如斯旺（Swann，1984）指出的那样，为了成功地与某人交往，你需要准确了解的仅仅是那些你们共处环境中与此人行为相关的方面。这样，塑造此人在工作中如何行动的"限定准确性"对于你的实用需求完全足够了。尽管实用主义非常有用，但同时也有一定的局限性，知觉并不仅仅为行动服务，在某种程度上——这种程度可随不同个体而变化——对他人的知觉受到一种想准确了解他们和世界的内在需要的激发。实用主义没有强调认识研究身后的宽泛的哲学关怀，例如，知觉和现实之间的联系特性。

### 2.1.2 建构主义

建构主义（constructivism）主张，现实以及对现实的知觉不太容易分离，现实作为一个具体的实体是不存在的，所有存在的一切只是人类的思想或对现实的建构（Funder & West，1993）。这一观点最终要回答这一古老的问题："如果森林里的一棵树倒了，但是没人听到树倒下的声音，那么这棵树是否发出了声响？"建构主义者回答："没有。"一个更重要的含义是，我们有理由去判定某一种对现实的解释是正确的，而另一种则是错误的，因为所有的解释都只是"社会建构"（Kruglanski，1989）。建构主义关于准确性的观点指出，人格判断不存在客观的、准确的测量，人们会根据其判断人的独特的观点对同一个人作出不同的人格判断。根据这种观点，每种判断都同样正确。因此，与关注判断的准确性不同，这些研究者主要关注人们进行人格判断时的不同方法和观点。

### 2.1.3 现实主义

人格判断的现实主义（realism）的观点假定，人格中有一个客观的现实，那就是人格在经验上可以进行测量（Funder & West，1993）。现实主义者相信，人格判断的准确性可以通过考察该判断是否预测了目标个体的行为得到验证，还可以通过几个独立的判断者之间人格判断的一致性得到证实。批判现实主义（critical realism）进一步主张，因为缺乏完美的、一贯正确的标准以判定真理，所以不能强求人们认为所有有关现实的解释都是同样正确的（Rorer，1991）。确实，甚至那些坚持认为"准确性问题毫无意义"的心理学研究者（建构主义者）自己也仍然在研究结论之间作选择，尽管他们的选择有时是错误的。作为研究者，他们认识到必须依据手中的信息或能够收集到的信息作出尽量合理的选择。评价人格判断同样如此，你必须收集能够帮助你决定判断是否有效的所有信息，然后据此作出最好的决定。尽管判断结果的准确性总会有点不确定，但是这项任务还是非常合理和必要的（Cronbach & Meehl，1955）。

## 2.2 准确性研究衰退的原因

尽管人格判断的准确性对每个人都很重要，但是自1955年以后，心理学家在相当长的一段时间（大约30年）内停止了对准确性的研究，正如施奈德（Schneider）等人指出的那样，"近年来，准确性问题几乎从视野中消失了，至少对于人格判断是如此。"（Schneider，Hastorf，& Ellworth，1979，p.224）。对于准确性研究衰退的原因，研究者认为有三种解释（Funder，1995）：

第一，已有的关于"好的判断者"的研究结果令人失望，人格判断能力之间的相关非常微弱，且在不同研究中会变化，判断能力自身也经常不一致。同一个人在一种情境下是好的判断者，在另一种稍微不同的情境下可能是一个糟糕的判断者（Schneider et al.，1979）。

第二，克伦巴赫（Cronbach）在1955年发表的文章对那时主题报告中被几乎所有研究采用的研究方法提出了一系列尖锐批判。通过使用非传统统计标记写的一些难懂的文章，克伦巴赫成功地让他的同事相信，所有他见到的准确性研究都几乎没有意义，其基本理由是，用于反映内部判断一致性的数据（现在通常用作准确性的标准）或多或少受到几个潜在的人为因素的影响，包括反应定式、判断者与判断目标之间实际的或假定的相似性等。克伦巴赫的目的是提高准确性的研究而不是打压这种研究，但后者却真的发生了。在前计算机时代不仅要求复杂的统计调整，而且要求收集大量的数据，这令许多调查者望而生畏。施奈德指出，人格判断突然"失去了某种直觉上的魅力"（1979，p. 222），有二十多年的时间，克伦巴赫的批评之后很少有关于准确性的研究。

第三，另一种研究范式的兴起，即对人知觉（person perception）。这种范式将人际判断研究移到实验室，诱导被试对一些人工的刺激物如特质词汇清单而不是真实的人作出判断。阿什（Asch，1946）及其他人发现，这类研究可以揭示信息与人格判断是如何结合的，而不需要关注这些判断的社会内容或准确性。阿什的研究表明，一种判断受给定信息的影响程度取决于信息是否在之前、中间或是之后呈现，以及它是否与呈现的信息一致或矛盾。这是一项非常重要的工作，但这一结论似乎与人格无关。这类研究在某种意义上就是"内容自由"：它强调的是认知过程而不是判断的社会实体，这种过程在整体上发生在判断者的大脑中而不是人际世界中。另一位关于对人知觉的认知取向研究的杰出代表是琼斯。琼斯（1985）并不承认实验室研究的不足，在随后的 10 年里，他关于"归因理论"的研究以及"社会认知"都使用实验室的操纵和人工的社会刺激。

与判断准确性完全不同的是，有相当长的一段时间研究者只关注判断中假定存在的偏见和过失（Krueger & Funder，2004）。偏见/过失的问题是：判断的过程服从源自数学、统计或形式逻辑的标准规则吗？准确性的问题是：判断正确吗？这两个问题的答案无须相同，因为偏见出自启发式，这在现实环境中对准确性有帮助，而形式上的正确过程可以导致人工的可操纵情境外的错误判断和决定（Funder，2012）。在一段缓慢的起步后，准确性研究在近年来得到迅速发展，其早期的里程碑就是《人格杂志》（*Journal of Personality*）中关于"人格判断准确性"的专刊（Funder & West，1993），许多心理学家都参与到这一主题的讨论中。

## 2.3　判断准确性的标准

### 2.3.1　"获取"准确性

人格判断的首要问题是准确性的标准问题，然而，"准确性"又是个充满争议的概念。多年来，由于其模棱两可的含义问题，许多心理学家一直都在回避它，但是所有的科学又都要求评估这些不确定概念的效度、信度、理论的说服力以及数据和理论的其他许多属性，准确性的概念也不例外。其评估能够通过多重标准科学地实现，而最终的结论都将是一种宝贵的尝试，研究者们对准确性结论的信心有助于提高不同标准之间一致性的程度。

如果将判断目标的真实人格作为效标的话，那么与效标的关联程度越高，亦即一致性越高，判断就越准确。但是，目标人物的真实人格是一个假定的概念，无论是目标的自我判断还是他人判断，抑或是客观的人格测量，我们都无法知晓目标的真实人格。即便将所有的判断进行综合，也只能是接近于真实人格。加之在人格判断中自我知识与他人知识的不对称（Vazire，2010），这种真实越发显得遥不可及。不过，心理学家还是有办法去接近这种真实。一种常用的做法是聚合效度（convergent validity），是指运用不同测量方法测定同一特征时测量结果的相似程度，即不同测量方式应在相同特征的测定中聚合在一起。以"鸭子测试"为例，如果它看起来像鸭子，走路像鸭子，游泳像鸭子，还像鸭子一样嘎嘎叫，那么它很可能（但是仍然不能绝对肯定）是只鸭子（它可能是一只迪士尼拟声玩具鸭子，而不是真正的鸭子）。在人格判断中，聚合效度通过组合各种信息片断获得，如判断目标的长相、表情、姿态等，甚至包括行为的痕迹（Gosling，2009），聚合的各种信息条目越多，结论越具有说服力（Block，1989）。

### 2.3.2 判断间一致性

判断间一致性（inter-judge agreement）是指不同判断者对目标人物判断的一致性，这里的判断者可以是自我、父母、伴侣、朋友或陌生人中的任何人。为了便于比较，研究者又进一步区分出一致性和自我—他人一致性。一般而言，不同观察者之间一致性最高的特质其自我—他人一致性的水平也最高，当且仅当两种一致性比较高时我们才可能得出准确性较高的结论（陈少华，2012）。

（1）一致性。一致性（consensus）是指在某种情境下不同观察者（两个或两个以上的人）对同一个体判断时相互之间的一致性程度，也可以看作是同辈一致性。例如，如果周围的人（不管是朋友还是陌生人）都认为某个人很勤奋（高一致性），那么此人很可能就是个勤奋的人，无论他自己是否认为自己勤奋。一致性能够预测准确性，但是一致性并非与准确性必然相关，因为即使许多人对某人判断非常一致，但是很有可能他们都判断错了，这可能受到判断者是否表现了真实的人格、信息全不全面以及内在判断标准或者偏见的影响。因此，单独将一致性作为人格判断的准确性有时候显得不足。

（2）自我—他人一致性。自我—他人一致性（self-other agreement）是指在某种情境下个体的自我判断与他人判断的一致性程度。例如，当自我和其他观察者均认为某人是个勤奋的人时（高自我—他人一致性），那么勤奋代表了对这个人的准确判断。一般认为，自我是最了解自己的人，因此自我评价更接近于真实人格，他人判断与自我判断的一致性水平可以用来衡量判断是否准确。但是这一标准仍然存在问题，因为人们有时候并不了解自己，尤其是受社会赞许性和自我服务偏向的影响，我们对自己的判断并不一定准确。瓦兹（Vazire，2010）认为，人格的自我判断和他人判断是不对称的，人们对自我的某些方面很了解（如情绪的稳定性），在另一些方面他人比自我更了解（如智力），这种不对称必然导致较低的自我—他人一致性，此种情境我们不能用它作为准确性的指标。

自我—他人一致性的计算分成三个步骤：第一步，要求目标人物完成一项关于他自己的人格测试（S-数据或B-数据）；第二步，要求一位朋友完成一项关于目标人物的人格测试（I-数据）①；第三步，记录量表的反应，计算自我报告与判断者报告之间的相关（高的正相关=高的自我—他人一致性）。表2-2是人格判断中自我—他人一致性的一个实例，从评定等级中我们可以看出，自我报告与判断者的报告非常一致。当然，这种一致性在统计学上是否显著要经过进一步的统计分析。

表2-2　人格判断的自我—他人一致性举例

| 量表项目 | 目标的自我报告 | 判断者对目标的报告 |
| --- | --- | --- |
| 我是一个非常真实的人 | 5 | 4 |
| 我喜欢做新奇的事情 | 3 | 3 |
| 我喜欢和朋友"狂欢" | 4 | 5 |
| 我喜欢动作电影 | 5 | 5 |

（注：表中数据为5点量表中的评定等级。）

无论是一致性还是自我—他人一致性，没有哪个标准是完美的，人们有可能歪曲他们的自我判断以保护其自尊或隐藏其秘密，而其他判断者则可能会由于偏见而作出错误的判断。然而，这两个标准仍然让我们对准确性感到自信：如果自我和他人对一个人像谁的看法不一致，或者判断者不能达到一致性，那么必定有某个人的判断是错误的。当所有的人都一致时，我们有理由认为他们是准确的，即使最终的确定性永远不能达到。

（3）现实准确性。当自我与他人的判断一致性较低或不同观察者之间的一致性较低时，如何衡量判断的准确性呢？基于此，研究者提出了现实准确性的标准（Letzring，Wells，& Funder，2006）。现实准确性（realistic accuracy）是一个假设的结构，代表人格判断和目标本来面目之间的一致性水平，该结构不能被任何单一人格或行为等级进行直接测量。一个理想的现实准确性能够无限接近真实人格，这个理想的准确性使用多种方法测量，并且组合成对每一个目标都有广泛基础的准确性标准。我们假定，这个有广泛基础的标准比起任何单一评定更接近目标的真实模样，因为评定中的随机误差被综合进来的更多评定彼此抵消。

————————

① S-数据是指自我报告的数据，B-数据是指行为观察数据，I-数据是指信息提供者报告的数据。

### 2.3.3 行为的预测

特定的人格特质总是与特定的行为相对应，因此，外在的观察者才有可能对目标人物进行人格判断。反之，如果知觉者所作出的人格判断在某个特定时间、特定情境下的确表现出了相应的行为，那么可据此断定这种判断是准确的，这就是心理学家所说的判断具有预测效度（predictive validity）。简言之，当人格判断能够有效预测行为时，这种判断是准确的。例如，当我们基于人格的自陈问卷判断某学生是个尽责的人时，在接下来的几个学期里，我们通过观察和记录该生的课堂考勤、作业情况以及学业成绩等表现，确实找到了尽责行为，而且两者之间有显著的一致性，这表明"尽责性"特质判断预测了尽责的行为。然而实际情况远比这要复杂。行为究竟由特质决定还是由情境决定？这是人格心理学家长期争论不休的问题（Funder，2007）。无论争论的结果如何，可以肯定的是，行为并非完全由特质决定，情境也扮演了相当重要的角色。特定的行为与特定的特质之间并非一一对应，即便个体在某情境下表现出了相应的行为，我们也无法肯定个体身上是否具备相应的特质；反之，我们也不能简单地以行为表现来衡量特质判断的准确性。

毫无疑问，行为预测（behavioral prediction）是一个非常好的标准。如果一种人格判断能够预测一种行为或与行为相关的生活结果，那么这种判断似乎在某种程度上是准确的。然而，这类研究很难操作，其成功性不仅要求对人格和行为进行有效测量，而且要求将正确的特质与正确的结果进行匹配。但是，大量的研究确实表明，日常生活中来自熟人的人格判断能够预测实验室情境中的行为（Fast & Funder，2008）。一项引人注目的研究结果表明，人格判断能够预测诸如工作绩效甚至寿命长短一类的重要事件（Ozer & Benet-Martínez，2006）。尽管很少有研究同时使用自我—他人一致性、他人—他人一致性以及行为预测的判断标准，但是随着人格判断准确性研究成果的不断积累，基于所有三种标准的准确性研究必将成为一个整体的研究成果，从而增加我们对准确性研究的信心。

随着人格判断准确性研究的深入以及人格与社会心理学的整合，我们不应该再回避判断的标准问题，而是应该对标准化问题进行更多的思考和探讨。为了寻求更加合理和精确的人格判断准确性的指标，我们可以从多种测量评估方法上着手研究，包括行为测量、生活事件评定以及生物学测量，如对目标本身的自我认知、知识构成的评定、临床诊断、行为评定、生活状况，甚至还可以结合生物学信息（如荷尔蒙水平）和功能性磁共振的图像来进行评定。

目前，关于人格判断准确性的创新研究正在迅速展开，有两种重要趋势比较明显：其一，研究者正在发展新的、创造性的方法来获取人们用于人格判断的信息，同时发展出评估其准确性的标准。除了使用问卷测试作为标准外，当前的研究还考察了人格判断的线索，包括面部结构、音乐品味、网页内容，甚至卧室的整洁性。日益广泛使用的电子社会媒体对于获取社会交往关系中的"鲜活"人格提供了令人兴奋和极具挑战性的机会，事实也的确如此（Back et al.，2010b；Gosling et al.，2011）。第二种趋势是，社会心理学家终于从早先对于偏见研究的喜好中摆脱出来（Jussim，2012）。由此我们不难发现，专业的人格判断其实并不完美，它们也很平凡。人们对于彼此的了解很多，他们甚至对于自己知道的也有相当的了解，即具备"元洞察力"（meta-insight）（Carlson，Vazire，& Furr，2011）。戈登·奥尔波特（Gordon Allport）在许多年前就指出，通常情况下，我们能够"选择朋友喜欢的礼物，在宴会上与投缘的人相识相知……抑或是挑选一个令人满意的员工、租客或室友"（1937，p. 353）。人格判断准确性研究的最终目标就是要理解人们是怎样做到这一点的，他们又是在什么情况下做到这一点的。

（资料来源：Funder，2012，pp. 10 - 11）

# 3  人格判断准确性的理论模型

## 3.1  社会关系模型

在社会关系模型（social relation model，简称 SRM）中（Kenny，1996），主要有三种基本变异源成分以及两种协变量成分来解释成对关系中的各种效应，包括知觉者效应或行为者效应、目标效应或同伴效应、关系效应或成对关系效应，以及两种变异的成分：一个是恒定的成分，即不同的知觉者、知觉目标和关系的知觉判断或互动的总平均值，另一个是评定中的误差变异。知觉者效应（perceiver effect）或行为者效应（actor effect）指的是由知觉者本身的特征所决定的判断风格，或是个体的行为在与不同的群体互动中体现出的一致性。目标效应（target effect）或同伴效应（partner effect）指的是知觉对象所反映出来的特征，即他人是如何比较一致地看待知觉对象的；其在互动中的含义是，互动的对象在与人交往中引发行为者行动时表现出一定程度的一致性。例如，人们在遇到某个人时可能会比遇到其他人时表现出更多的微笑。这种个体差异变量在传统的研究中常常受到研究者的忽视，因此对这个变量的研究要比行为者变量少得多。关系效应（relationship effect）是指人际知觉中知觉者如何对独特的知觉对象反应而产生的关系水平的效应，或在小组互动中控制了行为者效应和同伴效应时的独特效应，是人们在互动中产生的气氛，也称小组效应（group effect）。

　　SRM 最基本的设计有两种：循环设计（round-robin design）和区组设计（block design）。这里仅以循环设计为例来探讨运用社会关系研究考察个体差异的变化和稳定性的可能性。循环设计是比较经典的多重互动设计类型，这种设计要求每个人与群体中其他所有人互动或者评定群体中的所有人，即每个个体要与多个对象互动。例如，由 4 男和 4 女组成一个 8 人的小组，记录他们每两个人之间的行为评定，这样就产生 8×8 的互动矩阵。这个矩阵估计出的行为者效应反映了个体的一般行为是否具有稳定性，即无论他与同性还是异性交往是否都表现出一致的评定倾向，例如女 1 对所有人都有比较低的评定。而同伴效应反映了这个被评定对象无论对男性还是女性的表现都有一致性的反应倾向，例如所有人对男 1 的评分都很高，那么就表明这个人的稳定性特质影响了评定者的认知。此外，还可以考察反应倾向是否与性别有关，即是否评定人对所有的女性或男性都有相似的反应，或者这个人在与某个具体对象交往时的反应明显不同于其他人，这就是关系效应的体现。在这个设计中成对水平所表现出来的关系效应包括四种效应，即男性—男性、男性—女性、女性—女性、女性—男性互动的效应，因此可以更具体地考察个体特征的差异在不同交往对象情境中是稳定的还是变化的（张宏宇，许燕，柳恒超，2007）。

## 3.2　加权平均模型

　　加权平均模型（weighted-average model，简称 WAM）详细描述了人格判断的一致性偏差，WAM 认为有六个因素影响了一致性，分别是熟悉度、重叠性、共享的意义系统、行为的一致性、外部信息以及交流或沟通（Kenny，1994）。该模型假设，若判断者能完整地看到目标人物的重叠行为或以同样的方式精确解释所看到的行为，则自我—他人一致性不会随熟悉度的增加而增加。而当此假设被更多现实的预测所取代时，不同判断者将以不同方式解释行为，他们也不会剔除目标表现出来的相同行为（如图 2-3 所示）。WAM 从影响的外部因素角度来建构加工过程的一致性，它意味着不同准确性指标和熟悉度之间的关系不必保持相同。肯尼（Kenny，1994）指出，准确性会随着熟悉水平甚至是一致性水平而保持相同，即使所有的判断都更准确了，判断者仍会在某种程度上保持一致。

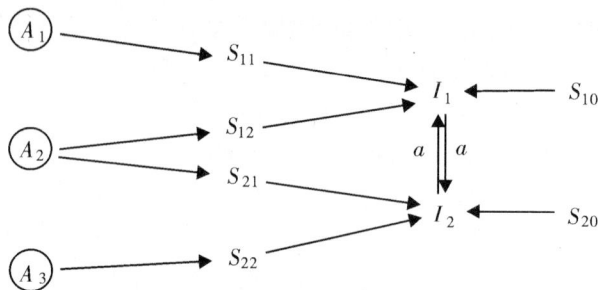

图 2-3　人格判断的加权平均模型

（资料来源：Kenny，1991，p. 158）

（注：行为活动 [A] 影响测量值 [S]，测量值和最初的印象 [S_{10}] 共同决定了整体印象 [I]）

WAM 假设观察的行为 $A$，给每一个行为一个测量值 $S$，然后形成一个印象 $I$，这个印象是这些测量值与行为的乘积加上偏见的权值和独特性。两个熟悉的人观察目标的一系列行为，他们的一致性可以用下列公式表达出来：

$$\rho = \frac{w^2\rho_4 + 2wn\rho_6 + qn\rho_2 + (n^2 - qn)\rho_3}{(n^2 - n)\rho_1 + 2wn\rho_5 + n + k^2 + w^2}$$

公式中的 $n$ 表示观察到的行为数量，假设每个人观察的行为数量是一样的，$q$ 表示共同观察到的行为的比例，包括刻板印象 $w$ 和额外信息 $k$。

观察者内在一致性为 $\rho_1$ 表示观察者对目标不同行为权值的稳定性。

分享共同意义系统 $\rho_2$ 表示两个判断者看到同一个行为时赋予的权值的一致性，即用同样的方式解释目标行为。

观察者之间的一致性为 $\rho_3$；而 $\rho_4$、$\rho_5$、$\rho_6$ 指的是偏见对印象的影响。

WAM 预测，信息和熟悉度对一致性的影响始于两个假设：第一就是不同判断者用相同方式解释他们看到的行为，即共同的意义系统；第二个是目标的行为从一个情境到另一个情境的相关性低，低于 0.05。因为分享共同的意义系统和行为的一致性被看成恒定的，因此 WAM 预测，熟悉度对一致性的影响取决于第三个变量——重合性，即两个判断者对目标进行人格判断时信息的重叠程度。如果两个人在两个不同的情境中看到目标，重合性几乎为 0，相反为 1。该模型还预测，当判断者看到目标几乎完全相同的行为和几乎同样解释行为的方式时，一致性不会随着熟悉度的增加而增加。然而，这种假设被更多现实的情况所推翻，即不同的判断者没有看到目标完全一样的行为并且用不同的方式解释行为时，WAM 预测一致性会在低水平到高水平的熟悉度之间迅速增长。此时我们预测，一致性在低水平和中等水平的信息数量和质量之间增加，并且在中等水平和高水平信息数量和质量之间同样增加。

WAM 表明，增加的熟悉度并非总是导致一致性的改变，判断者观察到的目标行为与意义系统相似性之间重叠的程度才是关键。该模式可用作决定对人知觉准确性的基础框架。在某些场合，准确性随熟悉度的增加而增加，但一致性则未必。WAM 已被用于解释为什么一致性不会随着熟悉度的增加而增加，在一些关于人际知觉的研究中，该模型一直是一个重要的理论框架（Borkenau & Liebler，1993；Borkenau et al.，2004），然而，WAM 并没有被广泛接受，原因之一在于这一模型在实际应用中非常困难，而且极其复杂，它所提出的参数几乎不可能操作，来自于 WAM 参数值的研究结果含义并不清晰（Kenny，2004）。

## 3.3  现实准确性模型

现实准确性模型（realistic accuracy model，简称 RAM）由美国加利福尼亚州大学心理学教授大卫·范德在 1995 年提出。作为人格判断研究的集大成者，范德认为，要准确地判断一个人的人格特质，必须通过四个阶段：第一，判断对象必须表现出相关行为，即行为可以为相关特质提供信息；第二，这一信息对判断者必须是可用的；第三，判断者必须能够察觉这一信息；最后，判断者必须正确使用这些信息（如图 2-5所示）。上述四个阶段合并成一种复杂的判断形式，其中任何一个阶段的失败均不可能对人格作出准确判断。范德同时指出，好的判断者、好的判断对象、好的特质以及好的信息是影响判断过程的四个调节变量，它们通过影响 RAM 的一个或多个阶段来影响

图 2-4  大卫·范德，杰出的人格判断研究者

人格判断。RAM 主要用来描述人格判断的内在认知过程，这些过程包括四个阶段，即信息的获得、编码、存贮和提取。在认知过程中有两点值得注意：首先，对目标对象的判断必须呈现与其人格特征相关的线索或行为，因为这些线索或行为可能为判断者提供有利于判断结果的相关内容；其次，判断者应该发现这些线索，并正确地利用它们来作出准确的判断。

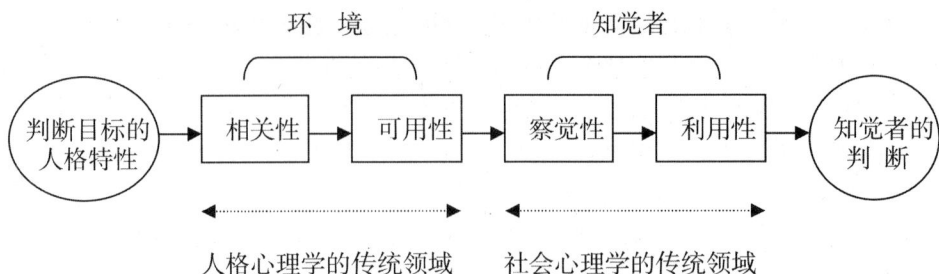

图 2 – 5　人格判断的现实准确性模型

（资料来源 Funder，1995，p. 659）

　　RAM 尽管是一个准确性的模式，但它也能用于对一致性作出假设。如果假定一个人的人格是真实的，那么两种准确的人格判断将会一致，即准确性高的话，一致性也高。例如，假如要判断某个人的勇敢程度，除非有能够展示这种特质的情境，否则无法探测到这个对象的特征。如果判断对象在公交车上和小偷搏斗，见义勇为，避免了受害者的损失，那么这时候他就表现出了相关的行为。其次，这种行为以判断者能够观察的方式在可观察的地点发生。有人可能正在这个时候做着见义勇为的事情，但是因为你无法看到，你就没有机会准确判断这个人的勇敢特质。这样，判断者就通过了"可用性"这一关，但是如果你的认知能力受损，或者因为其他原因你没有注意到这次举动，判断就很难通过"察觉性"这一关，仍然阻碍着你作出准确的判断。如果你观察到了这个事件，并且正确地解释那些可用行为与判断特质相关的信息，那么你将最终完成这次准确的判断。

　　RAM 需要借助于一系列宽泛的用于人格判断的评估标准，由此导致该模型可描述为作为判断准确性的相关行为线索的可用性、察觉性及利用性的函数。RAM 提供了一种准确性的基本调节变量的普遍解释，阐明了这些调节变量如何相互作用，勾画了重新整合准确性研究与过失研究的议事日程。范德（1995）的现实准确性模型为检验人格判断过程中的步骤提供了一个有用的框架，这一过程可能受信息性和动机性因素的影响。RAM 给我们的启示有四点：

　　启示一，RAM 并没有描述人格判断总会出现，而是描述了准确的人格判断在什么情况下可以达到。如果一种相关行为没有展现，或者对判断者来说不可用，或者判断者没有察觉到它，或者判断者误解了它，那么准确的判断将不可能发生。

　　启示二，RAM 告诉我们准确的人格判断很难达成。大量关于判断偏见的研究似乎反映了这样一个惊人的事实，即人类的判断经常是错误的（Krueger & Funder，2004）。RAM 解释了人类人格判断的准确性为什么具有可能性，当且仅当上述四个阶段都顺利通过时，准确的判断才会出现，任何一个步骤失败都将导致准确的人格判断功亏一篑。

启示三，准确性的调节变量（良好的判断者、良好的判断对象、良好的特质和良好的信息）是这四个阶段中一个或者多个阶段的产物。

启示四，人格判断的准确性可以通过四种不同的方式实现，传统上，对准确性的改进都集中在"利用性"这一阶段，而不是整体的四个阶段，事实上，其他三个阶段同样需要寻求改进的方法（Funder，2003）。

# 4　准确性的调节变量

根据范德的现实准确性模型（RAM），有四个调节变量影响了人格判断的准确性，即判断能力（好的判断者）、目标的可判断性（好的判断目标）、特质的模糊性（好的特质）以及信息的数量和质量（好的信息）。

## 4.1　良好的判断者

良好的判断者是指判断者的个体差异对准确性的影响。在 19 世纪三四十年代第一波准确性研究的浪潮中，"好的判断者"是一个主要目标，但由于克伦巴赫（1955）及其他人提出的方法论问题，这一研究后来逐渐衰退，也有可能是因为大多数人都是好的判断者——人格判断对于社会生存是一种必要的技能——因而个体差异很小（Haselton & Funder，2006）。最近的研究发现，总体而言，女性比男性的人格判断更准确，因为她们对于"标准的或典型的人是怎样的"这一问题有更准确的看法（Chan et al.，2011）。一项最近的研究表明，那些倾向于作出更积极人际判断的人，他们对目标的人格判断也更准确，"好的判断者"被他人描述为宜人的、一致性以及对生活满意的，他们不自恋、不焦虑、不以权力为中心、没有敌意（Letzring，2008；Wood，Harms，& Vazire，2010）。研究还发现，在三人一组相互认识的交谈中，好的判断者谈论积极的话题、有目光接触、表达热情，似乎也是自我享受的（Leztring，2008）。好的判断者的一项重要技能是创设一种让人表达其真实人格的氛围，根据 RAM 的相关性阶段，这一点对于准确的判断尤其关键。

从可利用信息中作出准确人格判断的能力是人格判断中最重要的调节变量之一——一些个体比另一些个体被认为是更好的人格判断者（Letzring，Wells，& Funder，2006）。早期的研究结果显示，极其聪明而且有责任心的人作出的判断更好，但是这些个体对任何任务都很擅长，因此不能肯定这些特质是判断准确性的基本要素。此后，关于大学人格判断的研究发现，男生和女生在准确性程度上没有差异，但是与准确性相关的人格有性别差异：人格判断准确性最高的男性倾向于外向、适应良好、不太关心别人对自己的看法；女性则倾向于愿意接受新经验、兴趣广泛、比较独立（Kolar，1996）。这一结果表明，对于男性来说，准确的人格判断需要外向和自信的人际交往风格；对于女性来说，更多的是愿意接受他人、对他人更感兴趣。有研究者认为，好的判断者是那些注重发展和维持人际关系的人，这种风格被称为"交际性"。研究表明，交际性测验分数高的男性和女性作出的人格判断更准确（Vogt & Colvin，2003）。另有研究发现，有些人对他人的判断很概括、刻板，他们倾向于用讨人喜欢的语言描述，这种判断结果也倾向于更准确，因为多数人实际上表现出来的是一般性的特点：诚实、友好、和善、乐于助人（Letzring & Funder，2006）。那些准确地用积极语言描述他人的判断者也会被认识他们的人描述为热情、友爱并富有同情心，而不会被认为是骄傲、焦虑、易冲动或多疑的。

## 4.2 良好的判断对象

良好的判断对象是指目标的可判断性对准确性的影响。在日常观察中，有的人很容易被人了解，而另一些人却总让人捉摸不透；研究也证实，大多数人都知道自己是谁，他们能够被熟人准确判断（Biesanz et al.，2011）。这一切都源于目标的可判断性，可判断的个体其思想和情感相对"透明"，他们的可观察行为与其潜在的人格更加相关，其行为从一种情境到另一种情境是具有一致性的，因此对其人格的有效观察更加可用。一个人身上的友好行为并非偶然出现的，它是整体一致性模式的一部分，这种模式即便是在不太熟悉的人当中也容易看到（Human & Biesanz，2011）。换言之，当判断目标具有高的可判断性时，无论是自我评定还是陌生人评定，相互之间很容易达成一致（即准确性高）；反之，当目标的可判断性较低时，不同的判断者看到的是目标的不同方面，因此判断的一致性也较低。范德（2009）认为，具备可判断性的人是那些让人"所见即所得"的人，这些人表里如一，表现一致，所有认识他们的人在不同场合对其描述本质上都是相同的。

由于行为表现具有一致性，因此对于此类人的行为预测往往也较准确，甚至有研究者认为这些人的心理适应能力很好（Colvin，1993）。换言之，心理适应良好与否是可判断性在现实中的表现形式，对于那些变幻莫测、适应不良的个体，我们无法对其作出准确判断，一种极端就是精神病院里的病人，我们永远不知道他们接下来要做什么。研究者推断，可判断性可能根植于童年期的经历，它与心理适应的关系在男性中表现尤其明显（Colvin，1993）。后来的研究也证实，心理适应良好的个体比那些适应不良的人更容易被判断（Furr et al.，2007）。从心理健康的角度来讲，那些不伪装、不掩藏、不压抑的个体最健康，他们也成为最容易被判断的目标。

研究者指出，好的判断目标相对外向、宜人、认真负责和情绪稳定（Colvin，1993），这一结果可以这样解释，即压抑情绪对身体健康和心理幸福感可能是有害的（Berry & Pennebaker，1993），以违背自己真实人格的方式行动非常费力，而且很容易导致心理疲劳（Gallagher, Fleeson, & Hoyle, 2011）。最近的证据表明，更多的行为一致性在统计学和可评估的意义上都是"正常"行为的结果（Sherman, Nave, & Funder, 2012；Fleeson & Wilt, 2010），你的最好自我就是真实的自我（Human et al.，2012）。大多数人在多数时候都是以一种积极的、社会赞许的方式行动，那些行为表现最为一致的人也是整体上人格最一致的人，亦即是最容易判断的目标。

## 4.3 良好的特质

从特质特性的角度分析，良好的特质是影响判断准确性的重要因素。就判断的容易程度而言，有些特质比其他特质更容易准确判断，像外倾性、精力充沛以及健谈等特质比内省、幻想倾向和欺骗性等特质更容易看见，按照 RAM，这类特质更加可用，更容易觉察到。更容易看见的特质（如健谈、好交际等与外倾性相关的特质）比那些不太容易看见的特质（如思考、深思的风格与习惯等）具有更高的自我—他人一致性和他人—他人一致性（Funder & Dobroth，1987）。例如，对于你是否爱说话，你更可能与熟人的看法达成一致，且熟人也更可能彼此达成一致，但是对于你是否容易忧虑、沉思，你们就很难达成一致。由于目标表现出更容易看见的特质，因此当判断者能够易于看到相同的行为时，判断者之间的一致性也更高。

在大多数情况下，人们比较关心熟人或同伴作出人格判断的依据。有些心理学家不愿意承认同伴或熟人所作的人格判断具有准确性，认为判断间的一致性只是判断者之间或判断者与判断对象之间谈话的结果。这些心理学家得出的结论是，同伴或熟人的判断不是基于判断目标的真实人格，而是基于他们的社交声望（Kenny，1991）。这种观点似乎合理，但并不正确（Funder，2009）。如果同伴作出的人格判断只是基于声望而不是观察，那么对可观察特质的一致性看法就不可能比无法观察到的特质多。其他人可以根据你爱思考的特质炮制一个相关的名声，当然也可以根据你健谈的特质再构造一个。但是，当所有特质都同样受到外界的影响时，某些特质就难以被实际观察到。因此，可观察特质有更高的判断间一致性，意味着同伴或熟人的判断不只是基于社交声望，而是基于对行为的观察（Clark & Paivio，1989）。

即便只有少量信息，可观察性高的特质（如外倾性）容易判断，可观察性低的特质（如神经质）则很难判断（Vazire et al.，2008；Borkenau et al.，

2009）。进一步的研究表明，自我和他人对不同特质判断的准确性不同，按照瓦兹的自我—他人知识不对称模型（SOKA），对于那些不容易看见的特质，自我的判断应该更准确，而对于那些明显可评估的特质，他人的判断应该更准确。根据自我与他人感知判断目标信息的优势不同，研究者推断，自我对内在特质比对外部特质的判断更准确。由于自我对外部行为也比较了解，他人对于可观察特质的优势可能会相对较小。因此，对于焦虑或感觉忧虑的倾向，自我的判断更准确；而熟人对于智力的判断更准确（Vazire，2010）。

## 4.4　良好的信息

　　良好的信息是指信息的数量和质量对准确性的影响。信息数量效应也被称作关系效应，因为随着人们相识时间的增加，他们能获得更多有关彼此的信息。一般而言，在人格判断中信息数量越多越好，室友作出的判断之所以比陌生人更准确，就是因为他们在信息数量方面更有优势。研究发现，判断目标暴露时间越长，自我—他人一致性也越高。在一项研究中，室友（认识目标至少 1 年）和陌生人（只在录像中看到目标约 5 分钟）同时对目标进行判断，结果发现，与陌生人相比，室友作出的判断与被试的自我判断有更高的一致性（Funder & Colvin，1988）。用 RAM 的术语来讲，更长时间的观察使得更多的信息可以利用。然而，这种相识时间长的优势并非在所有情境下都起作用，布莱克曼和范德（Blackman & Funder，1998）在实验条件下让一些被试观察目标行为 5 ~ 10 分钟，而让另一些被试观察 25 ~ 30 分钟，结果发现一致性并不随信息数量和熟悉度的增加而增加。研究者将这种现象称为熟悉效应的边界，亦即在某些情境中，陌生人和室友作出的人格判断具有同等的预测效应（Funder，2009）。

　　并非所有类型的信息对判断准确性的影响都一样，我们经常看到有些人在短时间内就非常了解对方，而有些人即使认识对方很久却依然不太了解，原因在于除了信息的数量影响准确性外，信息的质量也是一个关键因素。早期的研究表明，观察讨论思想和感受问题的面试比观察讨论习惯和爱好问题的面试作出的人格判断的自我—他人一致性更高，这说明思想和感受比习惯和爱好的信息质量更高（Andersen，1984）。最近的研究表明，与人格判断相关的信息类别对准确性的影响非常广泛，准确的人格判断可以基于面部表情（Rule & Ambady，2008）、音乐品味（Rentfrow & Gosling，2006），甚至包括讲故事的方式（Küfner et al.，2010）。不仅如此，情境强度也会影响信息的质量，强情境（如考试）包含了更多的社会规则和规范，因而限制了人们的行为表现；而弱情境（如休闲活动）则允许人们有更多的行为变化，此情境包含了更多高质量的信息，据此作出的人格判断更准确。研究表明，基于观看某人自由交谈所作出的人格判断比基于高度结构化的竞争任务所作出的判断更准确（Letzring et al.，2006）。最近，比尔和布鲁克斯（Beer & Brooks，2011）考察了不同信息质量对判断准确性的影响，结果发现，根据价值信息作出的人格判断比事实信息更准确。如果你要想更好地了解你的同事，工作后的交往更有意义。

**链接：促成人格判断准确性的因素**

1. 判断者的特征

（1）与判断目标性别和种族的相似性（Letzring，2010）。当个体在判断与自己有相同性别和种族的目标时，他更有可能作出准确的人格判断。

（2）刻板印象知识及利用（Chan & Mendelsohn，2010）。当判断者仅意识到目标的群体成员时，判断者可能会将其人格判断建立在对该群体刻板印象知识的基础上。然而，这些效应对性别刻板印象比对种族刻板印象更强烈，即便这一目标有充足的信息可以利用，判断者的人格判断仍然会基于性别刻板印象而不是种族刻板印象。

（3）与目标个体的关系（Connelly & Ones，2010）。那些与目标个体熟悉的判断者一般能提供更准确的人格判断，可能是因为他们了解目标个体不同情境下的表现。

（4）判断者的数量（Connelly & Ones，2010）。尽管一个判断者能提供一种准确的人格判断，但是来自不同判断者的多重判断的平均判断比单一个体的判断能更有效地预测行为。

（5）判断者的性别（Letzring，2010）。女性一般比男性能更准确地作出人格判断。

2. 目标的特征

（1）特质的可见性（Funder & Dobroth，1987）。那些更容易观察到的特质更有可能诱发准确的判断，一般认为，外倾性是一种更易于看见的特质，而神经质则不太容易看见。

（2）目标个体的心理适应（Human & Biesanz，2011）。心理适应良好的个体更有可能作出准确的人格判断，适应良好的个体会向那些与他们交往的人表露更多的人格，这样对他人准确地作出判断更有利。

（3）个人表露的数量（Beer & Brooks，2011）。那些揭示自己个人信息的人格判断目标会促进宜人性、对经验的开放性以及外倾性特质的准确的人格判断。此外，向他人表露个人价值的个体有助于神经质的准确判断。

（4）情绪表达（Hall, Gunnery, & Andrzejewski，2011）。那些表现负面情绪如恐惧和悲伤的面部表情的个体容易被判断为更神经质、更内向和更不随和，那些有积极情绪面部表情的个体一般容易被判断为更外向和更随和。

　　（5）与人格特质一致的面部表情（Penton－Voak et al. , 2006）。基于观察表现特定特质的脸部照片，个体能够准确判断许多特质。当看到一张展示同一特质的合成照片时，个体的判断尤其准确。

（资料来源：http: //en. wikipedia. org/wiki/Personality_ judgment. ）

# 第三章

# 人格判断的不对称

# 1  自我知觉与他人知觉

## 1.1  自我知觉

### 1.1.1  什么是自我知觉

如果让你做一个自我介绍，你会怎样介绍你自己？你可能会说到自己的姓名、年龄、出生地、职业、专业、兴趣、爱好，还可能会包括你的情感、性格、价值观以及人生目标。但并非每个人对自己的每个方面都能准确、如实、流利地介绍。一个人对自己的身份以及姓名、年龄、专业等客观信息的掌握当然没问题，但是当谈及自己的情感、思想、人格、价值观等主观的心理特征时则未必真的了解。你可能会认为我们对"自我"（self）的了解胜过对任何其他人或物的了解，但对于很多人来说，这个最基本的问题却成了最难以回答的问题。事实上，在某些时候、某些方面及某些情境下，我们对自己的了解还不如他人对我们的了解那么准确。

简单地说，一个人对自己的认识和了解就是自我知觉（self-perception），它是社会知觉的一种形式，在交往过程中随着对他人的知觉而形成。一个人不仅在知觉别人时要通过其外部特征来认识

图 3-1  自我知觉的准确性非常有限

其内部的心理状态，同时也要用该种途径认识自己的行为动机、意图等。自我知觉，其实就是人们常说的自我认识，是指人们对自己的需要、动机、态度、情感等心理状态以及人格特点的感知和判断。它可以是有关自我的一套观念，也可以只是有关自身认识的一些直觉，但不论是观念还是直觉，都会对我们的行为产生影响。当一个人对自己的能力、人格、需要、动机甚至潜意识的欲望有准确的认识时，他就有可能制订科学的计划，选择合理的目标，采取恰当的行动，并充分利用各种客观资源来达到目标。同时，准确的自我知觉也有助于个体的社会调适和心理、行为素质的良好发展。一个人如果连自己都不了解自己，就会导致其行动的盲目性，而且这也可视为心智不成熟的一种表现。

按照贝姆（Bem，1967）的自我知觉理论，人们通过自己的行为和行为发生的情境了解自己的态度、情感和内部状态，亦即我们对自己内部状态的了解也像他人了解我们一样，都是通过我们的外显行为。这种自我知识来源可能主要对不是特别核心或重要的自我方面有用（Taylor et al.，2010）。例如，你不需要观察到自己回避餐桌上的辣椒才知道你不喜欢辣椒，你也不需要观察到你在母亲节给母亲订花才知道你爱你的母亲。自我的许多重要方面有清楚的内部参照——通过持久的信息、态度和情感偏好。自我知觉作为自我知识的来源主要适用于偶然而不是重要的自我方面。

### 1.1.2 我们为何不了解自己

有理由相信，我们是自己最好的判断者：我们拥有关于自己历史、思想和情感的私密知识以及我们的隐私行为。然而，我们也知道人们似乎又会被自我欺骗，当谈及我们的人格时，大量证据表明自我知觉存在许多盲点（blind spots）（Vazire & Carlson，2011）。为什么有时候我们会误判自己的人格？一些盲点的存在也许要归因于信息的缺失，一个简单的信息反馈能够让个体的自我知觉与其行为一致；一些盲点的存在也可能归因于信息太多，我们接触到太多自我的思想、情感和行为信息，以至于我们经常无暇顾及收集这些信息和注意这些模式（Sande，Goethals，& Radloff，1988）。例如，当我们表现得友好或不友好时，大多数人也许要想很多次，我们很难知道自己的友好程度如何。换言之，我们在看待自己时，有时候只见树木不见森林。

在许多情况下，盲点的产生是有目的的认知过程的结果。一种对自我知觉产生较大影响的动机是对自我价值的激励和强化（Sedikides & Gregg，2008）。大量的研究证明，人们会长时间去维持一种对自我积极的看法，从而导致有缺陷的自我评估（Dunning，2005）。保护自我价值感的动机影响了我们的自我知觉，现在还不清楚这些偏见是否总是朝着积极的方向发展。毫无疑问，自我知觉不仅仅是一个客观、中性的过程，动机性的认知通过许多方式影响和歪曲了自我知觉，这些方式促成和维持自我知识中的盲点。结果，我们不能像陌生人那样不带偏见地去判断我们自己的人格。在一项研究中，人们对其人格的内隐观点预测了他们的行为，即使在控制其外显的自我看法之后仍然如此（Back，Schmukle，& Egloff，2009）。这种模式在外倾性和神经质特质中最为强明显，对这些非评估性的特质，人们一般都愿意如实地回答。这表明人们拥有关于自身行为模式的内隐知识，这种行为模式不能通过外显的报告获得。由此可见，我们的自我知觉只是提供了一种有价值但并非关于自身人格的完整观点。

关于自我知觉的局限性，另一种解释是自我服务偏见（self-serving bias）的存在。迈尔斯（Myers，2012）指出，当我们加工和自我有关的信息时，会出现潜在的自我服务偏见，即人们常常从好的方面来看待自己。当取得一些成功时，常常容易归因于自己；而做了错事之后，怨天尤人，把它归因于外在因素。他们经常把功劳归于自己，把错误推给别人。人们一边轻易地为自己的失败开脱，一边欣然接受成功的荣耀，在很多情况下，他们将自己看得比别人要好。这种自我美化的感觉使多数人陶醉于高自尊、光明的一面，而只是偶尔会遭遇到阴暗的一面。

迈尔斯认为，自我服务偏见不只存在于对积极和消极事件的解释过程中，而且也表现在人们将自己和别人的比较过程中。戴夫·巴里指出："无论年龄、性别、信仰、经济地位或种族有多么不同，有一件东西是所有人都有的，那就是在每个人的内心深处都相信，我们比普通人要强。"（2012，p. 108）在多数主观性和社会赞许性方面，大部分人都觉得自己比平均水平要高。相对于客观行为维度（如"守时的"），主观行为维度（如"有教养的"）会引发更强烈的自我服务偏见。绝大多数社区居民认为自己比周围的多数人更"关心"环境、饥饿和其他社会问题，尽管他们并不认为在这些问题上自己比别人干得更多，花的时间或金钱更多。甚至心理学家们也会暴露出这种自我服务偏见，他们认为自己比其他大多数心理学家更道德。可见，正是自我服务偏见导致人们在自我知觉过程中不可能完全客观和准确。

---

**链接：自我服务偏见——看看我们都是如何"爱"自己的**

（1）伦理道德。大多数生意人认为自己比一般生意人更道德。一个全国性调查有这样一道题目："在一个百分制的量表上，你会给自己的道德和价值打多少分？"50%的人给自己打分在90分或90分以上，只有11%的人给自己打分在74分或74分以下。

（2）工作能力。90%的经理人对自己的成就评价超过对其普通同事的评价。在澳大利亚，86%的人对自己工作业绩的评价高于平均水平，只有1%的人评价自己低于平均水平。大多数外科医生认为自己患者的死亡率要低于平均水平。

（3）品德。在荷兰，大部分高中生认为自己比普通高中生更诚实，更有恒心，更有独创性，更友善且更可靠。

（4）驾驶技术。多数司机——甚至大部分曾因车祸而住院的司机——都认为自己比一般司机驾车更安全且更熟练。

（5）聪明才智。大部分人觉得自己比周围的普通人更聪明，更英俊，更没有偏见。当有人超过自己时，人们则倾向于把对方看成天才。

（6）洞察力。我们假定，他人的语言和行为能够体现他们的本质。我们私下的想法也是如此。因此，我们中的大多数人都认为我们比别人更了解我们自己。很少有大学生会认为自己比别人更天真或更傻，但他们会认为别人要比他们傻得多。

（7）摆脱偏见。人们往往认为他们比其他人更不容易受偏见的影响，他们甚至认为自己比多数人更不容易产生自我服务偏见。

（8）包容度。在1997年的盖洛普民意测验中，只有14%的美国白人在黑人歧视程度的10点量表（0分到10分）上打分达到或超过5。可是在给其他白人打分时，44%的白人的分值达到或超过5。

（9）赡养父母。多数成年人认为自己对年迈父母的赡养比自己的兄弟姐妹们多。

（10）健康。洛杉矶居民认为自己比大多数邻居更健康，而多数大学生认为他们将比保险公司预测的死亡年龄多活10年左右。

（资料来源：Myers，2012，pp. 112 - 113）

## 1.2　他人知觉

### 1.2.1　什么是他人知觉

他人知觉（other-perception）既包括我们对周围其他人的外部特征和内部心理状态的知觉，也包括周围其他人对我们的特征和状态的知觉，与自我知觉相对。很显然，我们对自己的了解和对其他人的了解是不同的，正如其他人对我们的了解有别于他们对自己的了解。我认为自己是内向的人，并不等于别人也会这么认为，受自我服务偏见的影响，我们很多时候会抬高自己、贬低别人。归因理论家指出，当观察他人和我们自己的亲身经历时，我们的观点会有所不同（Jones & Nisbett，1971）。"当我们成为行为的执行者时，环境会支配我们的注意；而当我们观察别人的行为时，作为行为载体的人则会成为我们注意的中心，而环境则变得相对模糊。"（Taylor et al.，2010，p. 67）这些都会导致人格判断的不准确。也许有人会认为，我们比任何认识我们的人都更了解自己。然而，一个人究竟是什么样的人不仅取决于自我知觉，而且还要最大限度地整合他人尤其是熟人和朋友的观点。

如果你要求你的一位朋友特别是亲密朋友谈谈你是个什么样的人，他（或她）在很多人格特质上的看法很可能和你自己的看法（自我知觉）是一样的，例如，你是否是个健谈的、守信的、负责的、乐观的人。但同时你也有可能发现，在某些方面，你朋友的看法与你自己的看法并不一致，你甚至会惊讶于朋友对你有如此的看法，如觉得你比较爱财、吝啬或其他一些消极的特质。总之，我们不能保证他人与我们自己有同样的知觉，而在他人知觉中，他们之间的相互差异与他人—自我知觉的差异一样大。很显然，父母对我们的看法不同于老师对我们的看法，亲密朋友的看法不同于一般同学的看法，因为他人知觉的准确性在很大程度上取决于他们与我们的关系。

从另一个侧面讲，一个人的自我知觉有相当一部分来自于他人知觉的反馈。这一过程始于社会化，当父母告诉我们不要那么害羞、我们弹琴弹得很好、数学不是我们的强项、我是一个乖巧的小孩，或者我们是一个很好的读者时，他们就已经在给我们反馈了。一般而言，父母对孩子能力的看法与孩子对这些维度的自我认识有很高的相关（Felson & Reed，1986）。在儿童晚期和青春期，来自同伴知觉的反馈可能比父母更重要（Leary, Cottrell, & Phillips, 2001）。在这个年龄阶段，每个人都非常在乎同伴对自己的看法，很多时候他们都会屈于同伴压力而投同伴所好，例如，一个人是不是被很多人邀请去约会，或者去邀请别人时是被接受还是被拒绝。此外，学生往往根据老师的评分和评价不断调整自己的言行举止，按老师的标准变得更优秀。总体而言，人们喜欢关于他们个人属性的客观反馈，认为客观反馈偏差较少，并且比自己观点更公正。

### 1.2.2 他人为何能了解我们

尽管人们对自己人格的知觉有较大的准确性，但在某些方面仍然是不准确的，一部分原因可归结为信息缺失，而另一部分原因可能是自我知觉中的动机性歪曲。正因为如此，他人比我们自己能够更准确地感知某些人格特征。动机性因素对自我知觉的歪曲主要表现在社会赞许性特质方面，而这种影响并不存在于他人知觉中。因此，一个人能够从别人对他的看法中了解到自己更多的人格。他人能够了解到我们不能了解的人格，表明他人有时候比我们自己更擅长于察觉人格，结果导致自己在许多人格方面对他人显而易见，而对自我却模糊不清。例如，许多人格特质可以从身体吸引力、个人主页或简短的交谈中作出准确判断（Kenny & West, 2008）。这一证据表明，我们每天的行为会加注到我们的人格痕迹当中，他人在推断我们的人格时能够较好地利用这些线索（Mehl, Gosling, & Pennebaker, 2006）。此外，我们在自己的生活空间、音乐收集和网络空间中会有意无意地暴露我们的人格（Gosling, 2008）。换句话说，他人占有大量窥探我们人格的材料，而我们则通过歪曲的自我动机、偏见、希望及恐惧来看待自己。

当然，不是所有的他人都同等地看待我们，判断者和判断目标的关系非常重要。尽管亲密度通常与更高的准确性相联系，但是过于亲密有可能同样导致歪曲自我知觉的偏见（Biesanz，West，& Millevoi，2007）。一般说来，我们与他人相处越好，他人对我们的思想和情感的推断就越准确（Thomas & Fletcher，2003）。总之，通过考察不同类型和水平的熟悉度可以发现，人们能够对他人形成非常准确的印象。这些结果表明，我们对每个人的人格都是敏锐的判断者，对于我们这样一种社会性动物而言，这可能归因于人际知觉的重要性。最终的结果是，他人尤其是那些与我们相处时间比较长的人以及对我们持开放态度的人，无疑变成了我们人格的专家。但是，长期以来，这一结论受到研究者的质疑，他们认为，我们必须比那些了解我们的人更了解自己。事实上，关于人格的某些方面，他人可能比我们站在一个更有利的位置看待和了解我们。

以国人为例，中国人所说的"看人看心"在很大程度上就是通过观察他人的言行举止去知觉并推断他人人格。尽管"人心隔肚皮"、"人心叵测"，人们仍然力图通过各种观人术去捕捉有关信息并透视人心。中国人通过察言、观色、睹行等途径去推测他人的人格，但是他们也意识到有些人"口是心非"、"言行不一"，有时"人不可貌相"，于是中国人又运用其他方法去识别他人的真伪、善恶，这些方法包括：①时间考验。在长时间内反复观察、经常琢磨，"路遥知马力，日久见人心"。②危难考验。认为人之真伪、善恶在生死存亡、贫困衰败的情境下最容易看出，"危难时刻见真情"、"艰难识好汉"。③利益考验，传统上认为中国人重义轻利，由此认为在金钱和财产的诱惑面前很容易区分人的真实心理，正所谓"财上分明大丈夫"、"利动小人心，义动君子心"。④世态炎凉考验，即通过一个人在他人的贫富、成败、盛衰等变化过程中去考察其态度，以识别其真实人格（李庆善，1993）。

## 1.3 自我知觉与他人知觉的差异

### 1.3.1 乔哈瑞视窗

乔哈瑞视窗（Johari Windows）由美国心理学家乔瑟夫·勒夫（Joseph Luft）和哈里·英格汉姆（Harry Ingham）于1955年提出，这一视窗最初是用于解释自我知觉与他人知觉之间的差异，后来被广泛应用于理解与培养自我意识和个人发展、改善沟通，以及推进人际关系、团队建设和群体间关系。乔哈瑞视窗包括四个区域：第Ⅰ区域是自我和他人都了解的方面，叫做"表演区"（arena），指的是公共的自我（public self）；第Ⅱ区域是自我了解而他人不了解的方面，叫做"隐藏区"（facade），指的是秘密的自我（secret self）；第Ⅲ区域是他人了解而自我不了解的方面，叫做"盲区"（blind spot），指的是盲目的自我（blind self）；第Ⅳ区域是自我和他人都不了解的方面，叫做"封闭区"（unknown），指的是潜在的自我（unconscious self）。不同的人在四个区域的面积是不同的，有些区域对某些人来说可能很大，对另一些人来说却可能很小。在这些区域中，第Ⅰ区域中公共的自我是人际交往的主要阵地，人与人交往大多发生在这个区域。因此，我们如果胸怀坦荡，从善如流，就可以缩小第Ⅱ区域和第Ⅲ区域的面积，扩大公共自我的面积，从而推进自我与他人的关系。

乔哈瑞视窗

| | | 自我知识 | |
|---|---|---|---|
| | | 低 | 高 |
| 他人知识 | 高 | Ⅰ 自我和他人都准确 | Ⅲ 只有他人准确 |
| | 低 | Ⅱ 只有自我准确 | Ⅳ 没有人准确 |

（资料来源：Luft & Ingham，1955）

在这四个区域中，第Ⅱ区域和第Ⅲ区域的自我知觉与他人知觉都是不对称的。这就意味着在人格判断中，在某些方面我们比别人更了解自己，判断也更准确，而在另一些方面别人比我们更了解我们自己，他们对于这些方面的判断比自我判断更准确。当我们对特定目标进行人格判断时，如果目标的自我评定与他人评定高度一致，那么可据此推断判断的准确性较高；但若自我评定与他人评定结果只有较低的相关甚至毫不相关时，谁的评定和判断是准确的呢？有研究表明，自我与他人在人格判断中存在广泛的不对称：对于那些有明显外部行为表现的特质（如热情、健谈），自我与他人判断的一致性较高；而对于那些与内在情感体验相关的特质（如焦虑、自尊），自我与他人判断的一致性较低（Funder & Colvin，1988）。最近的研究证实，自我是神经质相关特质的最好判断者，朋友是智力相关特质的最好判断者，所有的人都擅长于判断外倾性相关的特质（Vazire，2010）。由于判断者个体差异的存在，由于判断特质的特性不同，也由于判断者与目标之间的关系质量不同，人格判断的不对称研究中仍然存在许多悬而未决的问题。

### 1.3.2　自我—他人知觉有何差异

我们是自己最准确的判断者吗？答案似乎是肯定的。从关于判断目标信息的数量和质量分析，自我知觉比他人知觉更有优势，我们每时每刻、每个情境都跟自己生活在一起，没有谁比我们更了解自己。但实际并非如此简单，受动机性因素和自我服务偏向的影响，我们对自己的了解主要是基于思考和感受，他人对我们的判断主要是基于行为和表现。按照艾米丽·普罗宁（Emily Pronin）的说法，"我的思想，你的行动；我是客观的，你是有偏见的。"（2008，p. 1177）研究者指出，在感知自我及其行为时，我们接触到的是内在输入；在感知他人及其行为时，我们接触到的是外部输入（Pronin，2008）。结果导致，我们倾向于通过"内省"（向内看思想、情感和意图）感知自我，通过"外省"（向外看可观察的行为）感知他人。由此可见，我们基于自身的思考和感受来判断自己，而基于我们看到的行为表现来判断他人。

在社会交往中，人们感知到的是自己的内部思想和情感，但观察到的却是他人外部的行为表现，这种自我与他人知觉的不对称影响了人格判断的一致性和准确性。越是有外在行为表现的特质，判断的一致性越高，不对称则越少，在大五人格中，一致性最高的是外倾性（Russell & Zickar，2005）。与此同时，人们过于相信自我知觉的客观性使得他们经常怀疑他人知觉带有偏见，而在他们自己的判断中对这些偏见又视而不见（Pronin，2004）。这种对偏见的不同态度仍然源于这一事实，即人们评估自己时受内省的思想和动机影响，而评估他人时则基于对他人行为的考虑，例如，人们常常会说，"我的动机是公正的，他的行为是出于对自己有利"。

### 1.3.3 自我—他人知觉差异有多大

人格自我知觉与他人知觉的差异究竟有多大？瓦兹等人（2010）的综述研究发现：人们对自己的真实情况并不完全无知，但距离理想还有较大差距；人们对自己的看法与那些比较了解他们的人的看法有某些对称性，但距离一致性尚有一定差距；尽管一些人知道他人知觉不同于自我知觉，但仍有许多人不清楚他人如何看待自己。元分析结果表明，自我—他人一致性相关在 0.40~0.60 之间，单个研究结果的平均相关为 0.40；元准确性（即知道他人如何评估我们自己的能力）分析发现，广义的元准确性与他人知觉的一致性大约为 0.40，而且有熟人（如家人和朋友）在场的情境下比陌生人情境下的元准确性更高（Vazire & Carlson，2010）。从表面上看，我们似乎是对自己最有利的判断者，但实际上，我们对自己思想、情感及行为的感知优势被自我知觉的动机性偏见和倾向所抵消，因此，我们对自己的人格并不比他人更了解（Vazire，2010）。

### 1.3.4 自我—他人知觉为何有差异

表面看来，理解自我知觉与他人知觉的差异并不困难，根据范德现实准确性模型的相关性、可用性、察觉性和利用性四个要求，自我与任何他人都不可能完全一样，这在某种意义上决定了他们之间的知觉差异。然而，即便对于相同的行为表现，自我与他人在归因过程中仍然有偏差，如同我们前面分析的那样，正是这些归因偏差导致自我与他人在同样的情境中、面对相同的行为却会作出不同的解释。

（1）基本归因错误。一般而言，我们更有可能将他人的行为归因于他们的内部倾向，亦即他们的人格特质或态度，而不是他们所处的情境，这种倾向称为基本归因错误（fundamental attribution error）（Ross，1977）。尽管我们在评价他人的行为时有充分的证据支持，但我们总是倾向于低估外部因素的影响，高估内部或个人因素的影响。当我们请求大学管理处的职员帮助时，他显得不近人情和无礼，我们就推测他是冷漠和不友好的，而忽视他一整天在忍受匿名抱怨的学生。这种现象也可用来解释当销售人员的业绩不佳时，销售经理更倾向于将其归因于下属的懒惰而不是竞争对手的实力。

（2）当事人—旁观者效应。基本归因错误只适用于我们解释他人的行为，而不适用于我们解释自己的行为，这种现象叫当事人—旁观者偏差（actor-observer bias）。它是指当我们观察其他人的行为时，倾向于将其行为归因于内部倾向，而当我们解释自己的行为时，则用情境力量来解释（Jones & Nisbett，1971）。研究者认为，这种偏差产生的原因可能在于当事人和旁观者接触的信息不同，当事人更注意其他人无法观察到的事件，而旁观者利用的是能直接观察到的事件（Malle & Pearce，2001）。

（3）虚假普遍性偏差。人们常常会高估或夸大自己的信念、判断及行为的普遍性，这种倾向叫做虚假普遍性偏差（false consensus bias），它是人们坚信自己信念、判断正确性的一种方式。当遇到与此相冲突的信息时，这种偏差使人坚持自己的社会知觉。人们在认知他人时总喜欢将自己的特性赋予他人，假定自己与他人是相同的，例如自己疑心重重，也认为他人疑心重重；自己好交际也认为别人好交际。这种偏差的产生原因是，我们的归纳性结论只来自一个有限的样本，而这个样本显然还包括我们自己在内。

（4）自利性归因偏差。将成功归功于自身而否认失败责任的倾向叫做自利性归因偏差（self-serving attributional bias）。人们有时候愿意承担失败的责任，特别是如果他们能将失败归于他们个人能够控制的因素，如努力程度，这样他们就能够保持将来不会失败的信念。将成功归于自身的努力，特别是自己稳定的特质，让人们在未来更有可能尝试相关的任务（Taylor & Brown，1988）。

（5）自我中心偏差。人们常常夸大自己在某种事物中的作用的倾向叫做自我中心偏差（egocentric bias）。夫妻两个人各自都认为自己做的家务更多，大学集体宿舍的同学都认为某次宿舍获得"文明卫生奖"的大部分功劳应归于自己，篮球队员总认为自己在比赛中的地位很重要等，这些都是自我中心偏差。有时人们通过言语或行为表达出这种偏差，有时虽不公开表露，心里却认为自己在合作中的地位更重要，因此对本来是公平的分配很不满意，认为没有"按劳分酬"。

## 链接：当事人—旁观者差异产生的原因

同一行为能激发不同的归因方式：当作为观察者时更多采用个人特质归因，当作为行为者时更多采用情境归因。例如，我们看见一名妇女在杂货店里对她的孩子大吼大叫，我们对其归因时会认为她很恶毒，不是个好母亲。但是当这名妇女想到自己的行为时，她把这件事归结于失业后所承受的焦虑和压力。这被称为当事人—旁观者差异。对于这种差异产生的原因，研究者从两个角度进行了解释。

（1）知觉显著性。正如现实中你所看到的那样，我们注意他人的行为更甚于他们所处的情境，我们对自己所处情境的注意胜过对自身行为的注意。没有人是如此自以为是或以自我为中心，以至于随身带着一个全身镜，时时观察自己。我们的眼光总是朝外看的，对我们而言，在知觉上显著的是其他人、物体和明显的事件等，我们没有对自己投以同等的注意力。因此，当事人和旁观者在解释特定行为的原因时，他们的观点受到对他们各自来说最显著、最突出的信息影响：对旁观者而言，这种显著的信息是当事者，而对当事人而言则是情境（Malle & Knobe，1997）。

（2）信息便利性。差异产生的另一个原因是，当事人比旁观者掌握更多有关他们自身的信息。当事人了解多年来自己的行为如何，他们知道每天发生在自己身上的事情。对于自己的行为在不同时间以及不同情境下的相似性与差异性，他们都要比旁观者清楚得多（Balcetis & Dunning，2008）。根据凯丽（Kelly，1967）的观点，当事人比旁观者掌握更多有关自己一致性及特殊性的信息。

例如，如果在一个宴会中你表现得很沉默并独自坐在一旁，一名旁观者可能对你作出人格归因——"那个人真是内向"。实际上，你知道自己平常在宴会中并不是这样。也许只有在全是陌生人的聚会中你才会感到害羞；也许那天晚上你特别累，或者因为一些坏消息而感到很沮丧。因此，当事人的自我归因常常会反映情境因素便不足为奇了。因为，比起大多数仅有少量有限信息的旁观者而言，当事人更清楚自己的行为在各个不同的情境中会有不同的表现。

（资料来源：Aronson，Wilson，& Akert，2012，pp. 127-128.）

# 2 人格判断不对称的表现及影响因素

## 2.1 人格判断不对称的表现

人们看自己不同于看他人，他们在沉浸于自己感觉、情绪和认知的同时也受他们通过外部观察到的他人体验的支配。这种基本的不对称产生了明显的后果：它导致人们在判断自己和自己的行为时不同于对他人和他人行为的判断（Pronin，2008）。这种判断的不对称在很多场合成为人际交往中分歧和冲突的起源，理解这些差异的心理基础不仅有助于化解人际危机，减缓人们身上的消极情绪，而且有助于构建和谐的社会环境。

### 2.1.1 "我的思想，你的行为"

20 世纪 70 年代，社会心理学家琼斯和尼斯比特（Jones & Nisbett，1972）提出了关于感知自我和感知他人时的基本机制理论。研究者认为，人们经常将自己的行动视为情境因素导致的结果，而将他人的行动视为他们自己内部稳定倾向导致的结果。例如，一个人在工作面试中迟到了，他自己会将其归咎于塞车，而主考官则将其归咎于这个人的不负责任。这些研究者通过两个关键事实支持了他们的观点：其一，人们在知觉自己和知觉他人时占有不同的信息，他们占有更多关于自己行动前、行动中和下一步行动的感受和意图方面的信息，他们知道当这些行动不能与其内在思想和要求相匹配时，原因在于情境因素（他们想要工作，但因为塞车而错过了面试）。其二，人们在知觉自我和知觉他人时注意力集中于不同的事物，由于受人类视觉系统结构的限制，与对他人和他人的行动相比，人们较少专注于自己及其行动（正如没有镜子的话我们看不到自己）。

1. 积极错觉

为了满足自我增强（self-enhancement）的需要，人们倾向于夸大对自己的看法，往往持有一种积极和夸张的自我知觉，这些自我知觉可能是不真实的，涉及他们的能力、才能和社会技能（Taylor & Brown，1988），研究者称之为积极错觉（pos-

图 3-2 积极错觉：一种夸张的自我知觉

（资料来源：psyleaks.com）

itive illusions）。例如，与周围的其他人相比，他们认为自己更有可能变得富有，得传染病的可能性更小。这种非现实的乐观主义大部分根源于人们将注意力集中于自己（而不是他人）内在的需要和意图。在积极错觉的误导下，人们常常会高估自己，因为他们关注的是自己勤奋的动机和意图而不是过去的行为或相似情境下的行为（Buehler，Griffin，& Ross，1994）。这种不切实际的积极性也会扩展到人格特质的判断中，尽管人们对自己的印象与他人知觉显著相关，但他们对自己的评定倾向于比对他人的评定更积极。例如，那些自认为体贴的人比那些自认为自私的人被人认为更体贴，而他们也自认为比他人更体贴（Pronin，2008）。

2. 人际知识

一方面，人们会高估他们从短暂相遇（如工作面试）中获得的对他人的了解；另一方面，他们又自认为他人从这种相遇中了解到的自己只是有限的一丁点。因此，在人际知识（interpersonal knowledge）方面，人们通常认为他们对他人的了解比他人对自己的了解更多。在社会交往中，人们能意识到大部分自己的内部思想和情感以及他人的可观察行为。与这种不对称相一致，即使人们相信是其内在的情感、信念和目标反映了事实的本质，他们仍然推断他人的表现和行动反映了他人的本质情况。

3. 多重无知

人们经常误解他人的思想和动机。在多重无知（pluralistic ignorance）中，即便他人与自己有着相同的动机、信念和行为方式，这些误解仍然会发生。例如，大学生经常放弃与其他种族学生交朋友的努力（即使他们很可能成为朋友），原因在于他们会将放弃努力的做法解释为缺乏兴趣。这些例子说明，人们判断他人是基于行为，而判断自己是基于内部状态。

如上所述，人们的自我表达和他人的表达往往基于不同的信息，对于自我评估，信息在很大程度上是内省的（基于内部的思想和情感）；对于他人评估，在很大程度上是外省的（基于外部看到的行为）。尽管这两类信息有差别，但它们仍然有某些共同之处：每种信息涉及即时和直接的数据。收集自己内部状态或他人外部长相的信息比他人心理状态或自己外部长相的信息更直接；收集那些不太直接的信息，方法之一是要求别人报告自己的知觉，但是与自我相比，我们很少相信他人的知觉。

## 2.1.2 "我是客观的，你是带偏见的"

一般情况下，人们假设通过其知觉接受的信息直接反映了现实的真实性。当然，这种假设是不准确的。知觉仅仅是间接反映现实，它们带有很大的主观色彩，从不完美的视觉到扭曲的希望和需要，知觉都会受到影响。例如，从军事冲突到篮球比赛这一系列事件中，人们假定他们的知觉能够客观地反映谁是事件中的获胜者，谁又是失败者。然而，研究表明，人们与特定政治事件或运动球队的关系会严重影响他们的知觉（Vallone，Ross，& Lepper，1985）。由于人们并没有意识到其知觉塑造和扭曲的过程，因此他们会将这些知觉看成是客观的。在一项研究中，研究者要求被试考虑一名男性和一名女性作为政治领袖的候选人，然后评估是"大都市的生存能力"还是"正规的教育"对这一职业更重要。结果表明，被试偏爱他们所告知的关于男性候选人拥有的任何一种背景（如果被告知他是有"生存能力的"，他们就认为这个更重要）。被试对这种性别偏见完全视而不见，事实上，他们越相信自己是客观的，他们实际的表现就越带有偏见（Uhlmann & Cohen，2005）。

由于人们经常忽视个人偏见及特殊解释对其判断和偏好的影响，因此他们往往想当然地认为他人也会有类似的判断和偏好（Pronin，2004）。人们过于相信自己的客观性使得他们认为别人是带有偏见的。例如，人们认为他人的政治观点带有自我兴趣的偏见，他人的社会判断受这样一种癖好的影响，这种癖好依赖于内部的而不是情境性的解释。与此同时，人们在自己的判断中对这些偏见又视而不见。这种对偏见的不同知觉源于这样的事实，即人们评估自己的偏见受内省的思想和动机影响，而评估他人的偏见则出于对他人外部行为的考虑。

### 2.1.3 谁更客观和准确

如果要问是人格的自我判断还是他人判断更准确，答案如同乔哈瑞视窗显示的那样，即有四种可能性，排除自我与他人都准确和都不准确两种情形，自我比他人更准确及他人比自我更准确就构成了人格判断中两种典型的不对称。一些有效的证据表明，自我知觉与他人知觉几乎能够同等预测实验情境中的行为（群体讨论行为）（Vazire，2010）、真实生活中的行为（与朋友外出的行为）（Vazire & Mehl，2008）以及预测事件的结果（部队中执行任务）（Fiedler，Oltmanns，& Turkheimer，2004）。然而，准确性水平的整体相同掩盖了一个更有趣的事实：一个人的人格自我评定和他人评定没有提供多余的信息。事实上，他们各自获得的信息是不同的。从整体上讲，自我所获得的信息远远多于他人获得的信息（当然，这未必是一件好事），信息的质量也更高，据此作出的判断在大多数方面理应更准确。然而，实际情况并非这么简单。对人的知觉与对客观事物的知觉最大的不同在于，无论作为知觉的主体还是知觉的对象，知觉者都不可能排除情绪、动机、情感、思想、意图、偏见等主观因素的影响，因此即使判断者掌握了更多、更优的信息，也未必就能作出准确的判断。

根据瓦兹（2010）提出的自我—他人知识的不对称模型（SOKA），我们对自己的了解与他人对我们的了解之间的差异并不是随机的，而是受自我及他人信息的可利用性差异以及影响自我和他人知觉的不同动机性偏见的驱动所致

（Andersen，Glassman，& Gold，1998）。瓦兹指出，在判断内部特质时自我比他人掌握了更多的信息，这些特质主要通过思想和情感来界定，如焦虑或乐观；而他人在判断外部特质时比自我掌握了更多的信息，这些特质通过外显的行为来界定，如爱热闹的或可爱的。此外，瓦兹认为自我知觉在高评估特质（如粗鲁的、有智慧的）中受偏见的歪曲更严重（如图3-3所示）。结果，可评估特质的自我评定偏离了这些特质的真实情况。相反，在高评估特质上知觉他人时，我们能够形成非常准确的印象（假定我们有足够的信息），这并不是说他人看我们比我们看待自己更苛刻。有证据表明，事实上亲密的他人对我们的印象比我们自己对自己的印象更积极。在这种情况下，朋友评定将会过于积极，但是在其评定等级上更准确，而且这种朋友评定将会是真实行为的良好预测源。

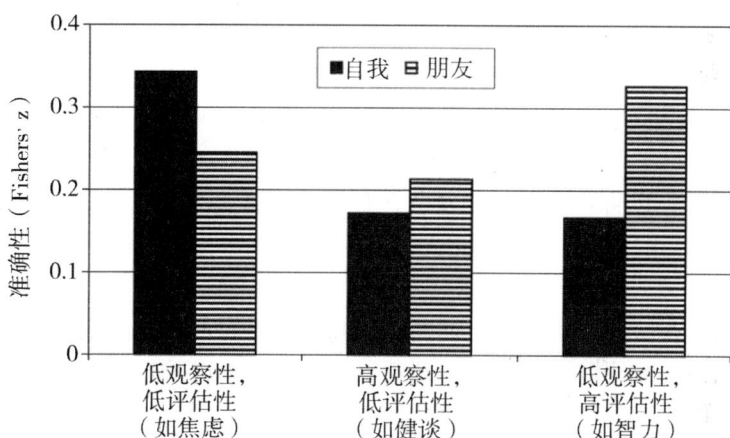

图3-3　不同特质中自我评定和朋友评定的准确性

（资料来源：Vazire，2010，p.294）

与瓦兹（2010）的假设一致，在行为预测中，内在、中性特质（如焦虑、自尊）的自我评定比朋友评定更好，而在可评估特质（如智力、创造力）的评定中，在预测成就时朋友评定比自我评定更好。与SOKA模型相吻合，其他研究也表明，在预测那些非常赞许或非赞许结果（如大学的GPA、关系分离以及冠状动脉疾病）时，亲密的他人比自我更好。总之，这些研究表明那些了解我们的人有时会看到我们自己看不到的东西，当他人能够观察到我们的人格特质时尤其如此。

## 2.2 影响人格判断不对称的因素

### 2.2.1 特质特性的影响

人格判断通常借助于人格特质进行判断，而特质本身具有不同的特性，有些特质易于表现为外显的行为，有些则用于描述内在的思想、感受或品质。因此，作为联结判断者与判断目标的纽带，特质特性很容易导致判断的不对称：不同个体（包括自我和他人）对同一特质（如开放性）的判断存在不对称；同一个体对不同特质（如大五人格）的判断也具有不对称（Allik et al.，2010c）。无论对何种特质，我们总能在可观察性、可评估性、模糊—清晰性或社会赞许性等属性上进行分类，例如，外倾性的可观察性高，神经质的可评估性低，宜人性的社会赞许性高。一般而言，那些反映内部状态特质的评定比反映外在行为特质的评定更困难，诸如外倾性这样的特质通常有明显的行为表现，它比神经质这类很难从外部推断的特质更容易判断（Russell & Zickar，2005）。

从人格判断的准确性角度去分析，自我—他人一致性越高，判断就越准确，而判断中不对称的存在正是影响一致性的主要因素。更多的不对称导致了更低的一致性；反言之，一致性越高，不对称越少。约翰和罗宾斯（John & Robins，1993）指出，有五个因素影响了判断的一致性：特质的内容范围、特质的可观察性、特质的社会赞许性、判断者与判断目标的相识度以及目标可判断性的个体差异，其中，前面三个因素都与特质特性有关。研究表明，一致性最高的是外倾性特质，最低的是宜人性特质；更多的可观察性和更少的可评估性导致了更高的内部判断一致性；对于可评估特质，自我—同伴一致性比同伴—同伴一致性更低；对于中性特质，自我—同伴一致性与同伴—同伴一致性一样高（John & Robins，1993）。

研究者还考察了特质的模糊性对人格判断不对称的影响（Hayes & Dunning，1997）。模糊特质是指代多数行为的特质，如"老练"、"支配"等，而清晰特质仅用来指代有限的行为，如"准时"、"健谈"等。研究表明，与清晰特质相比，自我和同伴在模糊特质判断中的一致性更低，同伴的友谊质量在特质模糊性与判断一致性之间起了部分调节作用。研究结果还显示，与判断有可观察参照物的特质相比，被试在判断模糊特质时使用了更个性化的特质定义；当强迫被试对模糊特质使用相同的特质定义时，判断的一致性得到提高。此外，根据自我与他人感知判断目标信息的优势不同，研究者推断，自我对内在特质比对外部特质的判断更准确。由于自我对外部行为也有相当多的了解，因此，与自我相比，他人对于可观察特质的优势可能会相对较小。由此可见，对于内在不可观察的特质，自我应该准确；对于外在可观察的特质，他人比自我稍微更准确，这一推论得到了证实（Vazire，2010）。

从个体内部判断的一致性来分析，同一判断者在不同特质间的判断同样不对称。比尔和华生（Beer & Watson，2008）发现，由于特质评估的目标不同，因此判断的复杂程度有差异。总体上讲，我们对自己的判断倾向是复杂的，而对他人的判断倾向则相对简单。例如，在作自我判断时，责任心和情绪稳定性特质在很大程度上是相对独立的（内部相关小）；而在判断他人时，这两种特质的多少没有区别。研究表明，同伴评定的大五特质（外倾性除外）之间的内部相关显著大于自我评定，一致性效应最高的是神经质与宜人性之间的相关（同伴评定和自我评定的总体相关分别是 $r = -0.43$ 和 $r = -0.29$）；大五特质之间的相关程度随评定目标的类型（如配偶、情人、朋友或陌生人）而变化（Beer & Watson，2008）。近年来，研究者考察了一种特质中自我—他人一致性与其他特质中自我—他人一致性的吻合程度，结果证实，从一种特质到另一种特质，自我—他人一致性仅有适中的普遍性，这表明个体的可预测性随人格特质不同而变化（Allik et al.，2010c）。

### 2.2.2　关系质量的影响

判断者与判断目标的关系质量（以熟悉度为基础）在某种意义上决定了人格判断的不对称。从理论上讲，从陌生人到同伴、朋友、情侣再到配偶，随着判断者与目标的人际距离逐渐缩小，他们接触到关于目标的信息数量和质量也不断增加，因此判断的一致性随之提高，不对称则随之减少。研究发现，与陌生人相比，熟人作出的判断与目标的自我判断有更高的一致性（Funder & Colvin，1988）。在另一项研究中，由自我、大学同学、同乡熟人、父母和陌生人组成的判断者对 184 个判断目标作人格判断，结果表明，在相同情境下，对判断目标的高熟悉度提高了内部判断的一致性，熟人的判断比陌生人的判断有更高的内部一致性和自我—他人一致性（Funder, Kolar, & Blackman，1995）。库尔茨和谢克（Kurtz & Sherker，2003）对大学生的研究发现，无论是相识两周还是十五周，关系质量的差异并没有调节自我—他人一致性；然而，在控制同一特质的自我评定后，关系质量越好，外倾性、宜人性和责任心的他人评定越高，神经质的他人评定就越低。

由于熟人比陌生人拥有更多关于判断目标内在特质方面的信息，因此熟人—自我评定比陌生人—自我评定更加一致。但是，基于相识时间长短的熟悉度并非在任何情境下都起作用。当陌生人在看到过的（熟人没看到过）类似情境中对目标的行为进行预测时，熟人相对于陌生人的优势会消失（Colvin & Funder，1991）。按照肯尼（Kenny，2004）提出的加权平均模型（WAM），如果判断者能完全看到判断目标的重叠行为或以同样的方式去精确解释所看到的行为，此时自我—他人一致性不会随熟悉度的增加而提高。毕森兹（Biesanz）等人在分离出两种克伦巴赫一致性成分的基础上进一步扩充了 WAM：刻板准确性（stereotype accuracy）和分化准确性（differential accuracy）。与 WAM 的预测一致，随着熟悉度的增加，自我—他人一致性和分化准确性提高，刻板准确性降低，特质水平的相关普遍保持不变（Biesanz, West, & Millevoi, 2007）。

当熟悉度较高时，判断者能够准确预测内部和可观察特质；而当熟悉度较低时，判断者只能察觉可观察的特质（Colvin & Funder, 1991）。对于陌生人来说，尽管特质的可观察性是他人判断准确性的一个重要调节变量，但它在熟人的判断中却并不怎么重要。研究发现，同伴评定与目标自我评定的一致性随熟悉度而变化，熟悉度与特质的可观察性存在交互作用，那些公开的、清晰的特质对于低熟悉者的同伴一致性是一个重要决定因素，而对于高熟悉者的一致性却不怎么重要（Paunonen, 1989）。可见，特质的可观察性只是陌生人判断准确性的调节变量。有理由认为，熟人比陌生人更可能拥有某种歪曲自我评定的自我保护偏见，因此，当他人与判断目标关系很熟悉时，与可评估性相关的自我—他人不对称将减少。正如海斯和邓宁（Hayes & Dunning, 1997）指出的那样，"人们对好朋友作出的评估类似于他们对自己作出的评估，两者都会受到动机的影响"。（p. 675）

# 3　人格判断不对称的理论模型

## 3.1　现实准确性模型

现实准确性模型（RAM）指出，人格判断的准确性要经历四个环节：判断目标必须表现出与特质相关的行为（相关性），判断者可以得到判断目标的行为信息（可用性），判断者必须察觉到这些信息（察觉性），判断者必须正确使用这些信息（利用性）（Funder, 1995）。四个环节中每个环节都有可能导致判断的不对称。在相关性阶段，有些特质有明显的外部行为表现，有些则用以描述内在的思想或感受，研究证实，自我对内在特质的判断更准确，而他人更擅长判断有外显行为的特质。在可用性阶段，并非每个判断者对判断目标在现实中的行为表现都有相同的把握，从自我到朋友再到陌生人，判断者在信息的可用性方面存在显著的个体差异。在察觉性阶段，除了判断目标必须表现出可见的行为外，判断者还必须觉察到这些行为信息，好的判断对象应具备可判断性特点（Colvin, 1993），好的判断者则要有敏锐性和"交际性"特点（Vogt & Colvin, 2003）。最后，在可利用性阶段，判断者必须正确地解释觉察到的那些可用的、与判断特质相关的信息，好的判断者既是有责任心的，同时又是极其聪明的人。

RAM 最初是用于解释判断的准确性问题的，因为上述过程中任何一个环节出现问题，如判断目标从未表现相关特质，或判断者没有看到或注意到，或判断者作出错误解释，判断的准确性便功亏一篑。事实上，RAM 同样可用来解释人格判断的不对称，因为对于影响判断准确性的四个调节变量而言，上述每个环节都可能存在差异性，正是这些差异性导致了判断的不对称。好的判断者善于觉察和利用行为信息，好的判断目标在不同的情境下其行为（可用性）与人格特征一致（相关性），好的特质呈现在不同情境下（可用性）并容易观察（察觉性）。类似地，与某人熟悉（良好信息）可以拓宽判断者观察行为的范围（可用性），判断者注意的行为出现的概率也会增大（察觉性）（Funder，2009）。

## 3.2　自我—他人知识不对称模型

早期的研究表明，人格判断的准确性是不对称的：对人格的某些方面自己比他人更了解，而另一些方面则正好相反。从近 20 年大量的实证研究中我们看到，自我对从精神和情绪状态到偏好、动机及行为方面的了解存在很多局限。尽管研究者对影响人格判断准确性的个体差异有很多的研究，但在以往的研究中取得的成果较少。早期研究的结论通常都是相互矛盾的，很少能够达成共识（Taft，1955）。大量研究已经发现，人格的自我知觉与他人知觉存在不对称性，进而导致了人格判断的不一致，但至今还没有人对这些不对称提供一种合理的解释。这类研究主要集中于他人知觉的准确性，没有哪个研究明确强调自我和他人准确性的不对称。社会知觉中以往关于自我—他人不对称的研究主要集中于过程的不对称，而不是结果的不对称。

自我—他人知识不对称模型（The Self-other Knowledge Asymmetry Model，简称 SOKA）由美国华盛顿大学斯明·瓦兹（Simine Vazire）提出，目的是为解释和预测准确性中自我—他人不对称提供一个框架（Vazire，2010）。什么因素可以解释一个人自我了解与他人了解的不一致呢？社会知觉模型指出，有两类因素导致了人格判断的不对称：信息性因素和动机性因素（Dunning，2005）。作为知觉者和当事人，人类既扮演直觉的科学家的角色，又扮演直觉的政治家的角色，他们的判断既受"冷"信息加工目标（理解和预测当事人的行为）的影响，又受"热"动机性目标（保护和提高自我价值）的影响。正是由于信息性差异和动机性差异的存在，所以一种特质会不同于另一种特质的判断，自我知觉会有别于他人知觉。SOKA 模型认为，人格判断的不对称是主客观因素共同作用的结果。从主观上分析，判断过程受知觉者的动机、意图及情感投入等因素的影响；从客观上看，特质的特性、信息的数量和质量也影响了知觉者的判断。

关于自我—他人和他人—他人一致性的研究大多集中于特质可观察性和可评估性（Watson，Hubbard，& Wiese，2000），约翰、罗宾斯（1993）以及肯尼（1994）指出，上述两者是一致性最重要的决定因素。范德（1995）的现实准确性模型为检验人格判断过程中的步骤提供了一个有用的框架，这一过程可能受信息性和动机性因素的影响。尽管这一模型是用来解释他人知觉的准确性的，但它同样可用来识别自我与他人知觉之间潜在的分离点。该模型指出，准确性判断要经历四个步骤：存在特质的相关信息（相关性），信息对知觉者是可用的（可用性），信息被知觉者注意到（察觉性），以及信息能够被正确解释（利用性）。在SOAK模型中信息性差异可能发生在可用性和察觉性阶段，动机性差异可能发生在察觉性和利用性阶段。

### 链接：自我知识中的亮点和盲点

如果我问你："你是否比那些认识你的人更了解你自己？"你很可能会说："是！"但如果我问你："你的室友是否也同样如此？"答案可能是另外一回事。事实上，我们对自己的看法不同于对别人的看法（Pronin，2008），这样一来，当我们看待我们的自我知觉时比较乐观，而看待他人对他们自己的认识能力时则悲观得多也就不足为怪了。

从积极的方面看：我相信我们拥有许多关于我们自己的优势信息。我们通常比别人更了解我们的忧虑、希望、想象及偏好，这些是我们人格的重要组成部分。我们了解我们眼中的世界，而这又成为理解我们喜好的核心。我们了解自己的经历，知道自己童年期对恐吓的反应，知道自己在决定买135元钱的开瓶器时是如何考虑的，知道我们花了多长时间克服第一次极度伤心的感觉，知道被母亲夸奖时我们的感受。这些是了解一个人必不可少的方面，特别重要的是，没有谁比你更了解自己。许多治疗专家和传记作家会告诉你，完整地了解一个人必须对其内在的生活及其主观体验有充足的了解。

现在我们来看一下消极的方面：首先，我们不能无限地接近自己的主观体验，我们并没有意识到我们的害怕、不安全感以及偏见，我们记忆了自己的个人经历，曲解了我们的情绪反应，颠倒了我们的偏好，对于让我们高兴的事情作出错误的预测（Wilson & Gilbert，2003；Wilson & Dunn，2004）。其次，许多人格特质并非都是内在的，例如，你是否有趣，什么让你变得古怪，你是否是个好领导等，不管你如何看待自己，你人格的这些方面都要通过你外显的行为、你对他人的行为反应以及他人对你的行为反应来界定。最后，我们不可能以一种中立、客观的方式感知我们自己的人格，在判断我们自己的人格时我们要冒太多的风险，我们的知觉难免受到强烈动机的歪曲（Dunning，2005；Sedikides，1993），这些动机会在许多方面发生变化并歪曲自我知觉。

瓦兹（2010）的自我—他人知识不对称模型（SOKA）作出了两个预测：首先，瓦兹认为，对内在的人格方面，自我知识应当比他人知识更多。例如，我们比他人更了解我们是如何焦虑和乐观的。如果你为自己感到特别自豪，你就会有较高的自尊，这跟你朋友认为你是怎样的人没有关系；相反，当谈到我们的外显行为时（如我们如何有趣和武断），那些比较了解我们的人在判断时更有优势。这种预测表明，他人很难判断我们的思想和情感，而我们则很难客观地看待自己的行为（Andersen et al.，1998）。

其次，瓦兹预测，当判断我们人格中那些具有较高评估性（非常赞许或讨厌）的方面时，他人比自我更有利；当谈及我们的智力、吸引力和创造力时，我们不如朋友和家人了解。这并不是说我们的朋友和家人没有他们的偏见。在瓦兹（2010）的研究中，对于我们的被试，朋友和家庭成员提供了比其更乐观的判断（所以下次当你妈妈告诉你你是多么漂亮时不要太当真）。尽管如此，在区分最有吸引力/智慧/创造力的被试时，朋友和家庭成员的判断仍然更准确。在绝对意义上有一种正确的知觉（如我室友的智商是136）和在相对意义上有一种正确的知觉（如没有人完全像他的朋友或家人说的那样）是有差异的。从绝对意义上讲，这些特质的自我知觉比较消极，在相对意义上与现实也更少有一致性（如那些自我评定更积极的人在客观测量中并没有得最高分）。

为了检验SOKA模型，瓦兹（2010）收集了人格特质的自我评定和朋友评定信息，包括内在和外在特质以及可评估和中性特质。在她的研究中，客观测量以人们在实验室任务中的行为和表现为基础。例如，为了客观地评估焦虑，瓦兹要求被试对实验者做一个严肃的演讲，并告诉被试这一演讲会被一个专家团队评定，这种在公众面前的表达能力是用来预测职业成就、人际关系成就以及其他的积极事件的。演讲的主题是"我喜欢和不喜欢的自己"。然后，研究者要求编码专家观看演讲的视频并确定焦虑的客观标记（如紧张的手和嘴唇的运动）。瓦兹还收集了关于武断、健谈、自尊、创造力和智力的客观测量信息，研究结果与SOKA模型的预测一致。对于内部特质（如焦虑、自尊），自我评定比朋友的评定更准确，而对于外部特质（如武断和健谈），两者的评定没有差异，对于可评估特质（智力和创造力），朋友的评定比自我的评定更准确（Vazire，2010）。在实证研究的基础上，瓦兹对自我知识领域中没有解决的问题提出了以下几点思考：

（1）人们意识到他们如何看待自己以及他人如何看待他们之间的差别了吗？艾丽卡·卡尔松（Erika Carlson）等人正在解决这一问题，并且发现人们对于看待自己的独特方式以及与他人的不同观点的确有某种洞察力（Carlson，Vazire，& Furr，2011）。

（2）人们在面对这些分歧时会有怎样的反应？他们会改变自我观点吗？正如你从个人经历中猜测到的那样，要让人们纠正他们的自我观点是不太容易的。研究表明，少量的反馈不会对人们的自我观点产生太大的影响，通过他人的眼光看待我们自己似乎不足以增加自我知识。

（3）我们在了解自己方面能够做得更好吗？在心理学中，自我知觉的准确性是否对健康有利，抑或关于我们自己的积极错觉是否更具适应性是一个长期争论不休的问题。如果事实证明你是个愚蠢的或令人讨厌的人，你想知道吗？如果你有一种特定的人格，它会让你周围的每个人发疯，你会怎么做？很显然，对于是否有必要获得自我洞察力，既有赞成者也有反对者。

（资料来源：http：//onthehuman.org/2010/09/bright-spots-and-blind-spots/.）

### 3.3　信息性解释模型

信息性解释模型认为，知觉者掌握信息的数量和质量决定了判断的不对称和准确性（Beer & Watson，2008）。对判断目标把握信息量最多的是自我，接下来依次为配偶或家庭成员、恋人或最好的朋友，最后是同伴或陌生人。如果信息性解释成立的话，那么随着人际距离的增加，我们预期在人格知觉的准确性中能够看到一条平稳的下滑曲线。在范德提出的 RAM 中，自我和他人知觉在信息可用性（影响可用性阶段）的数量和类型方面以及信息的显著性（影响察觉性阶段）方面存在差异，这种差异可以解释自我知觉与他人知觉的不对称。由于自我占据大量可利用的信息，因此，自我知觉比他人知觉更有优势（Paulhus & Vazire，2007）。

首先，自我和他人在接触思想和情感信息方面存在不对称，信息的突出性也不对称。自我在接触思想和情感上的优势为自己提供了其他知觉者无法得到的人格信息（Schwitzgebel，2008）。社会认知研究表明，在形成自我知觉时，人们更看重的是自己的思想和情感，而不是行为；但在形成他人知觉时，这种效应很弱甚至相反。马莱和诺布（Malle & Knobe，1997）发现，人们更想了解和解释自己内在的行为（思想和情感）而不是外在的行为，但在了解和解释他人的行为时则正好相反。这一结果可能是由信息可用性的不对称以及思想和情感信息对自我与他人的显著性不同所致。当特质与行为相关时，对思想和情感的依赖有可能损害自我知觉的准确性：其一，大量关于思想和情感的信息会掩盖整体行为的可利用信息，从而导致知觉者忽视行为信息；其二，即使知觉者察觉到自己的整体行为，他们仍然会优先考虑思想和情感信息。这种信息的不对称会导致准确性的不对称，因此，自我对内在特质的了解比他人更多，而对外部特质的了解比他人更少。

其次，作为知觉者的自我与他人有不同的视觉观点，这些视觉观点制约了信息的可用性。换句话说，人类视觉系统的结构决定了人们在知觉自我和知觉他人时注意力会集中于不同的对象，与对他人及其行为相比，人们较少将视觉专注于自我及自我行为（Pronin，2008）。尽管自我能够观察到自身的一部分行为，但不可能观察到所有行为，因为自己的身体和行动在自我的视觉区域不如在他人的视觉区域那样显著。此外，有些行为如面部表情自己是无法观察到的，这种不对称使得他人比自我更为关注和重视可观察的行为。研究表明，随着特质信息的可观察性或清晰度的提高，尽管同伴—同伴及自我—同伴一致性随之增加，但同伴—同伴的一致性显著高于自我—同伴的一致性（Watson et al.，2000）。尽管这类研究没有直接说准确性如何，但常识的解释是，他人知觉对可观察特质比对内在特质更准确。

## 3.4 动机性解释模型

信息差异并非人格判断不对称的唯一决定因素，判断者的动机差异也是判断不对称尤其是自我—同伴不对称的主要因素，因为在目标判断中人们的动机差异会影响他们对信息的注意（察觉）和解释（利用）。例如，个体在高动机驱动下进行的准确性判断能够对判断目标作出更全面、更细致的区分。若要做到判断准确，首先必须要求精确，而精确性要求判断者必须注意更多的细节，这些细致的注意可以转化为对判断目标更复杂、更准确的评估。那些关系亲密的判断者（如配偶）与一般的判断者（如陌生人）之间的不对称显然大于自我与关系亲密的判断者之间的不对称，这不仅是因为人际距离导致了信息性的差异，更主要的原因是判断者的动机性差异导致了不对称。

社会知觉理论认为，自我卷入的程度是自我知觉与他人知觉的主要动机性差异，"自我卷入可能引起情感和防御过程，这一过程对自我知觉的影响比大多数人对我们知觉的影响更大"（John & Robins，1993，p. 547）。邓宁（Dunning，1999）的研究发现，人们往往以自我服务的方式解释特质的意义。但是，这种积极的偏见是否只存在于自我知觉中？自我是否比他人有更多的偏见？研究表明，尽管自我和他人都受积极动机的影响，但是自我保护偏见歪曲的是自我评定而不是他人评定，结果，特质的可评估性对自我判断的准确性比对他人判断的准确性影响更大。不仅如此，他人知觉同样受积极效应的影响。当我们判断一个有亲密关系的人时，我们以一种准确的印象开始，继而夸大我们的评价以使他们变得更加积极。根据 SOKA 模型，自我保护动机在自我知觉的准确性方面有更多的破坏效应：在对可评估性特质的自我知觉过程中，自我保护动机干扰了人们对现实知觉的能力（Vazire，2010）。瓦兹此前的研究结果（Vazire，2006）也表明，身体吸引力（一种高评估性特质）的自我知觉明显不如朋友的评定准确（$rs = 0.18$ vs. $0.35$）。

自我增强是动机性因素影响自我知觉的表现形式，而满足自我增强需要的方法就是持有积极和夸张的自我知觉，亦即积极错觉（Taylor & Brown，1988）。自我知觉中至少有三类错觉：人们把自己看得比实际更积极；他们相信自己对周围事件有比实际更多的控制；他们对未来不切实际地乐观。研究表明，当要求学生描述积极和消极人格形容词在多大程度上准确地描述了他们自己和他人时，多数学生对自己的评价比对他人高（Suls，Lemos，& Stewart，2002）。我们常常记住关于自己的积极信息，而消极信息经常适时地从头脑中溜走；我们经常把自己的成绩记忆得比实际情况更优秀；我们还认为自己比其他人更少出现偏差（Pronin，Lin，& Ross，2002）。这种非现实的积极性也会扩展到人格特质的判断（Taylor & Brown，1988）。

# 4  人格判断的不对称在现实中的应用

## 4.1  人格评估与不对称

如何在最短的时间内最准确地评估一个人的人格，这是人格研究追求的重要目标。与其他学科相比，人格心理学尤其关注人格评估的可靠性和准确性。在人格测量中，信度和效度是所有测量工具中最重要的指标。但是，由于人格判断的不对称，人格测量的有效性、人格评估的准确性都令人质疑（陈少华，2012）。如果人格的测量是通过自陈报告的形式完成，那么由这种自陈方式所得到的评估结果充其量是判断目标自我知觉的结果。由于受动机性差异的影响，自我知觉在某些人格特质的判断中比较准确，而在另外一些特质判断中则未必准确（Vazire，2010）。亦即我们并非对自己的每个方面都很了解，加之自我增强、社会赞许等因素的影响，借助于自陈报告的人格评估的准确性非常有限。如果人格评估采取他人评定的形式，评估的真实性和有效性同样令人怀疑。因为无论评定者是专家还是一般人，也无论他们与目标的关系质量如何，他人都不可能得到判断目标的所有信息（Kurtz & Sherker，2003）。这样，根据有限信息所作出的评估显然是不准确的。即便如此，现实生活中人格评估仍然不可避免。要让评估尽可能准确，我们必须找出自我和他人知觉分别在哪些方面更有优势，在哪些特质判断中更加准确。在具体编制人格测量和评估问卷时，项目内容必须考虑到判断的不对称，尽量反映判断者的不同优势，在施测时则要求做到自评与他评相结合。

## 4.2 人才招聘与不对称

人才招聘和选拔一方面依赖于相对客观的人格自陈问卷，如 NEO（五因素人格量表）、FPQ（艾森克人格问卷）或 16PF（16 种人格因素问卷），另一方面主要依赖于招聘者的主观评定与判断。从应聘者的角度来分析，为了获取某个职位，应聘者往往会做到投其所好，在特定的情境下他们知道什么应该表现，什么不应该表现，如此呈现给招聘者的信息自然非常有限。从招聘者的角度看，要想在较短时间和特殊情境下把握应聘者的整体信息是非常困难的。更为重要的是，不同招聘者在知觉过程中存在较大的个体差异，这些差异很容易导致判断中的不一致和不对称。例如，有些招聘者可能会更多关注应聘者的宜人性，而有些则关注责任心或聪慧性。当招聘者意见不一时，我们该相信谁的判断？如若采用网上招聘或电话招聘，则判断的不一致会更明显（Blackman，2002b）。如果给判断者（招聘者）提供更多信息，那么判断者评定与判断目标自评的一致性将有所提高，但不影响判断者之间的一致性（Blackman & Funder，1998）。在与判断目标接触一段时间后，判断者开始抛弃刻板印象，观察真实的判断目标，结果判断一致性提高不明显，而准确性却大有改善。研究还表明，与结构性应聘访谈相比，非结构性访谈更容易让应聘者充分表现其人格特征，由此导致更准确的人格评估（Blackman，2002a）。与正式场合相比，非正式情境中的人格判断更准确（Letzring et al.，2006）。为此，营造宽松的招聘环境，增加应聘者与招聘者的交流时间和机会，是避免判断不对称的有效手段。

## 4.3 人际冲突与不对称

在人际交往中，人与人之间的矛盾和冲突似乎不可避免，因为我们对自己的了解不同于对他人的了解。人们在沉浸于自我感觉、情绪和思考的同时也受通过外部观察到的对他人体验的支配，这种不对称导致了人们在判断自己的行为时不同于对他人行为的判断。琼斯和尼斯比特（Jones & Nisbett，1972）指出，人们经常将自己的行为归因于情境因素，而将他人的行为归因于内部稳定的倾向。例如，一个学生考试成绩很差，学生会将糟糕的成绩归咎于考题太难，而老师则会将该表现归咎于这位学生不努力。人们习惯于假定通过感知接收到的信息直接反映了真实的现实，然而，这种假设是不准确的。人际知觉仅仅是现实的间接反映，它带有浓厚的主观色彩。由于人们过于相信自我知觉的客观性，因此他们很容易将他人的评定看成是有偏见的。毫无疑问，人们在理解自我和理解他人时始终存在感知差异，这种差异最终可能导致人与人之间的不一致、误会甚至冲突。当人们基于自己好的意图而他人基于不够好的行为（或基于对人性的不信任假设）判断自己时，他们有可能对他人未能体谅自己而感到愤怒和失望；当人们将自己的知觉和信念视为现实的客观反映而认为他人受偏见左右时，他们可能会因为他人有失公正与合理而体验挫折和生气（Pronin，2008）。这正是暴力和冲突的源泉。尽管对人知觉的确存在不对称，但了解不对称的来源有助于化解人与人之间的误会和冲突。

# 第四章

# 特质特性与人格判断

·····

# 1　人格特质与准确性差异

## 1.1　特质及其假设

人格心理学的产生得益于人格特质研究，当弗洛伊德等精神分析学家热衷于潜意识和梦的分析时，高尔顿·奥尔波特（Gordon W. Allport，1897—1967）则对人格的特质词汇情有独钟，这位哈佛大学的高材生和他那位可怜的助手亨利·奥德伯特（Henry Odbert）在 1936 年完成了一项艰巨的任务：查阅《韦伯斯特大辞典》，记下所有用于描述人格的词汇，并找到了 17 953 个这样的词汇。这些词有常用的，如害羞、友好、热情、保守、大方、随和、理智等；也有生僻的，如怀疑、acaroid、bevering、davered 等。删除那些他们认为不太明显或不大用于表示人格特质的词汇，最终得到了 4 500 个特质词。

特质心理学家认为，特质（trait）是指个体内在的系统和倾向，这种系统或倾向使个体以独特的方式知觉情境，并对各种极不相同的情境作出相同的反应。特质是一种以某种特定方式行动的、相对稳定的、持久的倾向或一致的行为模式（Colman，2001），其特点是：①内在的、一般的行为倾向；②一致性和持久性；③动力性和独立性；④独特性和普遍性。特质理论假定，人类的人格特征包含于他们创造的语言和词汇当中（词汇假设理论）；人格由个体的一组特质组成，特质是构成人格的基本单元，并决定个体的行为；人格特质在时间上是相对稳定的，并具有跨情境的一致性；了解人格特质可以预测个体行为。正因为

图 4 - 1　高尔顿·奥尔波特，特质论的创立者

假定特质是存在的，人格测量和评估、人格描述和判断才有可能进行。

## 1.2　大五人格特质

物质世界由化学元素构成，我们的身体由细胞构成，人格则由特质构成，这是特质理论的基本假设。从特质论的创立者奥尔波特（Allport）开始，特质心理学家一直在苦苦寻找特质的基本结构，从最初的 17 953 个特质词删减到 4 500 个特质词，到后来卡特尔（Cattle）通过因素分析又得到了 16 种根源特质（即16PF），与此同时，艾森克（Eysenck）受巴甫洛夫的启发后认为人格特质包括三大维度（内外倾、神经质和精神质），再后来，大多数特质心理学家都认为存在五种基本特质，这就是通常所说的"大五"（Big Five），即神经质（neuroticism）、外倾性（extraversion）、开放性（openness）、宜人性（agreeableness）以及责任心（conscientiousness），由这五大特质构成了人格的大五模式（Five-Factor Model，简称 FFM）（Digman，1990）。每个词第一个字母重新排列后使人们更容易记住它们——OCEAN，意味着这五个方面像"海洋"一样包含了人格结构的方方面面（John，1990）。事实上，人格这五个维度含义非常宽泛，因为在每一个维度中都包含许多种特质，这些特质有着各自独特的内涵，但又有一个共同的主题（如表 4 - 1 所示）。

表 4 - 1　大五人格的高分描述与低分描述

| 特质及其内涵 | 高分者的特征 | 低分者的特征 |
| --- | --- | --- |
| 神经质（N）<br>评估顺应性与情绪不稳定性，识别那些容易产生心理烦恼、不现实的想法、过分的奢望或要求，以及不良应对反应的个体 | 烦恼、紧张、情绪化、不安全、不准确、忧郁 | 平静、放松、非情绪化、果敢、安全、自我陶醉 |
| 外倾性（E）<br>评估人际互动的数量、强度、活动水平、刺激需求程度以及快乐的数量 | 好社交、活跃、健谈、乐群、乐观、好玩乐、重感情 | 谨慎、冷静、无精打采、冷淡、乐于做事、退让、话少 |
| 开放性（O）<br>评估对经验本身的积极寻求和欣赏；喜欢接受并探索不熟悉的经验 | 好奇、兴趣广泛、有创造力、有创新性、富于想象、非传统的 | 俗化、讲实际、兴趣少、无艺术性、非分析型 |
| 宜人性（A）<br>评估一个人的思想、感情和行为方面在同情至敌对这一连续体上的人际取向的性质 | 心肠软、脾气好、信任人、助人、宽宏大量、易轻信、直率 | 愤世嫉俗、粗鲁、多疑、不合作、报复心重、残忍、易怒、好操纵别人 |

（续上表）

| 特质及其内涵 | 高分者的特征 | 低分者的特征 |
|---|---|---|
| 责任心（C）<br>评鉴个体在目标取向行为上的组织性、持久性和动力性的程度，将可靠、严谨的人与那些懒散、邋遢的人对照 | 有条理、可靠、勤奋、自律、准时、细心、整洁、有抱负、有毅力 | 无目标、不可靠、懒惰、粗心、松懈、不检点、意志弱、享乐 |

（资料来源：Costa & McCrae，1992，p. 3）

从影响判断准确性的因素来分析，特质是一个相对客观的因素，在判断者与判断目标各方面特点相同的情况下，判断结果应该是一致的、准确的。但是很显然，这是一个理想的假设。从判断者的角度来说，每个人的认知能力、动机水平、知识阅历、身份地位、人格特点等各方面都存在较大差异，他们对同一目标的相同特质会作出不同的判断。以"开放性"特质为例，有人可能认为张三这个人是"聪明的、有想象力的、思想独特的"，而有人则可能认为张三是"平庸的、刻板的、中规中矩的以及思想封闭的"。这种判断的不一致源于判断者的个体差异，这不完全取决于特质的特性。从判断目标的角度来分析，同一种特质在不同目标身上的"透明度"不一，有些可观察性低的特质（如神经质），在一些目标身上很容易判断，而另一些目标则隐藏很深，尽管神经质本身是一种内在的、可观察性低的特质，研究者将目标的这种特征称为"可判断性"。可见，无论特质具有怎样的特性，它总是依附于判断者和判断目标。

**链接：大五人格特质的内涵**

在这五个因素中，神经质反映个体情绪状态的稳定性及内心体验的倾向性，它依据人们情绪的稳定性及其调节加以评定。消极情绪有不同的种类，如悲伤、愤怒、焦虑和内疚等，它们有着不同的原因，并且需要不同的对待方式，但是研究一致表明，那些倾向于体验某一消极情绪的人通常也容易体验到其他的消极情绪（Costa & McCrae，1992）。在神经质上得分低的人多表现为平静、自我调适良好、不易出现极端和不良的情绪反应。

外倾性反映了个体神经系统的强弱及其动力特征，该维度一端是极端外向，另一端是极端内向。外倾者爱好交际，通常还表现为精力充沛、乐观、友好和自信。内倾者的这些表现则不突出，但这并不等于说他们就以自我为中心和缺乏精力。正如一个研究小组所解释的那样，内倾者含蓄而不是不友好，自主而不是追随他人，稳健而不是迟缓（Costa & McCrae，1992）。

开放性反映个体对经验的开放性、智慧和创造性程度及其探求的态度，而不仅仅是一种人际意义上的开放。构成这一维度的特征包括活跃的想象力、对新观念的自发接受、发散性思维以及智力方面的好奇。在开放性上得分高的人是不落俗套的、独立的思想者；得分低者则多数比较传统，喜欢熟悉的事物胜过喜欢新事物。尽管该维度实际上与智力并不是一回事，但有的研究者仍将它称为智力维度。

宜人性反映人性中的人道主义方面及人际取向。在宜人性维度上得分高的人是乐于助人的、可信赖的和富有同情心的，而那些得分低的人多富有敌意、为人多疑。宜人者注重合作而不强调竞争，宜人性得分低的人则喜欢为自己的利益和信念而争斗。

责任心反映自我约束的能力及取得成就的动机和责任感，是指我们如何控制自己及如何自律。该维度得分高的人做事严谨、认真、踏实、有责任心，得分低的人则马虎大意、容易见异思迁、不可靠。由于这些特征总是表现在成就或者工作情境中，因此有些研究者将这一维度称为"成就意志"维度或者"工作"维度。

（资料来源：陈少华，2010，p.110）

## 1.3 大五人格特质的判断准确性差异

为了考察特质特性对判断准确性的影响，研究者从大学生样本中选取了347名被试，通过视频录像对10个目标人物的大五人格特质（神经质、外倾性、开放性、宜人性、责任心）进行9点等级评定，以被试的平均等级与目标人物在大五人格特质中的自我评定等级之差的绝对值即判断偏差（judgment bias）作为判断准确性的指标（谭慧，2012）。表4-2是被试对目标人物大五人格特质的判断偏差的相关分析结果。从表中可以看出，除神经质偏差与开放性偏差、责任心偏差与开放性偏差之间的相关不存在显著差异外，大五人格其余特质判断偏差之间的两两相关均达到显著水平。

表4－2 大五人格特质判断偏差的相关分析

| | M ± SD | 1 | 2 | 3 | 4 | 5 |
|---|---|---|---|---|---|---|
| 1 神经质偏差 | 1.85 ± 0.32 | — | | | | |
| 2 外倾性偏差 | 1.65 ± 0.42 | 0.20* | — | | | |
| 3 开放性偏差 | 1.83 ± 0.46 | 0.02 | 0.18* | — | | |
| 4 宜人性偏差 | 2.00 ± 0.67 | 0.16* | 0.36* | 0.17* | — | |
| 5 责任心偏差 | 1.76 ± 0.23 | 0.09* | 0.11* | 0.07 | 0.24* | — |

（注：*表示$p < 0.05$.）

图4－2为大五人格特质判断偏差均值折线图，从图中可以看出，外倾性的平均偏差最小，宜人性的平均偏差最大。可以推断，被试在外倾性维度上的判断误差最低，因此对外倾性判断准确性相对较高。研究结果也同样表明，外倾性的平均偏差最小，宜人性的平均偏差最大，其余三个维度处于中间的水平，差异不明显。宜人性的平均偏差最大，即判断误差较大，一致性水平相对较低。所有特质的准确性并不是相等的，有些特质比其他特质更加容易判断。例如，比较容易观察到的特质比起那些不是很明显的特质具有更高的判断间一致性（Funder，1987）。例如，爱说话、好交际等和外向相关的特质比起那些不是很明显的的特质（如思考、习惯等）具有更高的判断间一致性。对于你是否爱说话，你更可能与熟人的看法达成一致，且熟人之间也更可能达成一致，但是对于你是否忧郁、沉思，你们就很难达成一致了。在评估者对你不熟悉，且在只观察了你几分钟的情况下，结果也是一样的。总的来说，像外倾性这样的特质可以通过明显的行为反映出来（例如，外倾性可以由活力和友好反映出来），它要比情绪稳定性等无法从外部推断的特质更加容易判断（Russell & Zickar，2005）。

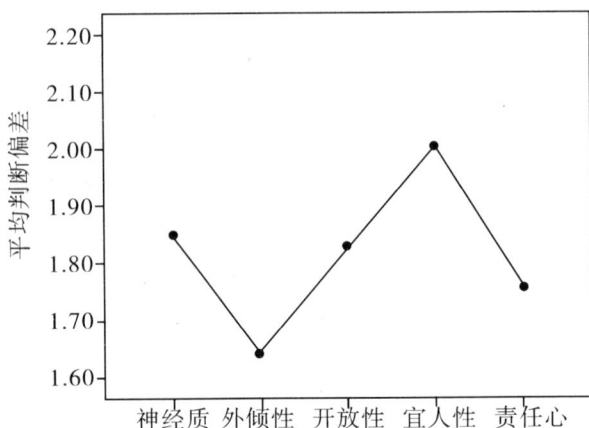

图4－2 大五人格特质判断偏差均值折线图

　　该研究的实验结果与先前的研究结果比较一致，外倾性的判断准确性要比其他四个维度高（如图 4 - 3 所示）（John & Robins，1993）。宜人性的判断水平比较低，可能与被试的类型有关，因为该实验的被试都是陌生人，评估者对目标的了解仅限于一段几分钟的视频，宜人性特质通过视频很难诱发，也很难判断，它需要双方更长时间的交往与互动。而在现实当中，这种特质在朋友之间的判断准确性可能会更高。

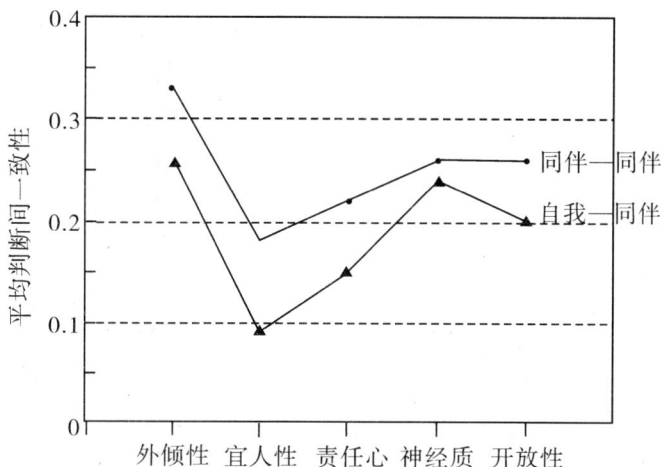

**图 4 - 3　作为大五函数的同伴—同伴与自我—同伴一致性**

（资料来源：John & Robins，1993，p. 531）

## 1.4　特质内与特质间判断的准确性

　　人格判断的准确性一般通过不同评定者的判断间一致性程度进行判断，例如，将自我评定与那些较熟悉的观察者评定进行比较。而人格判断的一致性可以通过两种基本方法进行判断，一种是判断不同评定者在某一特定特质上的一致性程度，这叫特质内的一致性；另一种是对单一的目标—评定者配对，判断一套人格属性的一致性，这叫特质间的一致性（Funder & Colvin，1997）。这两种方法（特质中心取向和个人中心取向）从两个不同的视角看待一致性：第一种方法解决不同个体在特定特质上的等级问题，第二种方法解决个体内部不同特质之间的等级问题。一般而言，对于大多数人格特质，人们倾向于得到适中的不同观察者之间的一致性（Connolly，Kavanagh，& Viswesvaran，2007）。例如，在许多大五人格研究中，不同观察者特质内的一致性平均相关为 0.40 或更高（McCrae et al.，2004），在外部评定者与目标对象的人格判断一致性程度上存在较大的个体差异，这些差异的产生有许多中介变量，其中之一是备受关注的"可判断性"，例如，心理适应良好的人比适应不良的人更容易判断（Furr et al.，2007）。另一个同样重要的变量是从可用信息中作出准确人格判断的能力——有些人相信他们比别人更能作出准确判断（Letzring et al.，2006）。

如果你能准确地判断你朋友的开放性，那么你是否也擅长于评定他的责任心呢？不同观察者一致性差异的研究得益于对不同观察者在不同人格特质中一致性的概化，了解外倾性的不同观察者一致性是否与责任心的不同观察者的一致性相关非常重要，因为如果一致性不能从一种人格特质概化到其他人格特质，那么很难说有普遍的好的目标或好的评定者。阿利克（Allik）等人（2010c）通过将一种特质中的自我—他人相关分解成个体在这一相关上配对的贡献来解决从一种特质到另一种特质的自我—他人一致性的概化问题，他们考察了一种特质上的自我—他人一致性与其他特质自我—他人一致性相符合的程度。该研究的被试来自爱沙尼亚和比利时，样本数据包括了818个判断目标和1 281个熟悉的评定者。结果证实，从一种特质到另一种特质，自我—他人一致性仅有适中的普遍性，表明个体的可预测性随不同人格特质而变化。当特质一致性被分解成评定者个体配对的贡献时，它们仅与不同的一致性系数有适度的相关，表明这两种形式的一致性离相同仍然有相当大的差距。

# 2 作为准确性调节变量的特质特性

## 2.1 特质特性对人格判断的影响

人格由特质构成，人格判断实际上是对人格特质进行判断，判断的准确性关注两个基本问题：其一，是否准确？其二，何时准确？问题一与准确性的标准有关，问题二则与影响准确性的因素有关（Funder & Dobroth，1987）。范德（2009，2012）指出，好的特质（good trait）是影响准确性的重要调节变量，一些特质（如好交际）比其他特质（如思考风格）更容易被准确判断，一些特质（如责任心）比其他特质（如外倾性）更容易产生偏见。作为联结判断者与判断目标的纽带，特质具备的属性或特性（property）决定了特质是否良好，并直接影响到知觉者判断的准确性。正因为如此，近年来，特质特性成为判断准确性研究的焦点（Vazire，2010；Connelly & Ones，2010）。

无论何种特质，我们总能按照特定的维度和特性对其进行分类，例如，根据特质是否有明显的外部行为表现，可以分为内—外在特质，如焦虑属于内在特质，幽默则属于外在特质（Funder & Dobroth, 1987）。又如，根据特质受喜欢的程度，可分为高—低社会赞许（social desirability）特质，研究表明，智慧和责任心是赞许性最高的特质，愚昧和不可靠是最不受欢迎的特质（John & Robins, 1993）。研究还发现，在评估自己或亲近的他人时，人们倾向于使用那些高赞许词汇，如"能干的"，有意回避那些低赞许词汇，如"自私的"（Myers, 2012）。此外，依据特质指代行为的数量不同，可以分为模糊—清晰特质，模糊特质能够用来指代宽泛的行为、习惯或造诣，如"有才的"；清晰特质仅用于指代有限的行为，如"整洁的"（Hayes & Dunning, 1997）。对于那些指代不明、模棱两可的特质，知觉者在理解时容易产生分歧和不一致判断。在大五因素中，任何一个因素都具备两种以上的特性，如外倾性特质的可观察性（observability）高，可评估性（evaluativeness）低；神经质特质的可观察性低，可评估性低；开放性特质的可观察性低，可评估性高（Vazire, 2010）。由于特质具有不同的特性，因此一些特质的判断间一致性可能比另一些特质更高。

## 2.2 人格判断准确性的不对称

根据范德（2012）的现实准确性模型，一个完整、准确的人格判断至少要考虑四个因素，即判断能力、目标的可判断性、特质特性以及信息的数量和质量。从某种意义上讲，特质特性是影响因素的核心，因为不同个体对相同特质的判断不一致，而且同一个体对不同特质判断的准确性也不一样（Allik et al., 2010c）。一般而言，个体判断那些反映内部状态的特质比判断有外在行为表现的特质更困难，例如，外倾性有明显的行为表现，它比神经质（很难从外部表现推断）更容易判断（Human & Biesanz, 2011）。研究表明，在大五人格特质中，外倾性的判断准确性最高，宜人性最低，判断的准确性取决于高的可观察性和低的可评估性（John & Robins, 1993）；自我和同伴对清晰特质的判断比对模糊特质的判断更准确（Hayes & Dunning, 1997）；即使只有少量信息，可观察性高的特质容易判断，可观察性低的特质很难判断（Borkenau et al., 2009）。不仅如此，在人格判断中，自我与他人在感知判断目标信息时有不同的优势：对于内在特质，自我的判断更准确；对于外在可观察的特质，他人比自我更有优势，由此导致了人格判断准确性的不对称。

## 2.3 与其他调节变量的交互作用

在影响人格判断准确性的四个调节变量中，特质特性是一个相对客观的因素，不同个体对相同特质的判断理应一致。然而，从分析中我们发现，特质特性实际上与判断者和判断目标及两者的关系质量等主观因素密切相关。

首先，由于认知能力、兴趣爱好、生活阅历等个体差异的影响，不同判断者对相同特质的理解不同，产生的意义不同，因此对判断目标的评定结果也不一致。其次，正如范德（2012）指出的那样，判断目标在"可判断性"上存在个体差异，有些目标的行为仅显示有限的特质，有些目标则很"透明"，这种透明度与特质的可观察性相吻合。对那些比较"透明"的目标，不同判断者之间比较容易达成一致（Human & Biesanz，2011）。最后，特质特性和判断者与判断目标的关系质量有关，那些可观察性高的特质，即便是陌生人也能作出准确判断；对于赞许性高的特质，自我—朋友评定的一致性较高（Park & Judd，1989；Vazire，2010）。换言之，特质特性与熟悉度尤其是关系质量常常交互作用于人格判断的准确性（陈少华，赖庭红，吴颖，2012）。许多研究结果证明熟悉度的效应非常明显：朋友相互间的判断与被试自我判断的一致性显著高于陌生人的判断，即使陌生人相互间的判断与被试自我判断的一致性高于概率水平。特质间相关的程度随评定目标的类型（如配偶、情人、朋友或陌生人）而变化。熟人并不比陌生人与判断目标更相似，他们的准确性更多来自于对目标的独特判断而不是假定的相似性。

## 3  可观察性与判断的准确性

### 3.1  特质的可观察性

现实生活中对一个人的评估和判断是我们决策的核心，包括对谁友好或回避、信任或不信、雇佣或解雇。早期的人格判断研究主要集中于判断中的错误或不足（Nisbett & Ross，1980），这导致了人们对彼此间人格判断准确性的悲观主义。与关注人格判断是否有效这一问题相比，关注人格判断什么时候有效的研究更富有成效。长期以来，后者一直被研究者忽视，原因可能有三：其一，不同判断者之间存在个体差异，一些人比另一些人更擅长于人格判断；其二，被判断者内部存在个体差异，人们对一些目标的判断比对另一些目标的判断更准确；第三，人们对有些特质比对其他特质更容易作出准确判断。不难发现，有些特质的确看起来更容易被观察到，因此，它们比其他特质更容易判断，例如，"健谈"特质，是指在一类宽泛的情境中能够被直接看见的整体行为模式，其他一些特质，如"幻想倾向"，是指不能直接看见的行为，很少在人际情境中出现。再比如说，"道德一致性"在准确判断前必须收集大量的行为，而"言语流畅性"则仅要求收集一些行为就可以确证。现在还不清楚为什么相同的特质从电影中更容易判断，同时也在真实生活中较容易判断。

范德和多布罗斯（Funder & Dobroth，1987）的研究表明，主观上的可观察性在现实准确性方面是可预测的，如"平静的"、"放松的"、"愉快的"、"武断风格的行为"等特质相对容易观察和判断。事实也是如此，那些被认为最容易观察的特质也最明显。研究还表明，最难以观察的特质包括"个人幻想和白日梦"，所获得的整体一致性最低，在100种特质中它的可观察性第二低，其他一些难以判断的特质包括"暗中破坏的倾向"、"阻碍的"、"阴谋破坏"、"将自己的动机和情感投射到其他人身上"。总体而言，那些比较容易观察到的特质（如爱说话、好交际等以及其他与外倾性相关的特质）比那些不是很明显的特质（如思考的、沉思的风格和习惯等）具有更高的判断间一致性。可观察的特质有更好的判断间一致性，意味着同伴评估不止基于社会声望，更多的是对行为的观察（Clark & Paivio，1989）。

## 3.2　可观察性对准确性的影响

在人格特质中，有些特质容易被觉察，可观察性高，而有些特质常用来描述人的思想、感受或品质，这些特质的可观察性低。可观察性高的特质包括各种外部表达倾向（如行为），而可观察性低的特质则包括更多的无法直接接触的内部倾向（如思想和感受）。在大五因素中，外倾性代表了一种可观察性高的特质，这种特质主要指与表达性社会行为相联系的社会交往、支配或精力充沛的倾向，外倾性测量更多的是描述行为倾向而不是思想或感受；情绪稳定性与对经验的开放性则是一种相反的取向，它们主要描述的是内部思想倾向（开放性）和情感状态（情绪稳定性），这些特质在人格中都具有较低的可观察性（Pytlik Zillig et al.，2002）。

可观察性与可觉察性（visibility）、可确认性（confirmability）及可利用性（availability）有本质的联系，这些特性经常用于解释为什么有些特质比其他特质的判断更一致（Tausch，Kenworthy，& Hewstone，2007）。研究者很早就注意到，有些特质更容易被知觉者准确地作出判断。埃斯蒂斯（Estes，1938）发现，个体对抑制—冲动的判断比对客观性—投射性的判断更准确。范德和多布罗斯（1987）指出，下列情形中的特质更容易观察：①易于发现证实和证伪它的行为；②此类行为在许多场合都会出现；③一些证实行为必须以这种特质为基础；④感觉这类特质很容易判断。研究表明，由于外倾性与社会行为直接相关，因此比较容易判断；神经质很难观察到，因此不太容易判断；知觉者对这两种特质的差异普遍比较敏感，判断间一致性与特质的可观察性之间有中等程度的正相关（$r =$

0.42，$p < 0.001$）。随后的研究也证实，更容易观察到的特质其判断间的一致性也更高，研究者通过让陌生人判断 100 个 Q 分类项目检验了这一效应，结果发现判断间一致性与可观察性的相关为 0.25 ~ 0.43（Funder & Colvin，1988）。

博克瑞（Borkenau）等人单独考察了人们对外倾性判断的准确性。研究者让 24 名知觉者观看了陌生人的照片，照片的呈现时间为 150 毫秒、100 毫秒或 50 毫秒，然后在形容词量表上评定他们的人格，同时，评定目标在这些量表和 NEO – FFI 中进行自我描述（Borkenau et al.，2009）。研究结果表明，知觉者的一致性和自我—他人一致性与呈现时间没有系统的相关，但是不同特质之间的自我—他人一致性明显不同，一致性最高的是外倾性，甚至由单一的知觉者评定的外倾性也与评定目标的自陈报告相关；知觉者的外倾性与外倾性自陈报告项目中的寻求刺激和积极情绪因子相关尤其显著，快乐的面部表情对于外倾性的自我—他人一致性起到了明显的调节作用，这种表情与外倾性相关，而不是与其他人格特质的自陈报告相关。据此，研究者认为，即便是在 50 毫秒的情况下呈现一张脸部照片，知觉者仍然可以对外倾性这类可观察性高的特质作出准确的判断。

## 3.3　自我—他人知觉不对称的成因

在范德的 RAM 中，判断的第一个环节就是相关性（relevance），即判断目标必须表现出与特质相关的行为。可观察性高的特质其判断间一致性更高，意味着同伴评定不仅基于社会声望，而且基于对行为的观察（Clark & Paivio，1989）。特质的可观察性是导致自我知觉不同于他人知觉的重要原因，具体表现在以下三个方面：

（1）在知觉自我时，人们更看重自己的思想和情感而不是行为；在知觉他人时，更看重行为而不是思想和感受（Pronin，2008）。马莱和诺布（Malle & Knobe，1997）认为，人们比较关注自己的内在行为（思想和情感）而不是外在行为，在解释他人行为时则正好相反。这就是为什么即使有大量行为证据可以利用，观察者仍然无法准确察觉抑郁（取决于思维和情感模式而不是整体行为）这一特质的主要原因（Mehl，2006）。

（2）当特质与行为相关时，对思想和情感的依赖可能会降低自我知觉的准确性，这是因为大量的思想和情感信息会掩盖可利用的整体行为信息，并使得知觉者忽视这些信息。但是，此种情形只存在于自我知觉中，对他人知觉则不会产生类似的效应。这种信息的不对称导致了准确性的不对称，结果自我对内在特质的了解比他人更多，他人对外部特质的了解比自己更多（Vazire，2010）。

（3）从理论上讲，尽管自我能观察到自己大多数行为，但是不可能察觉所有行为，因为一个人的身体特征及行为表现在自己眼里不如在别人眼里那么明显

（Andersen, Glassman, & Gold, 1998），这就是所谓的"旁观者清"。此外，有些行为表现（如面部表情）自己无法直接观察到，因此在处理这类可观察行为的信息时，他人对其赋予的权重比自我更多。研究表明，特质的可观察性与同伴—同伴及自我—同伴一致性呈正相关（Watson et al., 2000）。

### 3.4　可观察性还是变异的作用

如果特质确实存在可观察性的话，那么是否意味着有些特质比其他特质更容易判断呢？一些研究发现，外倾性的确比神经质更容易判断（Connolly, Kavanagh, & Viswesvaran, 2007）。元分析表明，观察者和自我评定矫正后的 $\alpha$ 系数与评定者内部一致性信度的平均相关，外倾性为 0.62，明显高于其他四种特质（开放性为 0.59，责任心为 0.56，神经质为 0.51，宜人性为 0.46）（Connolly et al., 2007）。霍尔（Hall）等人（2008）也发现，外倾性始终比神经质有更高的自我—观察者一致性。尽管如此，特质间判断的一致性仍然相对较小。事实上，对于所有的特质，不同观察者相关的中数或平均值基本上在同一范围内，外倾性的不同观察者一致性中值（0.47）仅比神经质（0.43）、开放性（0.43）、宜人性（0.40）和责任心（0.41）稍微高一点（McCrae et al., 2004）。与那些更难判断的特质相比，对于那些观察者更容易看得到的人格特质，两个判断者（自我—观察者）将会达到更高的一致性水平。

然而，对于是否存在"可判断性"的特质，阿利克（Allik）等人（2010b）提出了质疑。研究者在 672 名 18 ~ 87 岁的被试中检验了这一假设，结果发现，在大五人格的 30 个分量表中，自我—观察者一致性从 0.38（O3：情感）到 0.57（E5：寻求刺激）不等；这些分量表总分的标准差可以解释一致性系数中大约 50% 的变异，分量表得分的个体差异越大，自我—观察者一致性系数越高。研究还表明，标准差大的特质，判断间一致性高的可能性大；得分在平均分左右差异小的特质，判断间一致性低的可能性大。分析证明，在矫正特定范围效应以后，外倾性的判断间一致性并不比其他四种特质更高。可见，外倾性的判断间一致性高，部分原因是其分量表标准差比较大。从本体论的角度来看，在人格特质评定中，某些特质（如容易观察的特质）比其他特质的可变性更大。可以假定，在矫正总分范围以后，特质的可观察性在判断中的优势会消失，这是因为大五人格特质之间可能并不存在本质上的差异，因此判断间的一致性趋于相同，至少当判断者对目标非常熟悉的情况下是如此。

### 3.5　熟人的作用

对那些与自我不太相识的他人，可观察性可能是他人判断准确性的一个重要调节变量，但它对与自我关系亲密的他人或许是一个不怎么重要的调节变量（Paunonen，1989）。亲密的他人（如朋友）比陌生的他人对内在特质可能拥有更多的信息，这种观点得到了科尔文和范德（Colvin & Funder，1991）的支持。研究者发现，朋友评定与自我评定的一致性比陌生人评定和自我评定的一致性更高，但是朋友和陌生人在可观察行为方面同样准确。这一结果表明，当熟悉度高时，观察者能够准确预测内部和可观察特质；而当熟悉度低时，观察者只能察觉可观察的特质。这样，可观察性应当只是陌生人准确性的调节变量。

一般情况下，自我—朋友一致性比朋友—朋友一致性更低。这是因为：首先，自我拥有可用的、先前经验的信息以及易于接近内部思想、意图及其他优先的信息，这些信息对于一个其他观察者来说无一可用（Jones & Nisbett，1971）。关于自我和他人知觉的社会认知研究表明，在形成自我知觉时，人们更看重自己的思想和情感而不是行为，而在形成对他人的知觉时，这种效应很弱或相反。马莱和诺布（1997）发现，人们更多地是想知道和解释自己内在的行为（思想和情感）而不是外在的行为，而在了解和解释他人行为时则正好相反。这些结果可能是由于可用性的不对称以及思想与情感对自我和他人的显著性不同所致。

# 4 可评估性与判断的准确性

## 4.1 社会赞许性的影响

特质的可评估性反映了特质在社会赞许性中是可评估的两极（高赞许或低赞许）还是中间，其测量通过 9 点赞许性量表中中性特质的 5.0 中值到两极特质的距离绝对值来评定。可评估性高的特质是那些与重要的社会价值取向有关的特质（Connelly & Ones，2010）。由于目标可能会隐瞒非赞许行为和突出赞许行为，因此对于可评估特质，观察者看到的真正的特质线索可能非常少（如宜人性以及开放性中的智力成分）；相反，与可评估性低的特质相关的行为（如外倾性和开放性中的经验成分）更有可能归因于兴趣的差异。尽管特质的赞许性和可评估性有可能随社会文化标准的变化而改变，但是在大五人格中，来自北美样本的研究表明，外倾性的可评估性最低，而宜人性以及开放性中的智力方面的可评估性最高（John & Robins，1993）。实验研究同时还表明，大五因素中准确性的差异与可观察性和可评估性差异非常一致，外倾性的可观察性和不可评估性都很高，因此成为最能准确评定的人格特质，尤其是当其他评定者之前对目标不了解时（Borkenau & Liebler，1992；Kenny & Kashy，1994）。此外，这类研究还表明，他人评定的宜人性（高的可评估性）通常与更低的评定者之间信度和更低的自我—他人一致性相关。

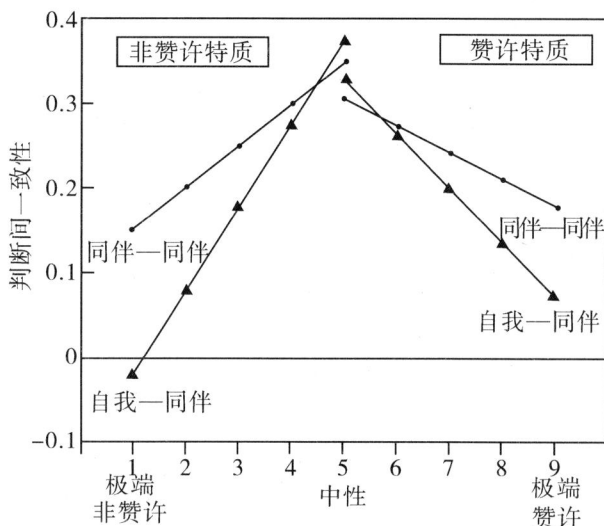

图 4-4　作为社会赞许性函数的判断间一致性
（资料来源：John & Robins，1993，p.536）

研究发现，"愚昧"和"认真"是最具可评估性的特质，"冲动"和"健谈"是最不可评估的特质（中性）；与中性特质相比，可评估特质的判断间一致性更低（John & Robins，1993）。这一结果与动机性因素有关，因为人们往往会将自己看得比同伴更优秀。在判断特定目标时，一个人的动机会影响到他关注的信息（察觉）以及对信息的解释（利用）（Vazire，2010）。自我知觉与他人知觉之间主要的动机性差异是自我卷入（ego-involvement）的程度，当特质涉及个人的感受或价值观时，自我知觉容易受到歪曲（Vazire & Mehl，2008）。在判断自己时，可评估性高的特质比中性特质包含的自我卷入更多，而在判断他人时自我卷入较少，因此，可评估性对同伴判断的影响更弱。可以预测，可评估特质在自我知觉中比在同伴知觉中产生的偏见更多，这会降低自我—同伴一致性。研究证实，对于中性特质，自我—同伴一致性最高；随着特质的可评估性增加，一致性逐渐降低；自我—同伴一致性和特质赞许性之间呈倒"U"形曲线，这种相关在同伴—同伴一致性中较弱（如图 4-4 所示）。

约翰和罗宾斯（1993）发现，当被评特质具有可评估性时，自我—同伴一致性比同伴—同伴一致性更低。由这一结果我们可以推断，涉及认知信息加工因素的（如评估特质的可观察性和内容范围）判断间一致性的决定因素对自我—同伴及同伴—同伴一致性有相同的效应；涉及动机性因素的（如自我增强的需要）

判断间一致性的决定因素对自我—同伴和对同伴—同伴一致性有不同影响。对于那些不包含自我卷入的人格判断而言，自我和同伴知觉的确按相似的过程进行，但是当特质充满情感色彩时，自我知觉可能会受到歪曲。这种解释暗示了自我卷入可能导致动机性偏见的产生，因为自我卷入会引发情感性和防御性过程，这一过程会影响我们的自我知觉。由此可见，可评估特质引发的自我增强偏见针对的是某些个体而不是所有个体。先前的研究支持了这种看法，即自我增强偏见的个体差异是系统的，并且具有心理学的意义。在自我卷入的条件下，自我判断不如熟人的判断准确。

## 4.2　自我保护动机与准确性

在判断可评估特质时，自我知觉存在偏见。大多数自我概念理论家假定，人们会有意识地维护和提高他们的自尊（Tesser，1988）。邓宁及其同事（1999）所做的研究发现，人们会以自我服务的方式解释特质的意义，自我和他人都受积极动机的强烈影响。有研究者认为，自我保护偏见歪曲的是自我评定而不是他人评定，结果，特质的可评估性对自我准确性的影响比对他人准确性的影响更大。他人知觉受直接积极效应的影响，因此当我们评定一个亲近的他人时，我们以一种准确的印象开始，然后夸大我们的评定以使他们变得更积极。对于中性特质，自我—同伴的一致性最高，随着判断特质可评估性的增加，一致性逐渐降低，即自我—同伴一致性和特质赞许性应当是一个曲线相关（倒"U"形曲线）。这种曲线相关在同伴—同伴一致性中则不太明显。

研究者指出，自我保护动机对自我知觉的准确性会产生很大的破坏效应：在可评估性特质的知觉过程中，自我保护动机干扰了人们对现实的知觉能力（Vazire，2010）。根据这一证据，我们认为，自我知觉主要是受自我保护动机的干扰而不是受他人知觉的干扰。如果真是这样的话，那么特质的可评估性对他人判断的影响比对自我判断的影响更小，其证据来自可评估性对自我—他人一致性和他人—他人一致性影响的研究。事实上，如果自我保护动机歪曲的是自我知觉而不是他人知觉，那么特质的可评估性将与自我—他人一致性而不是与他人—他人一致性的降低相联系。这一假设得到了约翰和罗宾斯（1993）的支持。研究发现，可评估性与他人—他人一致性的平均相关为 $-0.32$，而与自我—他人一致性的相关为 $-0.53$。瓦兹（2010）的研究表明，对于那些可评估性高的特质，如智力和创造性，他人判断比自我判断更准确。与特质的可观察性一样，特质的可评估性加剧了自我知觉与他人知觉在准确性方面的不对称。

## 4.3 自我服务偏见与熟悉度

现实中，人们往往以自我服务（self-serving）的方式进行特质评定和人格判断（Dunning，1999），受积极错觉的影响，个体习惯于认为自己比别人更积极、更优秀，在评定自我时也更倾向于使用那些社会赞许性高的特质词（Pronin，2008）。与客观行为（如"冲动"）相比，主观行为（如"有教养"）的评定更容易产生自我服务偏见。研究表明，学生们在"品德"方面比在"智力"方面更可能将自己评为优秀（Myers，2012）。然而，一项大规模的跨文化研究结果显示：对于特定的判断对象，由自我评定的神经质和开放性更高，由他人评定的责任心更高；与他人评定相比，人们认为自己的情绪更积极，更喜欢寻找刺激，但没有看起来那么自信（Allik et al.，2010a）。这一结果与自我服务偏见具有文化普遍性的观点不完全一致，研究者认为，人格判断中自我和他人评定的差异不能简单地用特质的清晰度、自尊或社会赞许性来解释（Malle，Knobe，& Nelson，2007）。

如果一种特质是可评估的或社会赞许性的，那么自我评估与熟人评估所受的影响是否比陌生人更大呢？熟悉度在可评估性与判断准确性之间能否起调节作用呢？目前，熟悉度对特质可评估性与他人准确性关系的影响尚不清楚。有理论认为，熟人比陌生人更可能拥有某种歪曲自我评定的自我保护偏见，这样，当他人与判断目标关系很熟悉时，与可评估性相关的自我—他人不对称将减小。可以假定，在对特定个体的人格判断中，熟人比陌生人产生自我服务偏见的可能性更大，因此，当评定者与判断目标很熟悉时，与可评估性相关的自我—他人一致性将会提高（Vazire & Carlson，2010）。然而，这种重要的区分可能不是在高低熟悉度之间，而是在高低情绪性投资之间（John & Robins，1993）。朋友评定与自我评定相似，这不仅是熟悉度的问题，更重要的是取决于情感投入和交往质量（Kenny，2004；陈少华等，2012）。

## 4.4 评估性解释模型

评估性解释模型（evaluation-based account model）假定，评估者首先对判断目标形成一个整体印象（如喜欢或讨厌），然后对该目标作出相应的整体判断（Beer & Watson，2008）。该模型强调，大五人格的准确性差异与特质的可评估性密切相关，外倾性的判断准确性最高，不仅是因为它的可观察性最高，而且因为它的可评估性也最低（Connelly & Ones，2010）。就喜好程度而言，外倾性与大五的其他四种特质存在显著差异：外倾性的判断与喜欢只有微弱相关，而其他四种特质与喜欢和可评估性均有较强相关（Weller & Watson，2008）。这样，一个自己喜欢的人会被评定为宜人性、责任心和开放性较高而神经质较低，一个自己讨厌的人则会被评定为神经质较高而宜人性、责任心与开放性较低。相应地，基于可评估性的判断也将在这些特质中产生更大的相关。换言之，当判断者缺少复杂的判断信息时，人格判断取决于对评估对象整体印象的喜欢程度。评估性模型可以解释同一判断者在不同特质判断中的不对称，研究表明，个体对自我判断比对同伴判断更复杂，这反映在大五人格中是对自我判断的内部一致性显著低于对同伴判断的一致性（Beer & Watson，2008）。

# 5  模糊性与判断的准确性

一个人的自我知觉并非总是与他人知觉相一致，这种不一致会产生许多不同的后果，从吹毛求疵到无休止的争吵。一位妻子会因为配偶的邋遢、冷漠以及固执等原因而离开他，即使配偶觉得自己是整洁的、关心的和有同情心的；一位老师会惊讶于从学生中得到的教学评估与她自己感受到的优点不相匹配；一位雇主可能会解聘一位雇员，理由是他不满意该雇员的表现，即使该雇员认为接下来自己有可能得到提拔。研究表明，这些不一致与许多消极的社会结果和事件相关联（Swann，De La Ronde，& Hixon，1992）。许多研究证实，自我—同伴一致性取决于观察者可利用的信息以及这些信息如何与自我可利用的信息相匹配。例如，人们对那些通过可观察行为展现的特质的判断更加一致，与那些包含私密情感和思想的特质相比，自我和观察者更有可能在这些特质上获得相同的信息。人们也会与他们熟悉的人获得一致的印象，这可能是因为熟悉度使得其他人获得了自我占有的信息。

## 5.1  模糊性的领域

在自我和他人拥有相同信息的情况下，影响自我—同伴一致性的因素就是特质的模糊性（trait ambiguity）。研究者认为，人们判断中存在不一致是因为他们在判断模糊特质时使用了特殊的特质定义，研究中当要求被试使用相同的特质定义时，判断的一致性得到了提高。

### 5.1.1  行为指代的模糊性

每种特质指代的行为数量不同，有些特质能够指代宽泛的行为、习惯、造诣及精通的领域，有些特质只能指代少量的行为，这种特性叫特质的模糊性。例如，"老练的"这一特质，既可以指一个人的为人处世方面，也可以指动作技能方面；再比如"支配的"，有的人可能用它来强调组织一个群体或解决群体成员争端的行为，而有的人可能会更多地用它强调主宰交谈和强迫他人完成不体面的任务。我们称这类特质为模糊特质。与这类特质不同，有些特质指代的行为数量非常有限，如"准时的"，主要是指按时到达约会地点的行为，而"健谈的"这一特质，只反映一个人讲话的数量和频率（Dunning, Meteriwitz, & Holzberg, 1989），这类特质叫清晰特质。在以往的研究中，特质的模糊性有不同的称谓，如"特质宽度"（trait breadth）、"行为特异性"（behavioral specificity）、"特质特异性"（trait specificity）等（Hampson, John, & Goldberg, 1986）。

人们对自己的判断和同伴对他们的判断在模糊特质上存在较大的不一致性，主要是因为人们在他们相信的反映模糊特质的指代行为上仅有适中的一致性（Dunning, Perie, & Story, 1991）。人们在对自己和他人的特质判断中对不同行为的关注程度会导致不同的判断，即使当他们面对相同的信息时也是如此。相应地，人们对清晰特质及其指代行为的理解和判断比较一致，因此自我—同伴判断将更趋一致。据此，研究者推断，对于同一模糊特质，由于不同判断者强调的是不同的行为方面，因此对此类特质的判断可能存在较大的不一致性；对于清晰特质，不同判断者之间很容易形成相同的理解，判断结果也更趋一致。

### 5.1.2　意义指代的模糊性

特质的模糊性不仅体现在指代行为的数量方面，而且还反映在意义的清晰度上，国内学者称之为意义度（黄希庭，张蜀林，1992）。无论是英语还是汉语，有些特质词的意义非常宽泛，有些则非常狭窄。对于意义宽泛的词（如"开放"），不同判断者之间容易产生分歧，此类特质属于模糊特质；对于意义狭窄的词（如"孝顺"），判断者之间很容易达成共识，此类特质属于清晰特质。很显然，个体认知能力的差异会影响判断的一致性，"尽管描述自己的人格并非一项复杂任务，但它仍然需要最低限度的认知能力和相应的词汇量"（陈少华，2008，p. 78）。鉴于中英文之间的差异，在模糊性研究中我们不能简单地将英文单词直译成中文进行研究，且很多特质词翻译过来以后并不符合汉语的表达习惯。因此，在中文背景下考察特质模糊性对判断准确性的影响尤其有必要。此外，与可观察性和可评估性相似，特质模糊性与熟悉度在人格判断的准确性中存在交互作用（陈少华等，2012）。研究表明，判断者对判断目标越熟悉，人格判断越准确（Letzring, Wells, & Funder, 2006）。有理由相信，对于清晰特质，判断者与目标的熟悉度并不影响判断的一致性；对于模糊特质，熟人比陌生人更易于与目标的自我判断取得一致，研究结果也的确证明了这一假设（Hayes & Dunning, 1997）。

## 5.2 作为模糊性函数的准确性

受社会赞许倾向的影响，在判断模糊特质时，个体的自我评估往往带有明显的偏见，而在清晰特质的判断中则不会。当且仅当特质比较模糊时，一个人在赞许性特质中对自己会作出高于平均的判断（如声称自己比同伴更老练），而在非赞许性特质中作出低于平均的判断（如认为自己神经质更低）。研究表明，个体对清晰特质的判断不存在明显偏见（Dunning et al.，1989）。研究者认为，人们对自己的判断和同伴对他们的判断在模糊特质中之所以不一致，是因为他们强调的是特质的不同行为方面，即便当他们面对相同的信息时也是如此（Dunning & Hayes，1996）。对于清晰特质，由于指代的行为有限，意义比较清晰，因此判断者之间很容易作出相同的推断和判断，自我—同伴一致性也更高。海斯和邓宁（Hayes & Dunning，1997）的研究表明，与清晰特质相比，自我—同伴一致性在模糊特质的判断中更低。研究结果显示，自我—同伴一致性随特质模糊性的增加而递减，特质模糊性和自我—同伴一致性独立于特质的可观察性和赞许性；控制可观察性和赞许性以后，模糊性和自我—同伴一致性仍然有显著负相关。研究还发现，与判断清晰特质相比，被试在模糊特质判断中使用了更个性化的定义；当要求被试对模糊特质使用相同的定义时，判断一致性明显提高。奥尔波特（1925）很早就指出，为了获得准确的评定结果，评定者对不同特质的确切意义"必须有一个完整的了解和彼此达成共识"（Allport，p. 130）。

## 5.3 一种可能的解释

人格判断中的自我—他人一致性依赖于被判断特质的模糊性。但是，我们考察模糊性的做法并不是概化它的唯一途径，而是将模糊性作为特质的特性来验证。从另一个角度来讲，模糊性也是个体行为的一种特性，一些行为对于它所反映的特质是不模糊的，例如，准时参加约会明显就是关于守时的行为表现；然而，其他行为对于他们涉及的特质却是模糊的，比如，一个学生帮助他的朋友做家庭作业，这种行为可以被看作是好心的或者是忠诚的，因为第一个学生帮助了需要帮助的朋友，但是，这也可以看作是不诚实的，因为学术诚信一般不允许一个学生去帮助另一个学生做家庭作业。人格判断中使用第二种行为可能就有问题，因为不同的个体会将此归为不同的行为类别，从而导致人格判断中的不一致。

与此同时，个体对不模糊特质的判断也可能会有分歧。我们假设当人们赞同一些行为，认为这些行为与一种判断相关时，他们就会倾向于赞同这种判断。研究结果支持了这一假设，我们在人格判断时可以从这种预先的假设中获得相关的信息。在重要信息不可获取的情况下，即使是判断不模糊特质，判断的不一致性也可能出现。的确，很多重要的不模糊特质在意义上可能很狭窄，很少有人（除了自己）能获得需要的信息。

此外，已有的研究出现了一种看似矛盾而实际上可能是正确的说法，一方面，研究结果显示，如果判断中的行为指示是明显的，那么在自我和社会印象之间就会有更高的一致性；然而约翰等人研究发现，人们习惯于用不能明确和清晰反映特质的行为指代来描述他人，特别是喜欢的他人和自我，亦即人们更喜欢用"基线水平"以及有个别行为指代的抽象特质来描述他人，尽管很多特质都是没有行为意义的（John，Hampson，& Goldberg，1991）。海斯和邓宁（1997）的研究结果显示，这种对"基线水平"特质的偏好可能会加剧判断的不一致性。在使用特质术语时，由于这些术语传递了关于他人的重要信息，因此很可能也会被误解、误译以及误用。

## 5.4 特质模糊性对判断准确性的影响的实证研究

基于汉语词汇本身的特点及其在人格描述中的表达习惯，研究者筛选出 69 个模糊性不同的特质词，在大学生样本中考察了自我、熟人和陌生人对模糊—清晰两极特质判断的准确性，检验了熟悉度对特质模糊性与判断准确性关系的影响（吴颢，2012）。其中，人格判断的准确性指标为判断间的一致性，模糊性通过特质词意义的清晰度和指代行为的数量来界定。研究者假定，自我、熟人及陌生人对清晰特质判断的一致性明显高于模糊特质，三者判断间的一致性在清晰特质中没有显著差异；对于模糊特质的判断，自我—熟人一致性明显高于自我—陌生人和熟人—陌生人一致性。

### 5.4.1 研究方法

（1）被试。从广州某高校随机抽取 19 名大学生作为目标被试，其中男生 8 名，女生 11 名，平均年龄 21.21±0.63 岁。再从每名目标被试的宿舍抽取 3 名室友作为熟悉的评定者，共计 57 名，其中男生 24 名，女生 33 名，平均年龄 21.11±0.87 岁。最后，随机抽取 76 名大学生作为陌生的评定者，其中男生 32 人，女生 44 人，平均年龄 21.09±0.92 岁。

（2）工具和材料。根据黄希庭等人（1992）关于"意义度"的研究以及海斯（Hayes）等人（1997）对"模糊度"的界定，该研究将特质的模糊性限定在意义的清晰度和指代行为的数量两个方面，从国内外对特质词汇的相关研究中筛选出 69 个人格特质词。根据评定者对 69 种特质模糊性的评定结果，该研究最初筛选出 9 种最清晰和 9 种最模糊的特质，其中最清晰的特质依次为守时的、健谈的、孝顺的、守信的、诚实的、好学的、整洁的、合群的和节俭的，评定等级在 5.21~6.46；最模糊的特质依次为大方的、成熟的、小气的、老练的、纯洁的、含蓄的、保守的、内敛的和开放的，评定等级为 2.33~3.50。考虑到陌生人需要借助录像对目标人物进行判断，而有些特质较难通过情境诱发出相关的行为，因此最终确定 5 种极端清晰和 5 种极端模糊特质组成"特质模糊性评定量表"，极端清晰特质是守时的（6.46±1.44）、健谈的（6.25±0.68）、诚实的（5.46±1.41）、整洁的（5.29±1.68）和合群的（5.21±1.59）；极端模糊特质分别为大方的（2.33±1.13）、成熟的（2.75±1.51）、老练的（3.21±1.93）、保守的（3.46±1.82）和开放的（3.50±1.84），量表的内部一致性系数 $\alpha$ 为 0.81。该量表由"自我评定量表"、"熟人评定量表"和"陌生人评定量表"三个不同的版本组成，每个版本包含相同的特质词，要求自我、熟人和陌生人在每种特质上对判断目标作 15 点评定，得分越高表示该特质与目标的符合程度越高。

参照国外关于人格判断领域的研究方法和技术，根据评定特质的相关行为表现，该研究对目标被试录制了三段视频供陌生人评定，视频的内容分别为自我介绍、结构性访谈及无领导小组讨论。其中自我介绍的内容是"我喜欢的和不喜欢的自己"（Vazire，2010）；结构性访谈包括五个问题，内容涉及个人感受、目标和价值观（Gosling，2009），例如，"对你来说'完美'的一天由哪些事物组成"；无领导小组讨论的问题是"康德买菜记"，这是一个道德两难判断情境，目的在于诱发目标被试的道德观念。

对抽取的 19 名大学生被试（均住不同的宿舍），将其随机分成四组后进行编号，其中第一、二、三组各 5 人，第四组 4 人，安排在一个安静的实验室内依次进行录像，并告知其会被录像。首先，主试要求第一组 5 名被试逐一做关于"我喜欢的和不喜欢的自己"的演讲，时间约为 2 分钟。演讲结束后，主试对目标被试做 5 个问题的结构性访谈，时间大约为 3 分钟。待第一组被试演讲和访谈结束后，要求他们围绕"康德买菜记"这个话题展开讨论，讨论时间大约为 10 分钟，讨论过程被全程拍摄。讨论结束后要求每个目标被试完成一份"特质模糊性自我评定量表"。其余三组的录像过程与此相同，并完成量表的自我评定。其次，研究者选取每个目标被试的 3 名室友（交往时间在 3 年以上），要求他们根据目标被试的实际情况完成一份"特质模糊性熟人评定量表"，并将 3 名室友的评定等级进行平均，由此得到熟人评定结果。最后，抽取 76 名大学生作为陌生人被试，随机分成两组，要求他们分别观看 1~10 号（第一、二组）和 11~19 号（第三、四组）目标被试的视频录像，录像观看分两个时段进行，每段大约持续 35 分钟。每看完一个小组的录像后，主试要求所有陌生人被试按编号对录像中的目标人物进行评定，并完成一份"特质模糊性陌生人评定量表"，将每组 38 名陌生人的评定等级平均后得到该目标的陌生人评定结果。

### 5.4.2 研究结果

**1. 清晰—模糊特质判断间的一致性**

表4-3是自我、熟人及陌生人对清晰—模糊特质判断间的两两一致性。分析发现，在清晰特质判断中，自我—熟人对守时的、健谈的和整洁的判断一致性呈显著正相关；自我—陌生人对健谈的和整洁的判断一致性显著正相关，对合群的判断一致性也达到了边缘显著水平（$r = -0.41$，$p = 0.08$）；熟人—陌生人一致性在健谈的和整洁的这两种特质中有显著正相关。对于模糊特质的判断，自我—熟人对成熟的判断一致性显著正相关，对大方的判断一致性达到了边缘显著水平（$r = 0.44$，$p = 0.06$）；自我—陌生人对老练的判断一致性达到边缘显著水平（$r = -0.36$，$p = 0.06$）；熟人—陌生人对老练的判断一致性呈显著负相关。

表4-3 清晰—模糊特质的评定一致性系数（$r$）

| 清晰特质 | S—F | S—O | F—O | 模糊特质 | S—F | S—O | F—O |
|---|---|---|---|---|---|---|---|
| 守时的 | 0.46* | 0.30 | 0.01 | 大方的 | 0.44 | -0.08 | -0.20 |
| 健谈的 | 0.63** | 0.47* | 0.47* | 开放的 | 0.37 | -0.26 | -0.02 |
| 整洁的 | 0.50* | 0.50* | 0.63** | 老练的 | 0.21 | -0.36 | -0.44* |
| 诚实的 | 0.12 | 0.05 | -0.08 | 成熟的 | 0.54* | -0.39 | -0.33 |
| 合群的 | 0.13 | -0.41 | -0.16 | 保守的 | 0.10 | -0.34 | -0.04 |
| M | 0.38 | 0.18 | 0.17 | M | 0.33 | -0.28 | -0.21 |
| SD | 0.22 | 0.38 | 0.35 | SD | 0.18 | 0.13 | 0.18 |

（注：S = 自我，F = 熟人，O = 陌生人；* 表示 $p < 0.05$，** 表示 $p < 0.01$.）

为了比较三者之间在两类特质中整体判断的一致性，研究者分别计算出自我—熟人、自我—陌生人以及熟人—陌生人判断在五种清晰特质和五种模糊特质上的平均相关系数（如表4-3所示）。数据显示，无论是哪种一致性，被试在清晰特质判断中的一致性均明显高于模糊特质，这种差异在自我—陌生人及熟人—陌生人的一致性中尤其明显。从内部判断的一致性来分析，无论是模糊特质还是清晰特质，自我—熟人判断的一致性显著高于自我—陌生人及熟人—陌生人判断的一致性，后两者之间差异不明显。

2. 判断间一致性差异比较

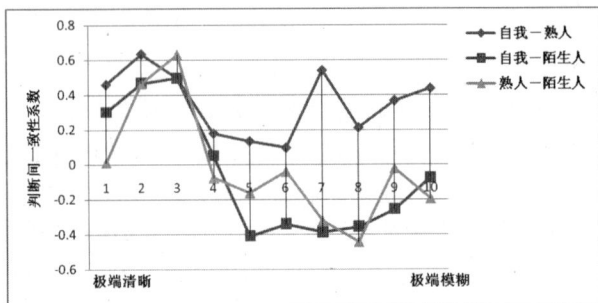

图 4 - 5   清晰—模糊特质的自我、熟人及陌生人判断一致性差异

（注：1～10 种极端特质依次为守时的、健谈的、整洁的、诚实的、合群的、保守的、成熟的、老练的、开放的和大方的。）

图 4 - 5 是十种极端清晰—模糊特质的自我、熟人和陌生人判断间一致性的差异分析图。首先，从三种一致性的走势来分析，从极端清晰到极端模糊特质，自我—熟人一致性整体上变化较小，自我—陌生人和熟人—陌生人一致性随特质模糊性的增加变化较大。其次，从三种一致性的差异分析，随着特质模糊性的增加，被试判断间一致性差异总体上呈不断增大的趋势，健谈的和整洁的两种清晰特质的判断一致性差异最小，成熟的和老练的两种模糊特质的判断一致性差异最大。然而，判断间一致性差异最小和最大的并不是最清晰特质（守时的）和最模糊特质（大方的）。

### 5.4.3　讨论与展望

在五种清晰特质中，自我、熟人及陌生人对健谈的和整洁的判断间一致性均有显著正相关，亦即除了熟人以外，即使是陌生人也能通过录像作出与目标被试一致的判断。原因在于，健谈的和整洁的，除具有较高的清晰度以外，还具有较高的可观察性，与不容易观察到的内在特质相比，知觉者对可观察特质倾向于作出更准确一致的判断（Funder，1995）。当然，并非所有的清晰特质都具有较高的一致性，在该研究中，诚实的与合群的两种特质即便是自我和熟人之间的一致性也未能达到显著水平。这是因为，尽管三名室友与目标被试同住一个宿舍，但相互之间的关系质量并不完全一样，某个室友认为目标被试是诚实或合群的人，另外的室友或许并不这样认为，甚至得出相反的评定，这无疑会削弱判断的一致性。在陌生人评定中，录像内容能否反映被试诚实或合群一类的特质也会影响判断的一致性。

与清晰特质的正相关相反，自我—陌生人及熟人—陌生人对模糊特质评定的一致性均呈负相关，表明特质的模糊性的确干扰了判断间的一致性。概言之，被试对清晰特质判断的一致性要明显高于模糊特质，这与研究者的假设相吻合。细言之，对于某些清晰特质（如合群的），三者的一致性仍然较低，而对于某些模糊特质（如成熟的），自我和熟人之间则有显著的一致性，这与此前的预期不完全一致。个别极端特质判断间一致性之所以偏低或偏高，与下面两个因素有关：其一是关系质量，如一个人合群与否取决于同伴之间的交往深度；其二是多重特性，如成熟的，既是模糊特质，还是可观察特质，因此自我—熟人一致性仍然较高。尽管判断间一致性有随模糊性增加而降低的趋势，但是判断一致性差异最小和最大的并不是最清晰和最模糊的特质（吴颖，2012）。这可能反映了词汇筛选和研究技术上的不足，"守时的"虽然是一种清晰特质，但陌生人通过录像却很难作出准确的判断；"大方的"虽然是一种模糊特质，但它会有一些明显的行为表现，这些信息很容易为陌生人所利用。

总之，该研究结果部分验证了研究者的假设。未来的研究可以采用情境实验与实验室实验相结合的方法，运用多种技术和手段，如静态的照片、动态的录像、行为的痕迹、生活的片段以及提供个人生活资料史等，使呈现的信息和筛选的特质之间尽可能地相互匹配。同时，在熟悉度的基础上进一步区分不同熟人之间的关系质量，改进判断准确性的标准，适当增加一些相对客观的指标，例如，请专家对录像中的每一种表现、表情、言语甚至肢体语言等逐一进行解码，建立起特质与行为之间的对应关系（Vazire，2010）。此外，自陈问卷也可以作为准确性的效标，在没有更理想效标的情况下，人格的客观测量也不失为一个参考指标。

# 6 问题与反思

无论从判断者、判断目标还是特质特性、信息数量或质量的角度去考察准确性问题，国内外已有的研究中单纯的实验室研究都明显多于应用研究，当实验结果推广到现实情境中时，研究的生态效度普遍偏低。就影响人格判断准确性的特质特性这一因素而言，该领域在研究数量和质量上都远不及其他影响因素，而且大多是早期的研究。从特质特性本身来分析，研究者的关注程度存在明显的偏差，关于特质可观察性和可评估性的研究远多于关于特质模糊性的研究，而另外有些特质特性（如自动化—有意识）几乎没有人去研究（Vazire，2010）。不仅如此，以下问题在未来关于特质特性对准确性影响的研究中值得进一步思考。

## 6.1　特质特性的匹配问题

特质特性看似是一个客观的变量，实则有较大的主观性。特质首先是判断目标的特质，离开了判断目标，特质也不复存在。从这种意义上讲，所有关于人格判断准确性的研究都与特质及其特性有关，这使得特质特性与准确性的关系研究变得更加复杂（陈少华等，2013）。特质特性的主观性还体现在判断者身上，因为判断者与判断目标的关系质量决定了判断中具体会选择何种特质。在自我知觉和他人知觉中，知觉者不仅受信息性差异的影响，还受动机性差异的影响（Paulhus & Vazire，2007），这是判断准确性不对称的主要原因。事实上，在考察特质特性的影响时，不仅要考虑到判断目标特质的特性，还要考虑到判断者特质的特性。很显然，内向的人在判断与内向有关的特质时更有优势，神经质高的人在评定与神经质相关的特质时更加敏感，尽管这类特质的可观察性较低。只有将判断者特质与判断目标的特质在特性上进行匹配，并与非匹配条件比较，才能更好地解释特质特性对判断准确性的影响，这一点可以借鉴人格分化假设的研究（Austin，Deary，& Gibson，1997；陈少华，2008）。

## 6.2　特质特性的分类问题

每种特质都有特定的含义，这是特质分类的主要依据。在对特质归类时，由于存在较大的随意性和人为性，研究的结果和结论在一定程度上受到了影响。对于相同特质，不同个体既有相同的也有不同的理解。这意味着，相同特质在不同研究者那里会有不同的分类。在研究者看来，特质的可观察性与清晰度、可判断性没有分别（Human & Biesanz，2011），特质的模糊性与特质的宽度、行为的特异性经常相互替代（Hampson，John，& Goldberg，1986）。事实上，关于特质特性的研究，除可观察性以外，其他特性的研究不仅偏少，而且结论不一。另外，一种特质可能兼具两种以上的特性，例如，"健谈"既是一种可观察的特质，又是一种清晰特质，这些特性对准确性的影响既可能相互独立，也可能相互交叉。与特质分类密切相关的另一个问题是特质的内容，即哪些特征可以作为判断的特质。从特质的内涵上分析，特质是一种内在而稳定的特征，不能等同于外在的行为（Larsen & Buss，2011），因此那些外在的特征，如身体长相、面部表情、吸引力等就不应作为判断特质来使用。

## 6.3　考虑个体差异的影响

无论是自我判断还是他人判断，判断者的理解能力都会影响特质词汇的选择与分类，它与判断者的人格、性别、年龄、种族、职业等个体差异因素共同作用于人格判断的准确性（Letzring，2010）。一些研究者指出，智力水平的高低会影响个体对自陈问卷中的项目和词汇的理解及对自身人格倾向的推断，人格的描述和判断必须具备一定的认知能力和词汇量（陈少华，2008）。事实上，准确的人格判断对判断者的素质要求非常高。已有研究表明，女性判断的准确性平均高于男性（Chan et al.，2011），聪明、有责任、好交际、不自恋、没敌意的个体更擅长人格判断（Wood，Harms，& Vazire，2010）。然而，已有的研究很少考虑能力、阅历、人格等个体差异因素在特质特性与准确性之间的作用。对于相同的特质，有些人难以判断，有些人则容易判断，这似乎与特质的特性无关。此外，特定的情境也会影响判断的准确性，与实验室条件相比，现实情境更有利于诱发所要判断的特质，而且实验室研究的结果和结论在推广过程中会受到限制。

## 6.4 跨文化比较的问题

特质理论的假设导致了特质特性在文化上的差异。按照这一假设，所有重要的个体差异都会编码到自然语言当中（Larsen & Buss，2011），而语言和词汇总是与特定的社会文化相联系，并最终成为文化的一部分。尽管一些跨文化研究表明"大五"具有普遍性，但是在一些文化中仍然难以找到这五种特质（McCrae & Terracciano，2005）。尽管一些研究证实人格判断中存在社会赞许倾向，但是在一些文化中，人们对自己的看法实际上并没有别人对他们的看法那样积极（Allik et al.，2010a）。可见，仅仅从大五人格或西方文化背景考察特质特性的作用有一定的局限性。以汉语和英语为例，它们在词汇量、语法结构及表达习惯等方面均有明显不同，国内学者对大五人格的翻译也不一样，如 agreeableness，既有人译成"宜人性"，也有人译成"随和性"，不同的翻译其中文意义相去甚远。当我们从汉语的角度理解由英语翻译的特质时，很难准确地理解，而这些特质放在英语背景下又不成问题，这种语言的差异必定会导致判断准确性的差异。例如，在英文背景下，研究者将"自尊"视为神经质范畴的特质（Vazire，2010），这在中文背景下有些牵强。因此，在考察特质特性对准确性的影响时，跨文化的比较是必不可少的。

# 第五章

# 人际关系与人格判断

······

# 1 人格判断中的熟悉度问题

## 1.1 人际关系与熟悉度

关系（relationship）是一个范围很广的词语，日常生活中的关系一般包括朋友关系、上下级关系、家庭关系、同学关系等。而在研究领域，有人际关系和公共关系的区分，公共关系所研究的是组织与组织、组织与社会、组织与消费者或服务对象、组织与员工的关系；而人际关系所研究的是人与人之间的关系，包括个人与个人、个人与群体，也包括自己与自己的关系。人际关系（interpersonal relationship）是人们在生产或生活中建立起来的一种社会关系，属于社会学的范畴。在汉语中，人际关系通常是指人与人交往关系的总称，也叫"人际交往"，包括了亲属关系、朋友关系、同学关系、师生关系等。人际关系是人与人之间在活动过程中直接的心理上的关系或心理上的距离，是人们在相互交往的过程中，彼此相互影响而形成的一种心理上和社会上的联系，反映了人或群体寻求满足其社会需要的心理状态。从严格意义上讲，人际关系是个外来词，虽然在西方有了比较全面的研究，但是在研究时，西方学者往往用一些更明确的概念来替换，如互动（interaction）、交流（communication）、社会交换（social exchange）、交互性（reciprocity）、人际冲突（interpersonal conflict）、人际吸引（interpersonal attraction）、人际认知（interpersonal recognition）、心理距离（psychological distance）、人格（personality）、印象整饰（impression management）以及和自我或角色构成的有关概念等，受文化差异的影响，在我国更多的是使用"关系"这一词（赖庭红，2013）。

熟悉度（acquaintance）又称相识度，是指人与人之间彼此相识的程度。在人际交往中，我们周围的大多数人都是陌生人，他们是离我们心理距离最远的人，熟悉度也最低。其中有些人我们从未谋面，而有些则只有一面之交，如公共场合我们遇到的一些人。有时候，我们对这些人也会自动进行判断，例如，公交车上坐在我身边的这个人是内向的还是外向的，是个聪明的人还是个平庸之辈，等等。当然，这种判断对我们的生活无伤大雅，即使这种判断是不准确的，也不会造成不良影响。在我们周围还有一部分人，他们与我们交往较多，相互之间比较熟悉，如同学、同伴、同事或同乡，他们与我们大致有中等程度的熟悉，彼此之间还算了解。当然，在这些了解中很多方面可能都只是表面的或者不太准确的，但是这并不妨碍人们之间的正常交往，因为在很多时候、很多情境中，我们依据经验和直觉所作出的判断就足以适应社会生活，除非我们的判断经常出错，"好心当成驴肝肺"大概属于这种情况。

生活中还有一小部分人，他们与我们的关系比较亲密，有些甚至非常亲密，这些人与我们的熟悉度最高，人际距离最近，交往也最频繁，他们大都是我们的朋友或室友、家人或亲人、情侣或配偶，常常体现在朋友关系、恋人关系、夫妻关系、亲子关系及其他血缘关系中。根据常识和经验来判断，他们是我们最了解的人，正如他们对我们的了解一样。从人际关系的角度来看，亲密关系是所有关系的核心，这种关系建立在相互信任和相互了解的基础之上。然而，从科学研究的结果来分析，彼此熟悉不足以保证判断准确。在现实生活中，有时候跟一个人在一起共处多年却并不了解对方，而有的时候和一个人短暂接触之后就能成为知己，这说明人际交往和人格判断不仅仅是一个熟悉度的问题，而且还存在交往质量的问题。当然，正如研究者所说，人格判断只求获得实用的准确性，这种准确性使他们能够达成各自的人际关系目标（Gill & Swann，2004）。例如，恋爱伴侣对于彼此与恋爱相关的个人属性了解得相当准确，但是在那些与恋爱不太相关的属性上并不那么准确。

## 1.2　关系质量与熟悉度

人际关系研究涉及的是人与人、人与群体以及人与人类自身的范畴，人际关系的亲疏远近反映的是人与人之间心理上的距离，关系亲近的人相互之间有更多的接触和情感上的交流，而关系较疏远的人相互之间就缺乏沟通与交流。这里就会出现这样一种现象，就是我们所说的：我们很熟悉，但是我不了解他/她。这就是熟悉度和关系质量的区别所在（赖庭红，2013）。可能我们认识的时间很长，经常见面，彼此非常熟悉，但是我们没有过多的、深入的交流和接触，因此对彼此到底是什么样的人并不是很了解，在这种情况下，我们彼此间的心理距离是比较远的，所以我们的关系质量并不高，但熟悉度很高。而另一种情形，或许我们认识的时间很短，但是我们"一见如故"，无所不谈，所以尽管相识的时间很短，但是对彼此的一些价值观念、兴趣爱好等都有了比较深入的了解，因而彼此的心理距离比较近，在这种情况下，我们认为彼此的关系质量是比较高的。因此，熟悉度水平是关系质量水平的一个方面，高水平的熟悉度不等于高质量的关系水平，但高水平的关系质量包含了较高的熟悉度。

根据范德（1995）的现实准确性模型（RAM），关系质量的增进不仅能提高对目标对象人格判断的准确性，而且对目标对象的行为也能作出更加准确的评估。应用到对儿童行为问题的评估中，熟悉度假设预测，对于同样的判断目标（如问题儿童），熟悉的人比陌生的人能报告更多的行为问题。但是，那些不相关的观察者有可能比熟人作出更准确的评估，因为熟人（如父母）对儿童行为的评估很可能带有某些偏见。研究发现，抑郁的母亲比不抑郁的母亲和其他作为标准评估者的报告人（如老师、群体看护人）报告了更多的儿童行为问题。在克罗斯（Kroes）等人的一项研究中，母亲、老师和群体看护人对来自同一录像中的儿童报告的问题行为比来自不相关观察者的报告多两倍（Kroes，Veerman，& De - Bruyn，2005）。

在韦斯和洛夫乔伊（Weis & Love-joy，2002）的研究中，不管是积极的还是消极的，与受过训练的不相关观察者相比，母亲报告了多于两倍的行为，以至于作者认为母亲和观察者对量表的使用不同，母亲对所有的行为都给以更高水平的报告。杨斯强（Youngstrom）等人（2000）也发现，母亲对积极和消极行为的报告都有别于无关观察者对同一儿童的报告。按照熟悉度的假设，母亲在观察熟悉的儿童而不是不熟悉的儿童时，比不相关的观察者能观察到更多的行为问题。然而，在最近一项关于熟悉

图 5 - 1　增进关系质量能提高
人格判断的准确性

度在儿童行为问题知觉中的作用的研究中，研究者发现，与熟悉度假设相反，群体看护者与其他报告人相比报告了更多有关儿童的行为问题，不管他们与儿童的熟悉度如何（Kroes，Veerman，& Bruyn，2010）。

## 1.3　人格判断中的关系效应

从人格判断的准确性来分析，个体对自我以及他人的判断存在广泛的不一致性和不对称（Vazire，2010），这种不一致性和不对称究竟跟什么因素有关呢？关系质量和个体特质一直被认为是自我—他人一致性相关高低的重要影响因素，判断者和目标对象的关系质量以及目标对象被评估的特殊特质影响了判断的准确性。关于一致性相关随观察者与目标对象关系类型不同而异的研究表明，熟悉的个体之间对彼此的人格判断好于来自陌生人的判断，人格判断的准确性可以随着关系质量的变化而变化（Watson，Hubbard，& Wiese，2000）。在人格判断中，随着与目标对象关系质量的增进，自我—他人一致性也会提高。更好的关系质量意味着判断者有更多的机会观察到目标对象表现出来的相关行为。这表明在人格判断中存在着一种关系效应（relationship effect），即判断者对判断目标越了解，

对目标的人格判断越准确 (Letzring, Wells, & Funder, 2006)。

诺曼和戈德堡 (Norman & Goldberg, 1966) 的研究较早发现了人格判断中关系效应的存在。随着交往的深入，人们对彼此人格的判断会更加准确，这可以用范德的现实准确性模型来解释，该模型强调，准确的人格判断有三个基本假设：其一，人格特质是存在的；其二，人格判断至少有时是准确的；其三，人们会对他人作人格判断。现实准确性模型预测，判断者和目标对象之间拥有更多的信息和更强的关系会导致准确性的普遍提高。已有的研究发现，不同的关系质量会对不同特质的评估产生影响，陌生人对神经质、开放性、宜人性和责任心的评估比自我评估显示出更高的相关，外倾性评估的自我—陌生人一致性相关显著。在另一项研究中，184 个判断目标由自我、大学生熟人、同乡熟人、父母和陌生人作出人格判断，结果表明，在相同情境下，对判断目标的熟悉度提高了内部判断的一致性，熟人作出的人格判断比陌生人的判断有更高的内部一致性和自我—他人一致性 (Funder et al., 1995)。总之，关系效应已经通过陌生人、自我挑选的朋友以及恋人之间更低的一致性相关得到了验证 (Borkenau & Liebler, 1993)。

根据现实准确性模型，关系质量高的个体之间有更多的机会来展现、观察和解释与特质相关的线索，因而人格判断会更准确。此外，关系效应的产生还可能与动机性因素有关，受动机的影响，人们倾向于像评价自我一样去评价他们的朋友，他们不仅将自己往好的方面去评价，而且还将他们的朋友也看作积极的、有能力的、有道德的人，这使得朋友对彼此的判断比非朋友对彼此的判断有更高的一致性，而这种倾向在判断不太喜欢的他人时会表现得更弱些 (Murray, Holmes, & Griffin, 1996)。受动机因素的作用，不同的关系背景影响了人们对特质的观察和信息的获取，观察目标对象的哪些特质以及关注哪些信息都包含着动机的成分。

## 1.4 陌生人、熟人与自我的判断

当人们对特定的目标人物进行人格判断时，如果目标的自我判断与他人判断较为一致，那么可据此推测判断的准确性较高；但是当目标的自我判断与他人判断不一致时，谁的判断更准确呢？已有的相关研究发现，对于相同的特质，来自朋友的判断相比来自陌生人的判断，其与个体自我判断的一致性更高；来自恋人或家人的判断相比来自一般朋友的判断，其与个体自我判断的一致性更高；个体对熟人的判断相比对陌生人的判断，其自我—他人一致性更高 (Funder et al., 1995)。研究者比较了自我与熟人人格判断的准确性，将人格特性的自我和熟人判断用来预测录像的标准行为 (Kolar, Funder, & Colvin, 1996)，结果表明，由单一熟人作出的人格判断的预测效度稍微优于自我判断，而由两个熟人作出的聚合的人格判断明显优于自我判断。这一结果意味着与整体行为模式相关的人格判断最有效的来源或许不是自我报告，而是某一同伴团体判断的一致性。这些较早的研究揭示，在人格判断中，关系质量及相识水平在一定程度上导致了人格判断的不对称，影响了判断的准确性。从理论上讲，从陌生人到同伴、朋友、情侣再到配偶，随着判断者与目标的心理距离逐渐缩小，他们接触到的关于判断目标的信息数量和质量会不断增加，因此判断的准确性也会随之提高。

由于与判断目标的熟悉程度不同，作为配偶的他人与作为一般朋友的他人的判断自然会有差异，相识时间长的朋友应当比相识时间短的朋友作出的判断更准确。换言之，判断者与判断目标的关系质量（以熟悉度为基础）决定了人格判断的准确性。研究发现，与陌生人（只在录像中看到判断目标约 5 分钟）相比，熟人（认识判断目标至少一年）作出的人格判断与判断目标的自我判断有更高的一致性（Funder & Colvin，1988）。库尔茨和谢克（Kurtz & Sherker，2003）考察了相识 2 周和 15 周后大学室友特质评定中的自我—他人相关。研究发现，无论是相识 2 周还是 15 周，神经质、外倾性、开放性、宜人性和责任心这五种人格特质的自我—他人相关都明显增加，责任心的一致性显著高于外倾性，关系质量的差异没有调节自我—他人一致性；然而，在控制同一特质的自我评定后，关系质量越高，外倾性、宜人性和责任心的他人评定越高，神经质的他人评定则越低。

由于亲密他人（如情侣）比一般陌生人拥有更多关于判断目标内在特质方面的信息，因此，朋友评定与自我评定比陌生人评定与自我评定更加一致。但是，基于相识时间长短的熟悉度并非在任何情境中都起作用。当在一个陌生人曾看到而熟人没看到的情境中对目标行为进行预测时，熟人相对于陌生人的优势会消失（Colvin & Funder，1991），研究者将这种现象称作熟悉效应的边界。纵向研究表明，几乎没有证据支持熟人之间的一致性随相识时间的增加而增强（Park，Kraus，& Ryan，1997）。按照肯尼（1994，2004）提出的加权平均模型（WAM），如果判断者能完全地看到判断目标的重叠行为或以同样的方式精确地解释所看到的行为，那么此时自我—他人一致性不会随着熟悉度的增加而增强。

## 1.5 特质特性的调节作用

在关系质量影响人格判断的过程中，特质特性是影响判断准确性的重要调节变量。人格判断研究兴起于 20 世纪早期，该领域的研究与特质理论的产生休戚相关。如果特质确实存在，那么与个体亲近的人就应该能观察得到这些特质。可以预测，与目标对象关系好的个体对目标的判断和目标对象的自我判断之间有较高的相关关系，这种相关在婚龄较长的夫妇之间特别显著（Watson et al.，

2000）。受动机因素和自我服务偏向的影响，个体在对自我进行判断时，主要是基于内部的情感和思想，更多的是关注内在的动机成分；而在对他人进行判断时，个体主要是基于他所观察到的外部行为表现（Pronin，2008）。对于具有明显的外在行为表现的特质（如健谈的），个体对他人能作出较为准确的判断，而对于不具有明显的外部行为表现的特质（如焦虑的），熟悉的个体之间才能作出较为准确的判断。

特质具有的可观察性、可评估性、模糊—清晰性及社会赞许性等特性使其与关系质量之间存在复杂的联系。特质的可观察性效应不仅存在于关系好的个体之间，在陌生人当中该效应最为显著。一些特质确实比其他特质更容易观察得到，如具有明显行为表现的外倾性，即便是陌生的判断者也容易观察到，其他内在的特质如神经质，在陌生人判断中的一致性几乎为零。早期的研究发现，对于外倾性，自我—他人一致性相关在陌生人中最高（$r = 0.38$）（Norman & Goldberg，1966），这一研究结果在后来得到了重复验证。研究还发现，关系质量和特质的可观察性对自我—他人判断一致性存在交互作用：关系的增进会使得可观察性对一致性的决定作用减少，陌生人对不可观察的特质通常难以作出正确的判断（Paunonen，1989）。研究者提出了自我—他人一致性相关中特质差异随关系质量增进而变化的曲线：外倾性比其他四种特质显示出更高的自我—他人一致性，随着关系质量的增加，外倾性判断的一致性提高很少，神经质判断的一致性则逐渐得到提高（Park & Judd，1989）。

然而，与一个人相识时间长（熟悉度高）不足以保证对判断目标的人格特质有更多的了解，相识水平更高，一致性与可观察性之间的联系也未必更紧密。研究发现，随着关系的发展，自我评估与他人评估具有相反的稳定性，即随着相识时间的加长，个体的自我评估相当稳定，而他人的评估却非常不稳定（Kurtz & Sherker，2003）。可见，在关系质量影响判断准确性这一个因素中，特质的可观察性作为重要的调节变量只是相对于陌生人而言的。克伦巴赫认为，个体更倾向于和与自己有共同特性的人进行社会交往，因此，对熟悉个体的准确判断只要通过呈现与自我相关的信息就可以获得，即人们在对熟人进行人格判断时存在假定的相似性——个体将别人想象成与自己相似的一种倾向。一般而言，特质的可观察性较低时，个体会表现出更高水平的假定相似性，假定相似性与一致性呈负相关（Watson et al.，2000）。然而，在对朋友、恋人和已婚夫妇的研究中，研究者并没有发现假定相似性的证据（Watson et al.，2004）。

## 链接：个人空间的间距及其应用

如果你能了解人类对个人空间的那种微妙感觉，你就会更加注意自己的言行，而且在跟别人进行面对面交往时，你也能更准确地判断他们的反应。在研究人类的"领地占有欲"方面，美国人类学家爱德华·霍尔（Edward Hall）无疑是一位先驱，他在 20 世纪 60 年代早期创造性地将这一学科命名为空间关系学（proxemics），霍尔在这一领域的研究让我们对人际关系有了耳目一新的认识。以下是空间关系学提出的四种个人空间距离。

（1）私密空间。其半径大小为 15 厘米至 45 厘米。在所有不同模式的个人空间中，私密空间的间距是最为重要的，因为人们对于这个空间有着非常强烈的防护心理，就像对待自己的私有财产一样。只有在感情上与我们特别亲近的人或者动物才会被允许进入这个空间，比如恋人、父母、配偶、孩子、知己、亲戚或宠物等。在这个空间里，还有更为私密的一个区域，那就是与我们的身体间距小于 15 厘米的区域。一般来说，只有在进行私密的身体接触时，我们才会允许他人进入这个区域，我们称之为特别私密空间。

（2）私人空间。其半径大小为 0.46 米至 1.2 米。我们在鸡尾酒会、公司聚餐以及其他友好社交场合，通常会与他人保持这样的距离。

（3）社交空间。其半径大小为 1.22 米至 3.6 米。在跟不太熟悉的人打交道时，我们会跟他们保持这样的距离，例如初次见面的人、上门维修的水管工、邮递员、街边便利店的店主、新来的同学或同事等。

（4）公共空间。其半径大小为 3.6 米以上。当我们在一大群人面前发言时，我们往往会选择这个区域，因为大于 3.6 米的间距会让我们感觉比较舒服。

别人一般会在两种情况下进入我们的私密空间：其一，入侵者是一个关系密切的亲戚或朋友，也可能是爱抚我们的情侣；其二，入侵者有敌意，甚至准备对我们进行攻击。正如我们上面看到的那样，人们只能容忍陌生人进入自己的私人空间或社交空间。因此，一个闯入私密空间的陌生人会让我们的身体立刻产生生理反应——我们会心跳加快，大量的肾上腺素会注入血管，血流把肾上腺素传送到大脑和肌肉，于是，我们的身体就做好了随时出击或者逃跑的准备。

如果你想给别人留下好印象，就一定要遵守"保持身体间距"这一黄金法则。只有在和别人的关系更加亲密的时候，别人才会愿意让我们进一步靠近他。例如，一个新来的员工在刚开始跟同事打交道时，可能会觉得其他人都对他很冷淡，但这只是因为大家都还跟他不熟，所以只会让他进入社交空间。随着大家彼此之间的了解逐步加深，身体之间的间距就会逐渐缩短。最后，其他同事会愿意让这位新员工进入他们的私人空间，如果相交甚笃，甚至可以进入私密空间。

（资料来源：［英］亚伦·皮斯，芭芭拉·皮斯（2007）．身体语言密码．王甜甜，黄佼译．北京：中国城市出版社，pp. 156 – 158.）

# 2 信息数量与人格判断

信息数量是人际关系影响人格判断的一个重要调节变量，是指可被利用的有效信息的数量。信息数量的提出基于这样一种假设，即人们接触到被评估对象人格的信息越多，据此所作出的人格判断就越准确。研究表明，知觉者掌握信息的数量决定了人格判断的准确性（Beer & Watson，2008）。一般而言，对判断目标掌握信息数量最多的是自我，接下来依次为配偶或家人、恋人或最好的朋友、同伴或陌生人。当判断目标是认识多年、在很多情境下与之接触的人（如家人或好朋友）时，人们有更多的机会观察其行为表现，与之交流思想和情感，因而对他们的判断也可能更加准确。而有些判断目标，如新同学或新同事，可能只在有限的情境下接触过，和他们的交往更多是礼节性的，不会涉及太多有关个人的真实信息，因而双方的了解相对不深，加之时间不长，所了解到的信息数量非常有限，彼此的人格判断也具有更多的不一致性和不准确性。

## 2.1 信息数量与内隐人格理论

信息数量的假设认为，获得更多关于目标对象人格信息的判断者将作出更加准确的人格判断，朋友之间比非朋友之间的判断更为一致，这种一致性的提高很可能是信息增加的结果。较早的研究发现，熟悉度增加了个体对于他人信息数量的获取，并导致个体获得与他人的自我概念更加一致的判断（Funder & Colvin，1988）。最近的研究结果支持了信息数量对人格判断准确性的影响，即暴露时间越长（更多数量的信息呈现），自我—他人一致性也越高（Beer & Watson，2010）。人们在对他人进行观察和评估时，可能会基于外貌的微妙线索（如身体吸引光环效应）或第二信息源（如别人关于个体的描述）对个体的普遍特质或倾向作出评估，也可能会基于判断者对人格的内隐看法即内隐人格理论（implicit personality theory）作出判断[1]。内隐人格理论是指人们对特质之间的相关关系可能有一个预定的看法，因此可以借助一种特质的信息去填补另一种特质的信息。

---

[1] 布鲁纳和塔居里（Bruner & Tagiuri，1954）首次提出这一概念，认为内隐人格理论并非一般意义上的人格理论，而是普通人在人际交往中的一种信念，它由我们关于哪些类型的人格特质会组合在一起的观点所组成。换句话说，内隐人格理论不是心理学家的人格理论，而是普通人对人的基本特性所持有的基本认知图式或朴素理论。内隐人格理论决定了个体对他人基本特性的认识，从一开始就影响了个体与他人的交往。

当存在与特质相关的特定信息时，人们不需要依赖内隐人格理论对他人进行判断；当没有这些相关信息时，判断者的内隐人格理论会影响他们对判断对象信息的关注，如内隐的刻板印象，并影响其观察到的信息数量（Beer & Watson，2008）。

在人格判断中，当我们掌握的信息数量很少时，内隐人格理论就提供额外的信息来填补空白。当我们尝试了解他人时，我们将对这个人仅有的一点观察了解作为起始点，然后运用我们的内隐人格理论来进行更完整充分的理解，这种理论让我们得以更迅速地形成印象，而无须花费数周时间来与人相处，并了解他们的本性（Aronson，Wilson，& Akert，2012）。在与陌生人或不太熟悉的人交往时，我们常常会运用少数已知的特征来判断他人具有哪些人格特点。如果一个人很善良，那么我们的内隐人格理论会告诉我们，他很可能也很大方；如果一个人很吝啬，那么我们的内隐人格理论会告诉我们，他也可能暴躁易怒。但仅仅依靠内隐人格理论作出的判断有可能是错误的，例如，认为长得漂亮的人心地也善良。由于内隐人格理论随时间和经验的积累而发展，而且具有跨文化的差异（Aronson et al.，2012），因此在对人知觉中很可能产生偏见或刻板印象。例如，如果美国人认为某人是"乐于助人"的，那么他们也会认为他是"真诚"的，一个"务实"的人会被认为也很"谨慎"（Rosenberg，Nelson，& Vivekananthan，1968）；中国人则认为有一种"世故型"的人，他们"精于处世之道，顾念其家人，具有很强的社交能力，并多少有点沉默自制"（Aronson et al.，2012，p. 111）。

## 2.2 关于熟悉效应的研究

许多研究考察了信息数量与人格判断准确性关系，包括信息数量与不同判断者之间的一致性以及信息数量与自我—他人一致性之间的关系。但是一些研究者混淆了一致性和自我—他人一致性与信息数量的关系。严格地说，准确性和一致性随着信息数量增加而提高的效应称作熟悉效应或熟人效应（acquaintanceship effect），熟悉效应指的是自我—他人一致性随着判断者与判断目标的熟悉度的增加而提高的一种现象，它会影响判断的一致性和准确性。这种效应假定，人们之间认识得越久就越有可能获得更多关于彼此的信息。

布莱克曼和范德（Blackman & Funder，1998）通过实验研究考察了可用信息的数量对人格判断内部一致性和自我—他人一致性（准确性）的影响，360 个被试分别观看了 6 个目标人物 5～10 分钟、15～20 分钟、25～30 分钟的录像。结果表明，最长观察条件下比最短观察条件下所作出判断的准确性更高；在这种整体差异内，信息对准确性的线性影响只是对那些最易观察到的特质才比较强烈（显著），包括与外倾性相关的特质。对于任何特质，最短的观察时间也可以达到相当高的一致性，这种一致性不会随观察时间的延长而变化。在与目标人物平均相识时间 14 个月的不同熟人群体中，准确性和一致性都比知觉者观看 30 分钟后更高。进一步分析表明，信息越多，一致性与准确性的联系也越紧密，即使一致性水平没有发生变化。通过对大五人格的分析发现，认识很久的熟人比一面之交不太熟悉的人一致性水平更高。通常情况下，在组间设计中，熟悉度高和熟悉度低的小组其有效信息的数量有较大区别，研究显示，高一致性与高熟悉度紧密相关，有效信息的区别在熟人之间的差异较小。因此，当用自我—他人一致性作为效标时，组间设计研究一般都支持熟悉效应。例如，那些看了有关被判断目标的非结构性访谈录像带 25~30 分钟的人比观看了 5~10 分钟的人自我—他人一致性更高，那些与目标人物同宿舍 10 个月以上的人比少于 10 个月的人对目标有更好的了解。在组间设计中，信息数量在所有熟悉度水平上与自我—他人一致性呈线性正相关。

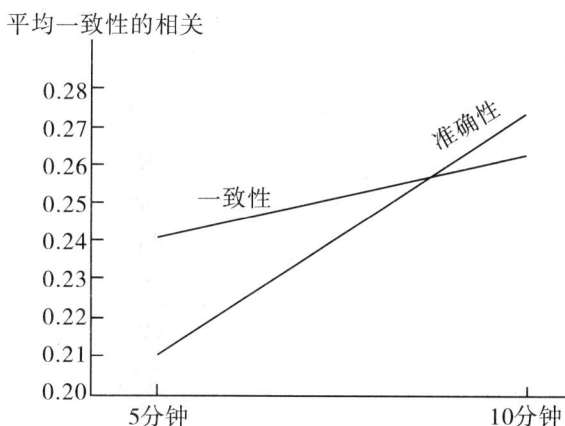

图 5 - 2　5 分钟至 10 分钟熟悉时间的准确性和一致性

（资料来源：Blackman & Funder，1998，p. 117）

　　然而，现实生活远比实验室研究复杂，我们很难人为地选择跟哪些人相处久些而跟另一些人短暂相处，倘若如此就很容易造成自变量的混淆，我们分不清是熟悉度还是与目标的相似性、相同的兴趣爱好对判断准确性造成影响。因此，一些研究者试图用组内设计的方法来检验熟悉度效应，即将被试分配到所有的熟悉度水平。先前的研究显示，随着熟悉度的增加，一致性保持稳定，而自我—他人一致性则随之增加。进一步分析显示，一致性不会随着人们每天在实验室和自然条件下见面从 8 分钟到 2 小时的增加而提高。究竟是什么导致了一致性和准确性（自我—他人一致性）之间的差异呢？可能是因为判断者通常基于肤浅的刻板印象和其他潜在的错误线索作出判断，所以判断者对判断对象的第一印象彼此一致。由于判断者都有这些刻板印象，因此，尽管他们作出的判断在很大程度上是错误的，但是一致性很高。然而，在观察判断对象一段时间后，判断者开始放弃刻板印象，观察真实的判断对象。结果是判断对象之间的一致性提高不显著，但准确性得到了提高（Funder，2009）。

研究者认为，是否存在熟悉效应主要取决于研究设计是横向研究还是纵向研究，以及研究特质本身的可观察性。许多研究发现，横向研究趋于支持熟悉效应，而纵向研究没有发现相识时间与一致性之间存在熟悉效应。为什么会出现关于熟悉效应相互矛盾的结果呢？一种可能的解释是，要确定准确性是否随熟悉度的增加而提高，以一致性作为准确性的指标是不恰当的。布莱克曼和范德（1998）的研究发现，即使给判断者提供更多的信息，也不会影响不同判断者之间的一致性。另一个可能的解释是，过去的研究简单假设人们认识越久，彼此之间获得的信息也越多。其实这种假设是不合理的。要判断一个人在长时间交往过程中是否获得了更多对方的人格信息，最好的方法就是直接测量人们对判断目标客观信息的了解情况。具体的做法是，要求参与者回答一系列关于判断目标的真实问题，这些问题来自于他们在初次见面时可能了解到的信息。这种方法是为了检验参与者是否在经过一段时间的认识和了解之后获得了更多关于对方的信息。如果这种处理是成功的，那么我们将看到人们对对方越了解，获得的人格信息也就越多。

## 2.3　熟悉度与假定相似性

根据肯尼（2004）的界定，假定相似性（assumed similarity）是指知觉者看待自己的程度，以及他以相同的方式看待他人并将他人知觉为与自己相似的一种倾向（Beer & Watson，2008）或某种概化的他人（Cronbach，1955）。运用社会关系模型（SRM），假定相似性可以通过自我知觉与知觉者效应之间的相关进行评估，例如，如果张三友好地看待他人，那么他人也会友好地看待张三。假定相似性是对人知觉中最古老的问题之一。很难知道假定相似性是否反映了一种心理过程或一种方法效应，然而，根据广泛的实验证据，假定相似性是真实存在的。研究表明，假定相似性效应在大五人格的宜人性特质中最为强烈，且随着相识度而增加。尽管人们可能会认为假定相似性存在于群体间成员的评定中，但研究中并没有发现这样的效应。

在逻辑上可以这样假设，当特质信息不太容易获得时，判断者会作出一种假设，即他人与自我或某个假想的、理想的人相似。计算假定相似性的一般方法是求个体的自我评定与其他群体成员每一个人评定的平均数的相关。正如预期的那样，比尔和华生（2008）发现，假定相似性在神经质上有统计上的显著性（$r = 0.32$），而在外倾性上几乎为零（$r = -0.07$）。这似乎证实了这样一个原则，即人们在判断更容易观察的特质时主要是基于真实的信息，而判断那些不太容易观察的特质时主要基于自我启发式的描述（Beer & Watson，2008）。评定者自己的人格投射到目标评定中的程度与自我—观察者一致性有负相关（$r = -0.60$），同时与特质的清晰度也有明显负相关（$r = -0.73$）。当一个观察者要求在难以判断的特质上评定一个目标时，他更倾向于将自己的人格投射到目标上。研究还表明，自我—观察者一致性在中性特质上比在社会偏好的人格特质上更高（John & Robins，1993）。在社会赞许性高的人格特质上，判断者似乎更容易受他们的期望而不是关于人格特质的真实信息引导，这样可能导致更低的自我—观察者一致性。

在比尔和华生（2008）关于零相识（zero acquaintance）情境下的人格判断研究中，被试在小组讨论中评估了先前不认识的被试（$N = 218$），他们在下面两个方面进行自我评定和相互评定：①大五人格；②社会政治态度。结果表明：关于外倾性，自我—陌生人相关显著，此外，在评定节俭、活泼性、传统性、保守主义和吸引力时，研究发现也有显著的一致性。神经质、宜人性和责任心存在假定相似性相关，而且，与先前的研究结果一致，在一致性与假定相似性之间有明显的反向关系。最后，神经质、开放性、宜人性和责任心之间的相关，陌生人的评定显著大于自我评定，表明这些同伴的判断不太复杂。这些研究者还将"大五"的结果与早期不同相识度样本的研究结果作了比较，发现陌生人的评定具有较低水平的自我—他人一致性特征（除外倾性之外的所有特质）和某种较高水平的假定相似性（对神经质和宜人性的评定）。

## 2.4 人际取向与人格判断

研究显示，好的判断者是那些投身于发展和维持人际关系的人，有时称这种风格为交际性。一项关于人际取向与人格判断准确性的研究发现，在交际性测验分数上较高的男性和女性（特别重视人际关系的）作出的人格评估更加准确（Vogt & Colvin，2003）。另一项研究发现，有些人对他人的判断很概括或者很刻板，他们倾向于用讨人喜欢的话来描述，这样的结果也倾向于更加准确，因为大多数人实际上表现出来的就是那些一般的特点：诚实、友好、和善、乐于助人（Letzring & Funder，2006）。那些准确地用积极的语言描述他人的判断者也会被认识他们的人描述为是热情、友爱并富有同情心的，而不会被认为是骄傲、焦虑、易冲动或者多疑的。

那些在发展和维持人际关系方面更加投入的人能否对他人的人格特征作出更准确的判断呢？早期研究并没有得出一致的结论。沃格特和科尔文（Vogt & Colvin，2003）的研究提供的概念性框架和使用方法克服了过去关于判断准确性研究中的许多问题。在四个不同场合，研究者让 102 名判断者观看了一段 12 分钟一对一交流的视频，并要求他们描述所设计的目标人物的人格。判断者的人格特征由自我、父母及朋友进行描述。结果表明，心理交流与判断者在评定目标人物人格特征时的准确性呈正相关，女性比男性更具有社会性，并能提供更准确的判断；控制性别影响后，社交性与准确性的关系仍然存在。这一初步的研究结果表明，人际取向的个体有时能够把握自己及刻板印象中的他人信息，从而更有助于对他人作出准确的判断。

# 3　信息质量与人格判断

当信息数量不变时，关系背景和交往质量往往会影响相关人格信息的获得，从某种程度上讲，在决定人格判断准确性的因素中，信息质量（是指与人格相关的区别于他人的有效信息）比信息数量更重要。一个人偶尔或不经意暴露的内心秘密可能比他日常生活中表现出来的大量言行举止更能够反映这个人的真实人格，据此作出的判断也可能更准确。从进化心理学的角度来讲，为了自我保护和发展，个体与他人的交往不可能一视同仁。我们会和家人、朋友讨论比较私密的话题，而与不熟悉或陌生的人谈论比较公开的话题，因此，关系质量的不同不仅影响了信息数量的获得，而且还会导致所获人格相关信息的质量不同，并影响到人们相互之间的人格判断。

## 3.1　不同信息类型对人格判断的影响

不是所有类型的信息对人格判断准确性都有同等重要的作用，我们经常看到，有些人在很短的时间内就非常了解对方，而有些人即使认识对方很久却依然不是很了解。安德森（Anderson，1984）的研究首次证明了信息质量与自我—他人一致性的关系。研究者使用访谈录音考察了信息质量对人格判断的影响，判断者听了一些他们不认识的参与者的访谈内容。在访谈中参与者被问及他们的想法和感受，或是一些日常活动，然后要求判断者使用一系列特质词描述参与者的人格特点。研究发现，观察讨论思想感受问题的面试比观察讨论习惯爱好的面试所获的人格评估的自我—他人一致性更高，说明思想感受比习惯爱好的信息质量更高，因此，了解判断目标想法和感受的判断者与判断目标之间的判断更为一致，这种一致性显著高于那些只了解判断目标习惯和活动的判断者。另一项研究发现，在非结构化情境中相遇的人，可以谈论任何想谈的内容，相对于留有较少闲谈空间的正式场合，人们在这种非结构化情境中的人格判断更准确（Letzring et al.，2006）。该研究还发现，那些刻意去了解对方的人所作出的评价，其准确性比那些闲谈的人们作出的判断只高一点点。

从工作面试到情侣约会，人际交往中人们相互之间诉说各自所关心的事情及其价值观是很平常的事，但并非所有通过交流传递的信息对人格判断都同等重要。为了揭示"旁观者眼中的公开"的作用，普罗宁（Pronin）等人（2008）在6个实验中检验了这一假设，即人们对于自己价值观的自我揭露比在其他人面前的暴露更多。研究者在一系列实验中证实了这一效应，从认同感、独特信念到那些最重要的价值观，研究揭示了在当事人的感受中，最重要的价值观对他们的判断尤其重要。比尔和华生（2010）在陌生人当中考察了暴露（exposure）和信息对自我—他人一致性的影响。为了测试暴露的作用，研究者比较了看一张目标人物静止照片的知觉者与看一段目标人物视频短片的知觉者的差异。为了测试信息的作用，这些研究者向参与者提供了包含特质的句子，并比较了源于静止照片的知觉结果。研究发现，自我—他人一致性随额外信息和暴露呈现可预测性的波动。此外，对已被接受信息的特定特质和与特质判断相联系的其他特质，提供特定的特质信息能够提高自我—他人一致性。

最近，比尔和布鲁克斯（Beer & Brooks，2011）对344名互不相识的大学生进行小组循环评定设计，以考察不同类型信息及其质量对人格判断准确性的影响。实验要求一组被试暴露自己生命中非常重要的三件事，要求另一组被试暴露三个与人格有关的区别性事实（使他们区别于其他的人）。前者作为价值信息组，后者作为事实信息组。其中价值信息包括家庭和朋友、宗教信仰、教育/知识、经济条件、幽默/乐趣、健康/体育活动、能力/技能、社会交往/关系、自发性、诚实/信任、创造欲望、代理/经理、混合的人格等方面；而事实信息则包括习惯、偏好、兴趣爱好、能力/技能/特殊训练、特质（人格或生理特质或条件）、财产/收藏、个人生活史、职业（工作、简历、职业伦理）、家庭或朋友信息、造诣、目标/梦/抱负、国家或民族认同、恐惧或厌恶、宗教信仰等方面。研究结果表明：①人们相信价值信息比事实信息更加与人格相关；②就普遍的准确性而言，尽管一种条件并不比另一种条件有明显的优势，但对于特定的特质，两种条件下存在一定的差异；③在大五因素中，无论是在何种条件下，外倾性的一致性明显高于其他四种特质（如图5-3所示）。

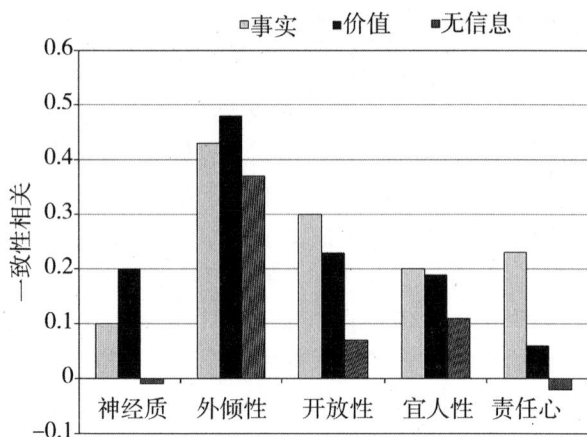

图 5-3　自我—同伴一致性：各种信息的暴露效应

（资料来源：Beer & Brooks，2011，p. 180）

在实证研究的基础上，比尔和布鲁克斯（2011）提出了一个信息质量的工作模型，如图 5-4 所示。从模型中我们可以看出，信息质量取决于直接交流和行为观察两个方面：①直接交流从其来源可分为与本人、熟人和陌生人的交流，从内容领域可分为个人价值观和区别性事实两种；②行为观察可根据情境类型和渠道进行划分，情境类型包括强情境和弱情境，行为观察的渠道有听觉的、视觉的以及视听结合的。已有的研究证明了情境强弱（Sherman，Nave，& Funder，2010；Yang，Read，& Miller，2006）、行为观察的不同渠道（Ambady & Rosenthal，1992；Borkenau & Liebler，1992）以及信息来源中具体特质的质量（Vazire，2010）对判断准确性的影响。比尔和布鲁克斯（2011）则向划分和理解直接交流信息的不同内容领域迈出了第一步，未来的研究应该集中于使这一领域的研究系统化。也许在内容领域和资料来源之间还有可能存在一种交互作用，以至于由知识渊博的报告者提供的价值信息并不比自我表露的价值信息更利于作出准确的人格判断。

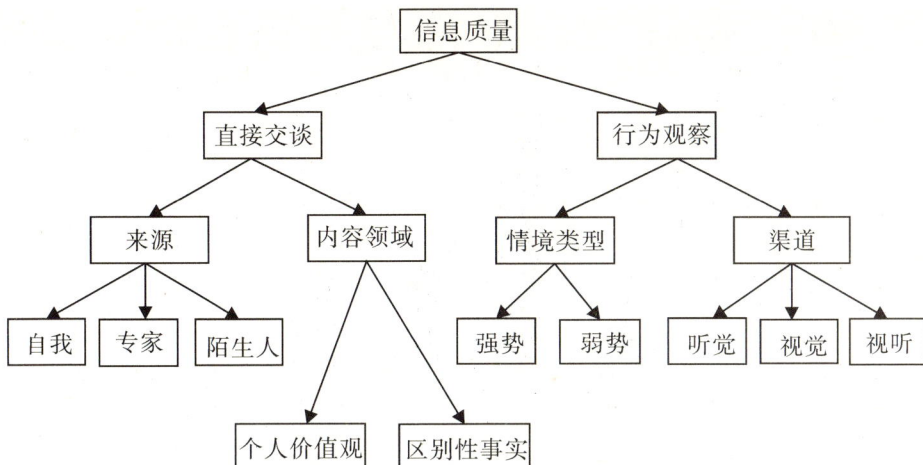

图 5-4　信息质量的工作模型

（资料来源：Beer & Brooks，2011，p.182）

**链接：个人表露对人格判断的影响**

　　社会心理学的一项有趣研究表明，个体倾向于相信个人价值观的表露（revelation）比那些平常的即便是个人的信息更有助于他人判断他们的人格。换言之，表露者相信，与价值观相关的信息对于他人理解他们的能力更重要，而其他类型的信息在很大程度上都是无关紧要的。然而，从判断者的角度来讲，事情还有细微的差异。当判断者同意价值观比其他个人事实信息量更丰富时，他们认为其他个人事实比表露者的所作所为更重要，亦即价值观并不比表露者的所作所为更重要（Pronin，Fleming，& Steffel，2008）。最近的研究表明，关于何种类型的信息最有启发价值取决于这些信息是用于判断人格还是被判断人格。表露者相信，告诉某人他的价值观实际上比讨论不太重要的个人信息对人格判断更有用，然而信息的接受者往往忽视了这一质量上的差异（Pronin et al.，2008）。那么，何种类型的信息确实能够促进更准确的人格判断呢？

　　当事人（或表露者）和观察者（或判断者）关于什么信息在人格判断中作用更大并不总是一致的（Pronin et al.，2001）。或许，要理解陌生人的人格知觉，最好的方法是去考察人们如何知觉熟人的人格，以及个体判断亲密他人的人格有多准确。熟悉度效应表明，随着人们之间逐渐相互认识，他们对彼此的人格判断也更准确（Beer & Watson，2008）。

　　为了考察个体基于不同类型个人信息的人格判断能力，比尔和布鲁克斯（2010）在一项研究中比较了价值观表露和有趣的、区别性事实表露对判断准确性的影响。研究中要求小组成员相互吐露核心个人价值观（如宗教信仰对我来说非常重要）或有趣的个人事实（如我喜欢骑马），然后对自己和小组其他成员进行人格判断。这些研究者随后比较了表露者自我评定的人格特质与他的小组成员判断的人格特质，研究结果表明，尽管这两种条件下各种特质的自我—他人一致性有某些显著性差异，但是并不能确定单一类型的个人信息在获得更高的自我—他人一致性中更有用处。尽管如此，一致性的差异表明，不同类型的个人信息决定了作用的大小，且依赖于被判断特质的特质。

从下表中我们可以看到，两种条件下自我—他人一致性最高的是外倾性，这种相关在不同条件下没有太大差异，这可能归因于外倾性的可观察属性。令人比较费解的是关于责任心和神经质的自我—他人一致性在两种条件下的差异，区别性事实的表露通常与习惯性行为相关，它可以为责任心在这一条件下显著的一致性提供一种可能的解释，那么关于神经质在核心价值观条件下具有显著的一致性应该作何解释呢？这是未来研究中应该着手解决的有趣问题。

**两种判断条件下的自我—他人一致性（$r$）**

| 大五人格 | 区别性事实（$N = 162$） | 核心价值观（$N = 174$） |
| --- | --- | --- |
| 神经质 | 0.10 | 0.20[*] |
| 外倾性 | 0.43[**] | 0.48[**] |
| 开放性 | 0.30[*] | 0.23[*] |
| 宜人性 | 0.20[*] | 0.19[*] |
| 责任心 | 0.23[*] | 0.06 |

（注：＊表示$p < 0.05$；＊＊表示$p < 0.001$.）

（资料来源：http：//www. uscupstate. edu/uploadedFiles/Academics/Undergraduate_ Research/Reseach_ Journal/2010_ 013_ ARTICLE_ BEER_ BROOKS. pdf.）

## 3.2 私密信息的重要性

关于我们自己，我们拥有比别人更多的信息，这种信息的不对称有助于我们解释个体为什么很难准确地知觉别人对他们的看法。一个人在观察者面前的表现，取决于个体如何利用对观察者有用的公共信息，并且忽略观察者没有把握的私密信息。钱伯斯（Chambers）等人的一系列实验结果表明，当人们知觉他人对他们的看法时，人们利用了自我了解的他们自己过去的成就、他人的成就以及想象的成就（Chambers et al. ，2008）。这种倾向能够用来解释为什么人们对于自己被他人判断的看法有别于被他人真实的判断。一些研究表明，在一次失败的或尴尬的错误判断之后，人们会过高估计观察者对他们的判断。这种错误来源于人们没有考虑到观察者重视的信息。人们对观察者与那些犯尴尬错误的人的移情和同情的倾向考虑不足，他们没有考虑到像观察者一样全面的"非核心"信息（Epley, Savitsky, & Gilovich, 2002）。

其实，一个人对观察者看法的直觉，其困难不仅在于没有考虑到观察者考虑的信息，而且积极地使用了观察者没有考虑的信息（的确没有接触到）。一个人被人知觉的信念被评估个体根据情境信息所获得成就的倾向所歪曲，这些信息对观察者来说是不可用的，然后再用这一自我评估作为直觉他们印象的一种指引。人们在直觉他人如何看待他们时，发现很难忽视他们所了解的私密信息。私密信息，正如法庭上不被接受的证据那样，能够深刻地影响到人们如何编码和评估一件事，以至于能够纠正这一信息的私密特性。这种困难能够解释为何人们在估计别人眼中的他们时会出错。

私密信息的影响之所以是日常生活中判断失误的有力决定因素，是因为人们掌握的关于自己信息的数量与他人了解到的信息数量不对称（Nisbett et al., 1973）。人们对其内在的思想和情感的接触占有优势，他们随时随地地观察自我，从一个时间持续到另一个时间，而他人观察到的只是孤立的事件。因此，个体能够在一种丰富的情境下体验其生活中的事件，并且能够保证较好地理解每一事件的相关信息，这些信息对他人来说通常不具有利用价值。当这种私密信息与个人的公开表现（对他人是可利用的）不一致时，就有可能在个体期望被判断与个体真实被判断之间产生分歧。

期望被判断与真实被判断的分歧来源于这样一些证据。首先，研究结果表明，人们倾向于认为自己的心理状态就是他人的心理状态（Epley et al., 2004）。这种自我中心除了影响他人与个体的信息及主观知觉的相同程度外，还导致了个体高估他人接触其内在思想和个人特性的程度（Savitsky & Gilovich, 2003）。由于人们通常很少意识到背景信息对他们如何编码和评估事件的影响，因此在知觉他人的印象时，他们可能不会积极努力去揭示这种影响（Hsee & Zhang, 2004）。其次，与已有的研究结果一致，研究表明，更多的信息会降低准确性（Hall, Ariss, & Todorov, 2007）。的确，个体关于自己的知觉经常会削弱自我判断的准确性（Epley & Dunning, 2006）。我们认为，个体成就背景的私密信息会歪曲他对别人如何看待他的信念。换言之，正是因为人们对自己了解太多，所以他们很难知道别人对他们的看法。

在一种丰富的情境背景中，个体生活中的经历和体验通常对于他人是无用的。钱伯斯等人（2008）的研究也表明，这种私密的背景信息（过去的成就，他人的成就，甚至是想象的成就）影响了人们如何评估自己，然后影响到他们如何期望被他人评估。这可以帮助我们解释为何人们难以准确地知觉他人对他们的印象，尽管进行了重复的练习，并且特别渴望准确。我们认为有两个重要原因可以解释为何人们以这种方式使用私密背景信息。首先，私密背景信息会在编码时影响知觉，干扰自我评估的准确性。中介分析表明，私密背景信息影响了被试的自我评估，然后，这种评估又影响到被试对他人判断的信念（Chambers et al.，2008）。其次，即使能够识别私密背景信息的消极影响，旨在消除和纠正这种消极影响的做法是不够的。人们可能会从自己的自我评估开始，然后进行一系列的调整过程，直至获得一种较理想的评估结果。这一过程可能导致判断中的自我中心偏见（Epley et al.，2004）。

研究者的分析并不意味着人们在判断他人如何看待他们时总是会利用私密背景信息，因为还有其他可选择的信息源（如刻板印象）存在（Ames，2004），当要求被试预测陌生人的判断时尤其如此。在现实生活中，一个人期望如何被他人判断无疑取决于那些他人是谁。当他们预测亲密朋友的判断时，准确性会得到提高，这可能是因为他们的朋友了解并接触到了相似的背景信息。在未来的研究中，考察提高或降低这种判断准确性的因素是研究的趋势。

## 3.3    情境强弱对人格判断的影响

影响信息质量的另一个因素是情境的强度（Snyder & Ickes，1985），原因在于情境中包含的社会规则和规范会限制人们的行为表现（Funder，2009）。强情境（strong situation）限制了人们行为表现的变化范围，这是因为这类情境包含了明确的规则或人们普遍遵守的内在准则，行为规范能够唤起人们潜在的道德规范；在另一个极端，弱情境（weak situation）使得行为有相当大的灵活性，因为这类情境很少有规则或规范对一般行为起限制作用。因此，与强情境相比，弱情境可以允许行为有更多的选择和变化，有更高质量的个体信息可以利用，可以获得更多可观察和更客观的信息以及更准确的判断。这就是舞会中的行为比乘公交车时的行为能够提供更多信息的原因。在舞会中，内向和外向、谨慎与大方的人表现差异很大，我们很容易就看出他们的区别；而在公交车上，几乎每个人都只是坐在那儿，这种公共场合有许多严格的规则，它们限制了人们的表达，因此我们很难对不同的人作出准确的判断。

一场面试可看作是一种强情境，和好朋友聊天可看作是一种弱情境。在面试过程中，为了迎合招聘要求，应聘者很可能会投其所好，因而招聘者很难对其作出准确判断；与朋友聊天时，彼此同处于一种弱情境下，人们的心理防线会放松，因而会透露出更多真实的想法，此种情境下朋友作出的人格判断无疑更准确。这也可能是非结构性面试比结构性面试更能准确判断应聘者人格的主要原因（Blackman，2002）。勒兹林（Letzring）等人考察了不同信息质量的情境中人们的相互交往及判断的准确性，强情境通过让被试回答一长串琐碎问题的特定任务创建，两种弱情境通过让被试谈论他们喜欢的任何事情创建，或通过尽量让被试相互之间认识创建（Letzring, Wells, & Funder, 2006）。这些研究者预测，被试在两种弱情境中比强情境中将表现出更多与人格相关的信息，其现实准确性、自我—他人一致性以及一致性在两种弱情境下也将更高。此外，在要求被试相互认识的弱情境中，与要求他们谈论

图5-5　朋友聊天：弱情境能提高人格判断的准确性

他们喜欢的任何事情的弱情境相比，我们能得到更多与人格相关的可用信息，因为与被试简单通过谈论他们喜欢的事情来打发时间相比，他们更有可能在相互认识中表现或询问与人格相关的信息，结果支持了研究者的假设。

　　经验和直觉告诉我们，在压力情境或能够唤起情绪反应的情境中，我们可以了解到目标对象的一些"额外"信息。观察某个人在紧急情况中是如何表现的，观察他收到大学入学通知书后的反应，观察一个人被朋友拒绝邀请参加生日派对时的表情或失恋后的反应，都会得到你平时无法觉察到的信息。同样地，某人和你同桌或同事多年，你却对他不甚了解，原因在于缺乏诱发真实表现的弱情境。判断一个人人格的最好情境是让他有机会表现你想要判断的特质情境。"要评价个体对工作的态度，最好去观察他工作时的表现；要对一个人的社交性进行评价，在舞会上观察可以得到更多的信息"（Funder, 2009, p. 140）。

### 3.4　家庭环境中的人格判断

　　一般认为，人格在不同的环境中具有稳定性和一致性，但是，有些特质可能在某些环境中更容易表现出来，因而处于该环境中的人也可能作出与其他环境不一样的判断。家庭环境是一种非常独特的环境，家庭中包含了多种多样的关系，一些二元模式关系是自愿的（如配偶关系），但大多数关系是由生物因素决定的，有更少的自愿性（如亲子关系和兄弟姐妹关系）；一些家庭关系是平等和对称的（如配偶和兄弟姐妹关系），而其他一些关系则是不对称的（如父母—子女关系）。家庭成员也有不同的角色和地位，表现出不同的兴趣和经历，这种家庭环境的特点和家庭成员的兴趣、经历都可能不同程度地影响家庭内部成员相互之间的人格判断。因此，我们可以考虑将家庭这一关系水平纳入以往的研究中，构成自我、朋友、陌生人和家人四种关系水平，以确定研究结果是否与以往的研究

结果相同。

影响家庭内部成员之间的人格判断主要有四个因素：目标者效应、观察者效应、关系效应及团体或家庭效应。目标者效应主要关注何种特质影响了其他家庭成员对其人格判断的一致性；观察者效应是指家庭成员之间有一种以相似的方式判断或观察其他成员的倾向，它显示出观察者有哪些特质影响了他的判断，可能反映出一种特殊的应对方式和特殊团体成员（如家庭）的期望或刻板印象；关系效应是指一个家庭成员会把某一个成员看成不同于其他成员的特殊成员，也用不同于其他成员的方式来看待这一特殊成员；团体或家庭效应是指家庭成员对彼此的判断是相似的。布拉尼耶（Branje）等人考察了家庭背景下的人格判断与非家庭背景下的人格判断是否包含了不同的过程这一问题。研究者使用社会关系模型区分了关于人格判断的知觉者、知觉目标、知觉者与知觉目标关系及家庭的不同效应。家庭成员与青少年判断了他们自己及其他家庭成员的大五人格，结果发现，判断结果依赖于家庭背景内部人格因素的相关性：宜人性和责任心的判断最为一致（Branje et al.，2003）。大量的关系变异表明，父母会调整他们对目标家庭成员的判断；大量的知觉者变异表明，青少年判断家庭成员的人格非常相似。通过比较自我判断和他人判断发现，青少年的判断与其自我知觉的相关并不比父母的判断更高。可见，人格因素的相关性在某一背景中随特定任务而不同。

肯尼（2004）总结以往的研究发现，在影响家庭成员之间人格判断的因素中，15%归因于目标对象，20%归因于观察者，20%归因于关系，其余45%归因于不明变量。此外，家庭特点也会影响家庭内部成员的人格判断方式。家庭成员可以获得关于彼此的更广泛、更相似的信息，但由于每个成员在家庭中的地位和目标不同，因此，他们可能使用不同的信息类型对家庭成员的人格作出判断，判断的结果也不相同。比尔和华生（2008）的研究发现，关系的亲疏会影响自我暴露的程度，而更多的自我暴露会提高自我—他人判断的一致性。与陌生人相比，家人和朋友与目标对象的关系更亲密，而家人又比朋友关系更进一步，所以，根据自我暴露和关系效应，我们可以预测，朋友比陌生人对目标对象的判断更准确，而来自家人的判断准确性更高，研究结果证实了这一假设。

# 4 研究展望和启示

## 4.1 已有研究不足与未来研究展望

### 4.1.1 研究中的不足

人类是一个群居性的物种，在人类社会生活中存在着各种各样的关系，关系的亲疏影响着我们对他人的看法，也影响着社会关系的发展。已有的自我—他人判断一致性的研究发现，关系质量的不同影响了信息的获得以及对不同特质的判断。然而，纵观以往的研究我们发现，对人格判断准确性的相关研究主要是从陌生人、朋友及自我评估之间的一致性来推断，以此考察关系质量对人格判断准确性的影响，这其中存在以下几点不足。

首先，由于社会评价的存在，个体对自我的评估存在偏差，一个人在对自我进行评价时，他会更自信，有更多的倾向性，也能够对不同的特质作出更加准确的判断。与评价自我或评价朋友相比，个体在评价陌生人时可能期望有一种更加简单的特质结构，评估者会陷入一种更加启发式的评估程序，把相对类似的特点纳入更大的维度中，简化特质的结构。换句话说，个体在评价陌生人时倾向于简单化，因此在判断时有可能会概化和忽视某些细节，甚至包括那些比较重要的特征，而对自己、家人或朋友的判断则不至于如此。此外，无论是在何种关系水平中进行人格判断，动机性因素始终是一个影响判断准确性的关键因素，如何将这一因素的负面效应降到最低也是研究中必须考虑的问题之一。

其次，尽管自我—他人判断一致性随着关系质量的变化而变化这一事实已经得到实验研究的支持，但这并不意味着判断的准确性随着关系水平的增进而提高，这是因为：①朋友对彼此的判断不一定比偶然相识的人的判断更加准确，因为朋友之间可能会更加关注不相关的目标线索，在作出判断时唤起更多的刻板印象；②判断一致性是判断准确性的必要非充分条件，判断一致性高不能保证判断准确性高；③关系质量和判断准确性之间可能是一种倒"U"形的关系，即当某种关系达到一定的水平之后，判断的一致性和准确性达到最大，随着关系的增进，准确性并不因此而提高，这种关系有待进一步检验。

最后，在考察信息数量和质量对准确性影响的过程中，量化是一个很关键的问题，比如，在通过视频录像诱发的判断情境中，个体在有限的时间内能表现出多少真实的自己或多少真正与特质相关的行为；在暴露时间的长短方面，如何控制好时长，多长时间与多短时间搭配才能恰当地体现暴露时间的不同导致了信息获取数量的差异，而信息的数量又该如何给它一个客观的测量标准；在强情境和弱情境的分类上，如何更好地控制情境，以保证不同的情境确实能够诱发判断所需要的行为表现。我们不能简单地认为 10 分钟的交谈一定比 5 分钟的交谈所展示的信息数量多，在家里的表现一定比在学校的表现所折射出的信息质量高。这其中，必须将情境因素与个体差异以及特质属性等因素综合起来考虑。

### 4.1.2　研究展望

（1）增加关系水平数量。已有的研究尽管在各种关系中考察了不同关系水平对判断准确性的影响，但是在这些研究中关系水平往往比较单一，例如，单独比较自我—室友判断的一致性是否比自我—陌生人判断的一致性更高，恋人的判断是否比一般朋友的判断更准确，这种比较是必要的，但我们仍然难以确定何种关系水平上的判断比自我判断更准确，这种关系水平在何种情境下又会释放更多更可靠的信息。我们不可能在某一研究中考察所有关系水平的效应，但未来的研究可以考虑进一步增加关系水平的数量，综合分析在关系水平数量变化后所得结果是否与以往的研究结果一致。

（2）探讨关系效应的机制。关系效应的出现是因为随着判断者对目标对象了解的加深，他们能够获得更多与特质相关的信息（Funder，1995）。然而，这种效应还有很多不清楚的地方，未来的研究应该更加注重探索这种效应产生的机制。研究已经发现，可观察性高的特质即使在陌生人中也有较高的自我—他人一致性，而可观察性低的特质在陌生人中的一致性则较低。随着关系水平的增进，一致性会提高（Watson，1989），这说明为了得到更准确的评估，判断者需要获得有效的与特质相关的信息，而可观察性低的特质在获得有效信息之前要求相对更高的关系水平，关系在可观察性低的特质（如情感特质）上有特别重要的作用。根据特质的可观察性效应，我们认为情感特质应该比大五人格特质有更低的自我—他人一致性。然而，到目前为止，只有一项研究考察了情感评估中的关系效应（Watson & Clark，1991）。未来的研究可以深入探讨情感评估中的关系效应，区分出关系效应中起关键作用的因素。

（3）关系质量的量化问题。尽管我们对关系质量和熟悉度的概念进行了区分，但是综观国内外的研究，我们似乎看不到上述概念的操作性定义，因此，研究中的量化问题就更为突出。如果不能在统一的框架内给出操作性定义，那么研究结果的效度就要受到质疑。研究者主张将关系质量界定为个体在生活和学习活动中与他人建立的直接的、比较稳定的社会和心理上的联系，包括情感上的亲密度，而熟悉度水平只是相识时间长短的一种反映（赖庭红，2013）。在未来的研究中，可以使用华生的关系亲密度问卷（relationship closeness questionnaire）对关系质量和熟悉度统一进行测量①。

（4）在关系质量中考虑性别差异。进化心理学认为，在人类的进化过程中，男性和女性进化出了不同的心理机制。在对他人的观察中，男性和女性所关注的信息是不同的，例如，对男性的评价中，人们更多关注与男性特征相关的信息，如强壮的、果断的等，而有可能忽视其女性化的信息；在对女性的评价中，人们更多关注与女性特征相关的信息，如温柔的、善解人意的等，相对忽视其男性化的信息。有研究发现，女性比男性更具社会性，能作出更加准确的判断。在现实生活中，女性对情绪的敏感性比男性更高，她们对人格相关信息的观察更细致，因而对他人判断的准确性更高。由于男性和女性在很多方面进化出了不同的心理机制，在与关系质量有关的人格判断研究中应该考虑性别之间的差异，以确定人格判断准确性的性别差异性和普遍性。

（5）提高研究的生态效度。未来的研究应当通过研究真实社会背景发生的人格判断来增加研究的外部效度。现实中有许多这样的情境，不同的个人和群体之间在相当长的一段时间内相互交往和认识，如住同一宿舍的大学生，在一起居住的邻居或一起工作的同事，刚刚退休的老年人。在这样的情境中，信息数量通过在不同相识阶段判断者对目标的判断结果获得，而信息质量则通过判断者和目标的交往质量获得。这类研究在实验室之外对于与现实准确性相关的信息数量和质量可能是有益的。此外，未来的研究要确定交往中的真实行为事件，这些事件与现实准确性、自我—他人一致性以及一致性获得的水平相关。实验室中交往的行为编码有助于我们理解信息数量和质量为何与准确性、自我—他人一致性以及一致性相关（Letzring et al.，2006）。

## 4.2 关系质量与人格判断研究的启示

### 4.2.1 对学校教育的启示

作为一种重要的人际关系，师生关系的质量无疑是教育教学的保障，它会首先影响师生相互之间的人格判断，继而对课堂教学、课后辅导、师生交往及学业成绩产生连环效应。在学校教育中，老师对学生的判断是否与学生实际的课堂表现一致呢？拉克（Laak）等人的研究表明，老师对学生的判断与学生课堂上的行为表现之间很少一致，即学生在课堂上并没有表现出与评估特质相对应的行为（Laak，DeGoede，& Brugman，2001）。这意味着在学校教育中，教师日常的教学

---

① 该问卷包括三个方面的指标：相识时间的长短（acquaintanceship length）、关系的范围（acquaintanceship scope）或分享活动的数量和关系的亲密度（acquaintanceship closeness）。

行为并非真正基于对学生人格的准确判断，其原因很可能是不合理或不平等的师生关系所致。相对于社会而言，尽管学校的人际关系比较简单，但无论是师生关系还是同学关系，其质量不仅影响到学生的学校生活满意度，而且深入影响到人格判断的准确性。职业性质决定了教师对学生的影响主要来自于言传身教，他们对学生的人格判断将直接影响其教学态度及其对学生的关注程度，并影响到学生的学业成绩。如果老师认为一个学生本来就是内向的性格，那么这个学生在课堂或课后不积极的表现都会被认为是他的性格使然，不管这个学生是否真的性格内向，抑或他实际上是对学校有所排斥，又或者他正处于消极的情绪状态中。反之，学生对老师的人格判断不仅会影响学生的学习态度、学习动机乃至人生观和价值观，而且会直接影响师生之间的交流，并作用于学业成就。如果学生判断这个老师是和蔼的或冷漠的，那么学生可能会或者不会与老师倾诉自己的烦恼和焦虑，对待学习也可能会持努力或放弃的态度。由此可见，师生之间的人格判断与师生关系的亲密度相互作用和相互制约，并共同影响学生的学业成绩及人格发展。

### 4.2.2  对人际交往的启示

在学校，同学相互间的人格判断决定着我们和什么样的人做朋友、做什么样的朋友，并反过来作用于判断的准确性。青少年正处在人生的转折阶段，他们的人际交往出现了新的特点，渴望摆脱父母的约束和管制，开始寻求真正属于自己的朋友。哪些同学可以成为朋友，哪些朋友可以发展为亲密的朋友，青少年既有自己的评判标准，如个人的喜好，也有一般的判断原则，如共同的兴趣。所谓"物以类聚，人以群分"，假定相似性指出，当个体不能有效地获取他人的特质信息时，他们会自动通过其他更便捷的方式获取信息来"填补空白"，并假定他人与自己有相似的人格特征（Watson et al. , 2000）。青少年的人际交往也遵循这些原则，不管是自我判断还是他人判断，准确的判断有助于人际关系的发展，而错误或不一致的判断则很可能导致人际误解和冲突。人格判断在青少年的人际交往中显得尤为重要，它决定了青少年和谁交往及怎样交往。目前，在青少年问题行为中，有相当一部分与人际交往有关。青少年发展的特点决定了他们与同伴的友谊具有不稳定性，因此在判断的准确性方面也起伏不定。在现实生活中，友谊质量不仅影响了判断的准确性，而且还是同学之间人际冲突的根源。对于自己好友和一般同学表现的相同行为，青少年作出的判断可能不一样，原因在于：对于好友，由于各方面比较相似，因此会给予更加积极的评价，对一般同学则没有这样的评价倾向，由此导致判断的不一致。可见，准确的人格判断影响了青少年的人际交往，青春期半成熟半幼稚的心理特点和情绪的不稳定性使人际关系尤其是异性关系成为影响学习的重要因素，无论是同性交往还是异性交往，从外在的兴趣爱好到内在的人格特征，彼此之间的准确判断是和谐关系的前提，也是学习的催化剂。

### 4.2.3 对家庭教育的启示

家庭教育对个体人格的形成和发展起关键作用，这一作用的发挥建立在父母对孩子了解的基础上。一方面，从理论上讲，对于自己的孩子是个怎样的人、有什么人格特点，父母应该最了解，因为他们与孩子的关系最亲密，因此父母对孩子的判断应该比老师和同学的判断更准确。孩子是否内向，是否善于交往，父母应该最清楚；对于孩子的行为表现是否与其人格特点相符，家长最能觉察到。如果孩子出现异常行为，父母也能及时发现并给予帮助和解决。一项针对关系质量在儿童问题行为知觉中的作用研究表明，不同的关系质量对儿童问题行为的知觉程度不同，与老师或其他看护人相比，母亲能觉察到更多的问题行为，从而更有可能为孩子的问题提供及早干预（Kroes et al.，2010）。另一方面，孩子对父母的判断也会影响亲子之间的互动。父母是个怎样的人，是否与自己理想中的父母形象相符，抑或孩子是否认同自己的父母等，诸如此类的问题，其实都是孩子在对父母的人格进行判断，判断结果往往决定了孩子对父母的态度，并影响亲子间的亲密度，无论孩子对父母的判断是否准确。准确而一致的人格判断有利于孩子和父母之间建立恰当的交流模式，形成信任、坦诚的家庭关系；反之，父母和孩子之间不一致的人格判断则可能导致亲子间的分歧和冲突，父母认为孩子不听话，子女认为父母不理解他们，相互之间的摩擦就不可避免，这既破坏了家庭关系，也不利于青少年的发展。家人的不理解很容易导致青少年的不安全感和不信任感，使得他们转而向社会寻求支持和理解，这本身具有潜在的危险。青少年的高危行为与亲子关系密切相关。因此，良好的亲子关系有利于父母与孩子之间准确的人格判断，而准确的人格判断有利于形成和谐的家庭氛围，对青少年的健康成长和教育也有重要的指导意义。

# 第六章

# 信息来源与人格判断

......

# 1  基于身体特征线索的人格判断

身体特征包含多种信息来源成分，既包括与修饰有关的静态成分（如着装、发型），也包括与非言语表达行为相关的动态成分（如姿态、面部表情）。一个人穿着是否时尚及其发型是否时髦可以让一些业余观察者推断此人是否外向，而且这些推断往往是准确的。对一个人的脸部一瞥就足以判定这个人是支配的还是服从的（Berry & Finch-Wero，1993）。早期的研究发现，不同的身体特征成分与不同的人格特质相关，例如，着装类型是责任心的一个有效指标（Albright et al.，1988）；而面部表情与外倾性有关（Kenny et al.，1992）。此外，表达性的行为痕迹甚至可能扩展到外貌的静态成分方面，例如，经历一段时间后，情绪性表达行为能够蚀刻在本来中性的面孔上（Malatesta et al.，1987）。一些研究发现，生理特征与人格有着直接的联系，有证据表明，面部表情预示着当前的内分泌状态，睾丸激素水平与个体的男性化特征以及男性的表情（如微笑）相关（Penton–Voak & Chen，2004）。可见，对某些人格特质的准确的社会知觉可能有生物性基础，尤其像支配性和宜人性一类的人格特质，很多身体特征元素与人格判断的准确性有密切关系。

## 1.1  基于身体外貌的人格判断

在面对面交流中，外貌是了解他人的第一手可用信息，并且能够直接影响到观察者的后续行为，这可能是电话招聘不如面试招聘对人格判断有效的原因之一（Blackman，2002）。事实上，所有的零相识研究都是基于面对面交流或是录像中的行为观察。在过去二十多年零相识的人格判断研究中，研究者一直没有意识到单独的身体外貌对人格判断的重要性。在零相识的研究中，研究者发现人格判断的准确性出人意料的高，对外倾性的判断尤其准确（Hall et al.，2008）。但是，我们并不知道在这些准确性当中有多少成分纯粹与身体外貌信息有关。

有一项研究试图考察身体外貌、动作行为以及非动作行为对人格判断的不同影响（Borkenau & Liebler，1992）。研究人员请目标人物走进房间，坐在桌子旁，读一份天气预报，整个过程被拍摄下来，然后研究人员为被试呈现以下四种刺激中的一种：录像和声音；无声录像；仅有声音；仅有一幅录像中截取的画面。当被试观看了完整的有声录像后，研究者要求其对目标人物的大五人格特质进行判断，结果发现，五种特质中有四种特质的判断是准确的；但是，那些只看了截取画面的被试仅在外倾性和责任心维度上判断准确。这一结果表明，身体外貌确实提供了一些有效的信息，当伴有其他动作或非动作信息来源时，判断的准确性会更高。

另有一些研究考察了单独基于图像的人格判断的准确性，检验了完全零相识情境下的准确性，结果发现，被试对于某些特质判断的准确性比较高（Vazire et al.，2008）。但是，这些研究在设计上往往存在一些缺陷：其一，绝大多数研究只是基于面部图像。尽管面部表情对人格判断会产生较大影响，但是头部以下的身体部位也可以为人格判断提供许多线索，如着装、姿态（Ambady & Rosenthal，1992）。其二，这些研究通常局限于一两种特质，例如信赖、自恋、智力（Todorov et al.，2008；Vazire et al.，2008），这对于范围宽泛的人格特质来说显然是不够的。其三，这类研究大部分采用评估对象的自我评定作为准确性标准的唯一依据。事实上，自我评定或自陈报告具有主观性，充其量只能作为准确性的一个参照标准。总之，这些设计的缺陷很可能低估判断的准确性，缩小从身体外貌上能够探测其准确性的人格特质范围。

基于已有研究的不足，瑙曼（Naumann）等人从以下三个方面考察了身体外貌对人格判断准确性的影响：①在标准条件的照片中，个体从身体外貌中能够准确知觉哪些特质？②在自然条件下，当非言语表达行为对观察者清晰可见时，准确性会提高吗？③哪些基于外貌的动态或静态线索与判断目标的真实人格（线索有效性）和知觉者的判断（线索可用性）相联系？（Naumann et al.，2009）与以往研究不同的是，该研究包括：①采用全身像获取身体外貌的各方面信息；②一张中性面部表情和标准姿态的照片（标准条件），一张自然状态下的照片；③判断的特质除大五人格维度外，还包括可爱、自尊、孤独感、宗教虔诚及政治倾向；④准确性标准是由自陈报告和熟人评估合成。研究者为观察者提供了四条静态线索（健康/病弱的外貌；时髦的/非时髦的外貌；有特色/普通的外貌；整洁的/凌乱的外貌）和六个动态线索（微笑、不看摄像头、手臂交叉、手臂放在身后、精力旺盛/疲劳的状态、紧张/放松的状态）。研究结果表明：

图6-1　照片会"泄露"你的人格秘密

（1）集合的观察者评定（aggregated observers´ratings）在外倾性上表现出了某种程度上的准确性，同时开放性和神经质的准确性水平较为明显，而对宜人性和责任心的判断不准确。集合的观察者评定对自尊和虔诚的判断准确性也在概率水平之上。当用准确性考察平均单个观察者的评定时，仅有外倾性的判断在概率水平之上。

（2）在自然条件下，观察者能够准确判断的特质更多（9 vs. 5 of 10），且平均准确性相关系数更高（0.25 vs. 0.14）。与标准条件相比，宜人性和开放性在自然条件下集合的观察者评定更加准确，而责任心和孤独感则稍微准确些。此外，相对于标准条件，自然条件下观察者评定的效度更高（10 种特质有 6 种得到提高）。

（3）平均单个观察者的准确性系数在外倾性、开放性、可爱和自尊等特质上显著，而在孤独和虔诚上则稍差一些。在自然条件下，观察者能够准确判断的特质更多（4 vs. 1 of 10），且平均准确性相关系数更高（0.17 vs. 0.09）。

（4）静态和动态线索都是外倾性的有效指标。其中，最有效的线索是精力旺盛状况、时髦性、健康性和微笑。宜人性个体更可能微笑或呈放松的姿态；责任心个体的着装不太可能很有特色，它与整洁性、健康性、精力旺盛性和微笑有关；情绪稳定的个体看起来更健康，并且站立的方式更为放松。透镜模型（lens model）分析显示，静态线索（如衣着风格）和动态线索（如面部表情、姿态）都提供了有价值的人格相关信息。这些结果表明，个体通过身体外貌上静态的和表达性的渠道来展示人格，而观察者则利用这些信息对各种特质进行判断。

由此可见，人格通过身体外貌得以展现，观察者则从外貌特征中找到了人格信息。即使是面对剔除了表达性行为的全身像（标准条件），观察者的判断在外倾性、神经质、开放性、自尊以及虔诚等特质方面也相对准确。在自然姿态下，观察者在十种特质中的九种特质上的判断有着某种程度上的准确性，并且其中的 4 种比标准条件下更加准确。与此前的研究结果一致，外倾性是最容易判断的特质，不同的是，瑙曼等人（2009）发现，观察者对神经质的判断比较准确。这可能是因为照片的使用使观察者有更多的机会去详细察看个体间的姿态差异，而这在面对面的交流中是不可能的。例如，线索分析表明，情绪稳定的个体站姿更为轻松，而神经质个体则显得更为紧张，很显然，观察者利用了这些信息。与此前的研究相反，无论是在标准条件还是自然条件下，研究者并没有发现观察者对责任心的判断具有准确性。

即使依据非常有限的信息，观察者判断的准确性水平仍然比较高。然而，并不能据此说明观察者仅凭一张快照就能够了解到他需要的所有信息。确实，单个观察者的准确性水平远低于集合观察者的准确性水平。因此，任何基于单张快照的个人印象都不可能非常准确。此外，有些研究已经证实，随着时间及熟悉度的增加，观察者判断的准确性也会提高，不同环境对某种特质的判断可能提供了更为丰富的信息（如卧室对于责任心的判断、个人网站对于开放性的判断）。瑙曼等人（2009）的研究结果意味着个体可能选择以特定的方式来改变他们的外貌，例如，静态身体外貌的某些方面是可以改变的（如非传统着装或发型），甚至外貌的一些表达性方面我们也能够控制（如微笑）。不过对于其他的信息途径，如姿态，我们则很难控制。人格中许多非常有效的信息可能就来自这些难以控制的方面。

### 链接：通过观察照片判断人格

美国一项最新研究表明，照片能够准确地"描绘"出一个人的人格，拍照时神态动作越自然，照片"泄露"的秘密就越多。

1. 照片"泄密"

索诺玛州立大学研究人员让 12 个人观看 123 名陌生大学生的全身照。其中 6 人看这些学生在自然放松状态下拍摄的照片，另外 6 人看他们的标准照。研究人员让 12 人按外向、随和、负责任、情绪稳定、乐于尝试新事物、讨人喜欢、自尊、孤独、虔诚和有政治头脑这 10 大特征给照片中的人物分类，随后把结果与照片主人的自我评价和朋友评价进行比对。结果显示，观察者能准确判断出"标准组"中具有外向和自尊人格的人，而观看"放松组"照片的人对照片主人人格判断的准确率更是高达 90%。

美国"趣味科学"网站援引研究员瑙曼的话报道："这是一个社交媒体统治的时代，个人照片随处可见。了解人们的外表如何传达人格特点变得重要。一个人在照片中的形象能暗示出他或她在职场和社会生活中扮演的角色。"

2. 判断标准

之前曾有研究表明，外表能影响别人对自己的第一印象，这第一印象一旦形成便难以改变，负面印象尤其如此。不过，人们对靠直觉"以貌取人"的准确率知之甚少，也不知道哪一项外在因素最能影响第一印象。瑙曼说："外向是最容易判断的人格特征……不管照片里的人笑没笑，人们都能作出判断。"但其他特质则没有那么容易被看出来。在是否"讨人喜欢"选项上，观察者对"标准组"的判断正确率为 55%，对"放松组"的判断正确率为 66%。在"随和性"选项上，观察者对"标准组"的判断正确率为 45%，对"放松组"的判断正确率为 60%。

3. 大有用途

按照这一结论，人们可以通过选择展示不同照片，向外界展示自己的不同形象。瑙曼说，如果想让自己看起来热情友好，以引起招聘单位或求爱者的兴趣，人们应展示微笑或姿态放松的照片；如果想让自己看起来人格外向，就应该在照相时多微笑、神采奕奕，并放松地站立，同时让自己看起来健康、整洁、有风度。如果想让自己看起来乐于接受新鲜事物，就应该衣着独特有个性，而非整洁严肃。

（资料来源：http://health.huanqiu.com/huanqiu/funny/2009-11/636179.html.）

## 1.2　基于面部的人格判断

除了上述的身体特征以及个体的身份、性别、年龄及其情绪状态等线索外，人们还会频繁地使用面部特征作为人格判断的基础。面孔是人格判断中非常重要的信息来源。一般情况下，人们对他人的第一印象往往来自于面孔，基于面孔的人格归因也往往具有较高的一致性。例如，人们觉得娃娃脸的人热情、慈爱、诚实和软弱（Andreoletti et al.，2001），认为面部有吸引力的人比较聪明（Zebrowitz et al.，2002）。然而，这样的判断在多大程度上是可靠的和有效的却并不清楚，而且常有争议。可以说，人类依据面孔信息进行人格判断有着天生的"直觉力"基础。普通人对他人进行人格判断更多的是依据个人知觉的"直觉力"方面，而并不需要深层次的思考。因而，许多人格判断的研究都是基于面孔的信息来源。同时，对某些特定的人格特质的评估可能完全依赖于目标对象的面部特征，亦即特质判断在不同的信息中可能具有差异性。同时，也可能存在形成准确的人格判断的知觉线索。

20世纪早期的研究认为，个体的面部特征与其心理特性没有关系。这些研究更多的是在探讨面孔的局部特征与人格之间的关系，如鼻子的长短在多大程度上表现了一种怎样的人格。现在的研究则主要集中于面孔的整体结构，很少有人格判断研究完全基于单独的面孔线索，因为在许多实验中，目标个体总是会有细微的行为表现，从而为观察者提供多种非面孔线索。即使是基于静态的面部照片的研究，也会有诸如发型、着装之类的非面孔线索。而最近的研究则是试图通过采用电脑合成技术剔除非面孔线索，从而克服潜在线索混淆的问题。目前，在面孔吸引力的生物性实验研究中已经大量使用了电脑合成技术，这种技术通过计算群体面部特征的平均位置，剔除个体差异，提取到群体的定义性特征。采用这种技术进行人格判断，使得与研究无关的人格特质的面部特征被平均，从而不会影响最后对合成图像的评估。

高　低　　　高　低

| | |
| --- | --- |
| 宜人性 | |
| 责任心 | |
| 外倾性 | |
| 神经质 | |
| 对经验的开放性 | |

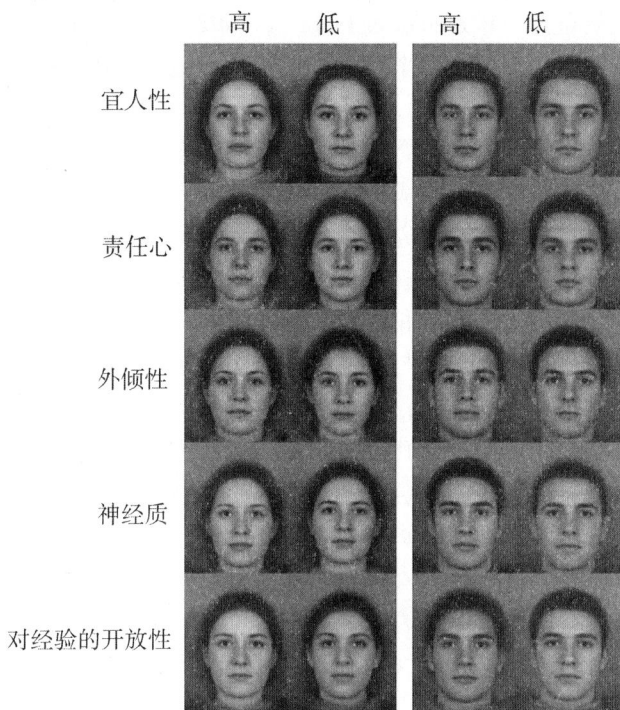

**图6-2　基于自陈报告合成的面孔图像**

（资料来源：Little & Perrett，2007，p. 115）

长期以来，面相学一直被认为是一种骗术，但是最近的一些研究表明，实际上它可能蕴含着一些原理。科特尔和佩雷特（Little & Perrett，2007）的研究通过行为、衣着和发型线索来区分目标对象的面部特征。他们分别设计了 10 张男性和 10 张女性的组合图片，每张图片都融合了大五维度中每一个特征的高值和低值代表的照片（如图6-2所示）。正如面相大师宣扬的那样，研究结果表明，我们的面部特征的确能够反映出一定的人格特征。判断者在猜测他人人格时比概率水平更高，特别是对于责任心和外倾性特质。该研究还表明，吸引力、男子气以及年龄都可以为准确评估人格提供重要线索，这种准确性同时受判断者和被判断者性别的影响。个体在仅借助于面部信息猜测另一个人的人格时比概率水平表现更好，这在某种程度上支持了一种流行的信念，即通过面部特征有可能准确评估人格。事实上，人格与面部特征之间的联系可能源于许多因素。其一是生理上的原因，我们知道，睾丸素这样的荷尔蒙会影响面部特征，也会影响人格特征，如控制欲。这就是 15 位外向男性组合图片的面部特征比 15 位内向男性更有阳刚之气的原因。其二是连接外表和人格的行为。有魅力的人在社交活动中会受到不同的礼遇，这些礼遇导致了他们不同的行为方式以及看待自己的方式。与这种观点一致，波克诺和莱布勒（Borkenau & Liebler, 1992）发现，在大五人格中，有吸引力的人对自己的看法至少在四个维度中比没什么吸引力的人更乐观。

彭恩瓦卡（Penton-Voak）等人（2006）采用个人面孔和电脑合成图像考察了自陈报告人格与知觉到的人格之间的关系，研究中采用的照片来自146位男性和148位女性。这些被试每人完成一份自陈报告的人格问卷，该问卷按照大五人格维度来计分。在实验一中，研究者分析了自陈报告的外倾性与基于个人面孔知觉的外倾性之间的关系。研究发现，无论男性还是女性，在外倾性维度上，自陈报告与他人评估之间有显著的正相关；男性在神经质、开放性维度上的自陈报告与他人评估之间有显著正相关；与女性相比，男性目标对象在各维度上的自陈报告与他人评估之间的相关度更高；女性外倾性判断的准确性比较高，其他特质则分歧较大。在实验二中，合成面孔来自于每个大五人格维度上自陈报告得分高和得分低的个体，独立的评定者对合成图像的人格和吸引力进行评定。方差分析表明，男性自我报告高宜人性、高责任心、高外倾性、高情绪稳定性的个体比同维度低分组的个体吸引力更显著；女性自我报告高宜人性、高外倾性、高开放性的个体比同维度低分组的个体吸引力更显著。

研究者认为，对面孔的刻板反应可能对社会环境产生重大影响，从而导致自我实现预言的效果（Penton–Voak et al. , 2006）。例如，有着宜人性面孔属性的个体被看作是值得信赖的，最后可能形成真正的、更多的宜人性人格特质。反过来，重复、频繁的特定面部表情能够导致面部肌肉的特定运动，从而在面孔上形成皱纹等面孔线索，如"笑线"（laughter lines）。关于面部吸引力与人格判断的关系，研究表明，与在社会赞许维度上得分低的个体相比，在该维度上得分高的个体的合成图像更有吸引力。反过来，高吸引力的个体在社会赞许性人格特质上得分更高。描述性统计显示，对吸引力的评估结果不如对人格维度的评估显著。关于面孔吸引力的研究还发现：在女性对男性的吸引力判断中，人格特质是个关键性的因素；而在男性对女性的吸引力判断中，人格特质的作用并不明显。然而，在短期关系的吸引力判断中，女性倾向于利用生物性"能力"线索（面孔上的男子气概、支配性等），而不是个人社会化线索。而在长期关系中，则正好与之相反。从进化论的角度讲，这种吸引力判断依据的选择差异性在远古环境中能够增加女性繁殖的成功率（高生物性能力的个体，占据更多的资源，从而为女性繁殖提供有力的保障）。这就意味着，对男性的人格知觉的准确性应该比对女性人格知觉的准确性更高。

## 1.3　基于肢体语言的人格判断

卡尔·格拉默（Karl Grammer）是奥地利的一位动物行为学家，他试图通过分析压力（如求偶需求或快速发现一个危险敌人）来了解我们现在的特征和偏好。与人类一样，绝大多数动物都会尽力做到让自己更具吸引力，以便赢得异性的芳心。立志于追求好的相貌的生物更容易将这些特征遗传给下一代。从这种意义上讲，想要提高自身吸引力的动机也会遗传给下一代。他们不但想让自己引人注目，而且还希望能够真正看透他人。一方面，他们尽可能让自己显得动人，并以此来迷惑他人，根本不顾释放的信号是否真实；另一方面，他们又希望能够准确地了解他人，企图识破那些他们用来迷惑对方的欺骗把戏。而科学家的工作任务就是去寻找不易伪造的线索。

图6-3 卡尔·格拉默，维也纳大学人类学教授

格拉墨认为肢体语言就是这样一条线索。基于这种想法，他开始研究人们晃动身体时会泄露什么信息，研究表明：我们的臀部有时比唇部更能"说"。在一项研究中，格拉默等人通过观察女性衣着的松紧度和肌肉的暴露程度来了解她们所处的生理周期（根据唾液样本中的雌性激素含量来确定）（Grammer et al.，2003）。通过让女性志愿者在镜头前转身，得知动作的"暴露程度"（根据连贯图像之间出现的变化来确定）也与雌性激素水平相关，甚至只是简单地转一圈，女性都会释放能揭示她们生育能力的信号，亦即对异性的吸引力。

你可能也有这样的感觉：即使自己离某位熟人很远，根本看不清他的特征，但你可以根据此人的步态将他辨认出来。亚伦·博比克（Aaron Bobick）及其合作者研发的可以凭借步态来确认个体的电脑系统表明，人们都拥有自己独特的走路姿势（Bobick & Wilson，1997）。波克诺和莱布勒（1992）的一项研究也说明了走路姿势与人格之间的联系。研究者让被试走进一间房间，在一张桌子前坐下来阅读一份简短的标准陈述（一份过期的天气预报），然后站起来离开这个房间。整个过程都被拍录下来。研究者们根据这些视频中参与者从一个地方到另一个地方的走路姿态以及说话方式来寻找展示人格的线索。例如，他们发现，愉快的步态（志愿者抬起双脚并晃动着手臂）是展示外倾性的一个线索。

在波克诺等人（1992）的研究中，观察者认为晃动手臂是外向和低神经质的表现，但是，只有第一个推论是正确的。同样地，人们认为愉快和镇定的阅读风格是低神经质和高开放性的表现，然而这两项推论都不正确。我们会认为一副胆小模样、步态僵硬而且说话犹豫不决以及那些在镜头面前会害羞、瘦弱的人是高神经质的。这是凭直觉得出的推论，但研究表明，这些推论是错误的。我们还会认为，表达镇定、流利的那些自信、苗条、爱笑以及时尚的镜头宠儿们是具有高开放性的，但我们的直觉会再一次让我们误入歧途。波克诺的研究结果表明，他人倾向于将为自己打造精致外表的人看作是外向的、有责任心的以及开放的。

## 1.4　基于握手方式的人格判断

在欢迎别人时，你的握手是自信的还是犹豫的？如果一个男人握手时过度热情，以显示自己的地位比女方高，那么她又怎么会被他吸引呢？相反，如果女人握手时柔弱无力，手臂像没有生命一样，男人也不会对她有什么好印象。主动伸手发出握手邀请的女性，在大多数国家和地区，通常会被认为是谦虚、思想开明的成功女性，而且能够给人留下较好的第一印象。看看你自己的手在那一片刻的状况：它们透露了你的什么情况？它们有多大？它们是什么形状的？手掌的皮肤是粗糙还是柔滑？肉垫有多厚？温度如何？是否一只手比另一只更温暖？有手汗吗？你知道这些变化都是基于你的情绪觉醒状态吗？你的指甲是干干净净、修剪得很好，还是脏兮兮的？你会咬指甲吗？手不但能使我们的话语更生动，而且还会说出它们自己的语言。实际上，在对另外一个人进行认知时，我们会对他的人格和社会地位作出频繁的判断（马丁·劳埃德—埃利奥特，2006）。握手时，我们下意识地将自己的拇指放在上面，这泄露了我们企图对他人取得支配权的意图。

假设你与某人是第一次见面，见面之后你们便握手致意。通过握手这一动作，你感受到对方于不经意间传递过来的一些微小信号，从而也就对他有了一个初步的印象。同样地，对方在同一时刻也对你作出了初步的评价。评价的依据大致分为以下三种：①强势："他有强烈的控制欲望，并且想将我也纳入他的控制范围，我最好得提防他。"②弱势："我完全可以控制住这个人，他一定会按照我的要求去做的。"③平等："和这个人在一起，我觉得很舒服。"以上这些信息全都是我们通过握手这一简单的动作于无声之间传递给对方的。但是，这却能够对我们任何一次会面的结果产生直接影响。

一项针对350位高级行政主管（89%为男性）的调查结果显示，在各种面对面的会谈中，这些主管不仅是握手邀请的发送者，而且88%的男性主管和31%的女性主管在握手时都会采用能够制造强势效果的握手方法（握手时将手掌翻转，使自己的手心朝下）。与男性相比，女性对于权力和控制权的欲望显然较弱，而这也许就解释了为何只有三分之一的女性会采用这种制造强势效果的握手方式。研究还发现，有些女性会在与女性握手时特意采用一种轻柔的方式以表恭顺。这是她们彰显女性自身特质的一种方法，抑或她们想借此暗示对方她们有可能会愿意成为被统治的一方。但是，假如事件发生的背景换成了商务会谈或谈判，同样的握手方法却会给女性商务人士带来极其不利的负面影响，因为其温柔的握手很可能会使男性的注意力都

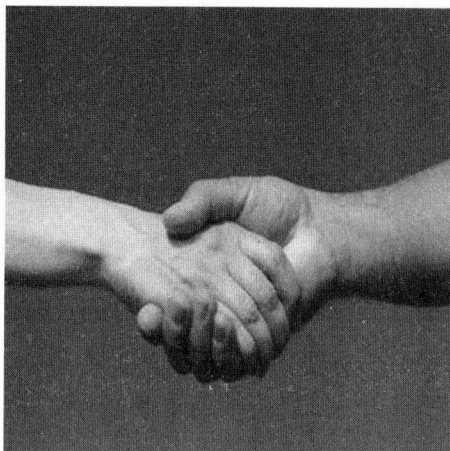

图6-4 强势的握手方式反映了支配欲

集中在其女性特质上，而忽略了她作为商业合作伙伴的身份。"在严肃的工作环境中，彰显女性特质只会让职场中的女性失去合作者的信任和重视。"（亚伦·皮斯，芭芭拉·皮斯，2007，p.31）

心理学家对各种握手方式所产生的影响做了许多实验，结果发现，男女双方要留下最好的第一印象，方法就是握手时间持续5秒，握手时很坚定，不会有丝毫不自在之感。此外，干燥的手掌比汗湿的手掌能给人更好的印象，因为后者可能意味着紧张。握手过程中，要保持自信的眼神接触，笑意从浅到深，最后把头微微偏到一边，形成良好的积极印象。初次握手给人的印象具有持久性的影响，调查表明，地位高的人握手时总喜欢手掌朝下。在对方眼里，这样会无形中提高地位，但可能也是告诫他们这个人喜欢支配别人。对权力没那么在意的人伸出手时大拇指常常在上面。握手可以被看作是真诚欢迎和友爱的表达，然而它常常使人感觉到不舒服，而且被视为典型的政治家行为——形式上的真诚。不过，千万要记住，一个没有力度或手掌朝上的握手并不自动意味着这人在服从你的支配，这里存在着文化差异，有些人的职业也要求他们非常小心地保护自己的手。

握手是检验人格判断的经典人际线索，人们经常通过这一线索评价他人。2000年，美国阿拉巴马大学的威廉·查普林（William Chaplin）及其同事开展了一项关于握手的研究，结果发现：①男性普遍比女性握手更加有力；②判断者最喜欢坚定有力的握手方式，这能给他们留下很好的印象；③性格外向的人，握手坚定有力，性格内向的人，握手软弱无力；④性格开放、乐于接受新事物的知识女性比其他女性握手更加有力，从而也能给人留下更好的印象；⑤对于男性，情况正好相反，性格开放的男性握手不太用力，判断者对他们的印象也不太好；⑥最保守的男性恰恰握手时显得最坚定有力（Chaplin et al.，2000）。查普林等人

的研究告诉我们，握手事虽小，却包含着难以置信的丰富信息，它能在不经意间透露我们的性格。如果握手是坚定有力的，对方马上就会对你充满信心，并且帮助你继续增进与他的交往。否则，如果对方握到一只软绵绵的手，你这第一印象就搞砸了。不过，如果有人告诉你用力的握手是诚实的标志，请你忘了它。如果你去二手车市，你会发现所有的销售员握手力度都很大。

> **链接：让你更有人格魅力的六条秘诀**
>
> （1）脸：保持一张容光焕发的面容，让微笑成为你生活和工作中的好伴侣，保持清新的口气和洁白的牙齿。
>
> （2）手势：善于利用手势来表达自我，但是切记不要过度。做手势时，手的位置不能超过下巴的高度，而且手指应当并拢。尽量减少双臂或双脚的交叉动作。
>
> （3）头部动作：说话时，点头的次数应当是 3 的倍数；在聆听他人说话时，最好让头部稍稍倾斜，始终保持抬头的姿势。
>
> （4）眼神交流：应当与身边的每一个人都保持适当的眼神交流，从而让他们感到舒适自在。说话时凝视对方能为你赢得更高的信誉度，除非这样的动作属于当地文化禁忌的范畴。
>
> （5）体态：聆听他人说话时，身体微微前倾；轮到自己说话时，昂首挺胸。
>
> （6）私密空间：根据自己的舒适程度来调整与他人之间的距离。不过，假如对方在你靠近他的同时向后退，你就应该停下前进的脚步了。
>
> 镜子法则——善于发现他人的肢体动作，然后你像照镜子一样，做出与他相对称的动作。
>
> （资料来源：［英］亚伦·皮斯，芭芭拉·皮斯（2007）. 身体语言密码. 王甜甜，黄佼译. 北京：中国城市出版社，p. 306.）

# 2 物理环境中的人格判断

## 2.1 布伦斯维克的透镜模型及其实证研究

布伦斯维克（Brunswik，1956）的透镜模型指出，环境中的线索元素就像一个透镜，观察者通过它能够间接地知觉到潜在的人格特质结构（如图 6－5 所示）。例如，一个人衣着是否时尚，讲话是否幽默，身体是否富于表达，语气是否讨人喜欢以及脸部的对称性等线索，可以帮助我们判断此人是否具有外向的人格特征（Hirschmüller et al.，2013）。再如，一张有条理的办公桌就像是一个透镜，观察者能够据此推断办公桌的主人具有较高的责任心。在布伦斯维克的模型中，线索利用性（cue utilization）指可观察的线索与观察者的判断之间的联系。在可观察线索和目标对象真实人格之间的联系就是线索有效性（cue validity）。如果这两种联系都是正确有效的，那么观察者的判断就应该接近潜在的真实人格结构。

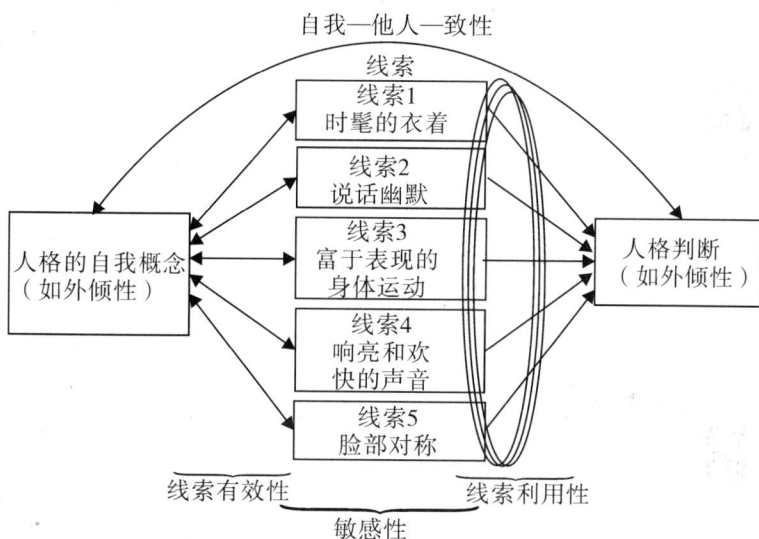

**图 6－5　布伦斯维克的透镜模型（1956）举例**
（资料来源：Hirschmüller et al.，2013）

布伦斯维克的模型介绍了两种可以帮助你作出正确判断的方法（使用正确线索并排除错误线索）以及两种会让你得出错误判断的方式（没有利用正确线索，或是错误地使用了不正确的线索）。该模型可以用来解释不同情境下的判断，无论是海关官员判断某人是否携带了违禁品，还是判断股票市场是否会遭遇下挫，或是预测周围环境在夜间是否安全，或者一个优秀的学生是否会有一个美好的前程。对于上述的每一个情境，我们都无法依靠直接线索（过度随意的步调、一位重量级金融顾问的评论、路灯以及眼神接触）来作出判断（违禁品、股市的未来、周围环境的安全性以及研究员的潜能）。

借助布伦斯维克的透镜模型，加拿大维多利亚大学的心理学教授罗伯特·吉尔福特（Robert Gifford，1994）在他的一项研究中分析了我们有多大本事能收集到正确的信息，其中最关键的是我们有多大本事能够排除错误的信息。研究者对招聘研究助理的34次真实的面试场景进行了分析，将每一次面试都分解为特殊的行为，包括应聘者用于交谈、直视对方、微笑、手势以及前后侧身的时间。他们注意观察应聘者是否在玩手指或头发，以及是否轻敲钢笔。他们还针对对方的年龄、性别，以及衣着是否正式、外表是否有吸引力进行评估。然后，吉尔福特让有经验的面试官观看面试录像，并让他们就应聘者的社交技能以及工作积极性进行排名，他还研究了每一个行为线索以及这些线索对这两个关键特征的判断有怎样的联系。分析结果表明：经常交谈，使用很多手势，而且穿着也比较正式的应聘者的社交技能和工作积极性都比较高。

当吉尔福特使用布伦斯维克模型的另一部分时，即人们的真实面貌和行为线索之间的联系，结果却出乎意料。布伦斯维克模型的分析表明，交谈、手势以及衣着确实是社交技能的有力线索，但只有正式的衣着才能预测应聘者的工作积极性。吉尔福特的研究同样表明，面试官善于在面试中判断社交技巧，却不善于预测应聘者的工作积极性。他表示，面试官不要根据手势的多少来判断积极性，他们应该注意应聘者前倾的程度。他们前倾得越多，积极性就越高。从人格判断的角度看，布伦斯维克模型非常有意义，因为它传授给我们一种方法——判断我们是循着正确的路线还是即将偏离方向。

## 2.2　生活环境与行为痕迹

人们生活和工作的环境中必然有很多与他们人格相关的信息。而生活环境中大量的人格线索很难被判断目标在短时间内完全改变，并且有着良好的生态性，从而能够提高人格判断的准确性与一致性。交互理论认为，个体选择并创造他们的社会环境来匹配或增强他们的人格、偏好和态度（Buss，1987）。外向的人选择能够使其外向特征得以表达的人作为其朋友、同事或合作者。另外，个体通过选择或加工物理环境来表达其人格。研究还表明，观察者能够有效地利用环境中的这些信息来形成对居住者的印象。现有的基于生活环境信息来源的人格判断的研究主要有萨姆·高斯林（Sam D. Gosling）等人（2002）的关于卧室的

图6-6　萨姆·高斯林，人格"窥探术"专家

研究和办公室的研究。另外，不同的生活环境可能在不同人格信息的展示方面有着不同的侧重点，例如，与工作相关的特质判断在办公室环境下有着较高的准确性。

作为环境与人格关系研究的杰出代表，美国得克萨斯大学的心理学教授萨姆·高斯林用"行为痕迹"来表示"我们日常行为在周围环境中留下的物质迹象，有时是因为不作为留下的痕迹"（Gosling，2009，p. 15）。比如，桌子上脏的空咖啡杯是你不愿意清洗而留下的痕迹。但不是所有的行为都会留下物质迹象，例如，微笑、走路或说话都不会留下痕迹。不过，那些确实会留下痕迹的行为会告诉我们很多关于一个人的特征、目标和价值观的信息。分析行为痕迹是不会打扰他人的一种传统方法，其重点是评估人们在不知情的情况下的想法、感觉和所做的事情，其优势是可以评估那些可能难以直接衡量的特征。对于个人特点，例如自恋，人们通常不愿意诚实回答，他们的态度可能会比较消极。一般来说，这种设计让研究人员可以在别人不知情的情况下去评估他们，而且不会妨碍他们的行为。高斯林的研究主要是关注一个人的重复行为（如某个人一直都在折衣服），寻找的是特定个体影响世界的明显证据，最好是会在那里待上很长时间的一个地方。在这样的地方，专业的观察者可以合理地将这些痕迹和留下痕迹的人对上号。基于这种考虑，研究者开始研究个人生活空间，如卧室和办公室；察看各种类型的表达模式，如音乐爱好和衣着风格等。

根据人格心理学的观点，个体的人格是指属于个人特殊品质的、稳定的思想、情感及行为。如果你按字母顺序整理过一次书籍，并不能表示你是一个井井有条的人；如果你尝试过一道新菜式，也不能表示你是一个心胸开阔的人。因为一个人的行为如果是你人格的一部分，那么它应该是你不断重复做的事情。要想真正有组织性，你必须很系统地放置书籍，并把它们放在该放的位置；要想心胸开阔，你必须经常尝试新菜式，而不只是把它当作典型保留菜单里的小插曲。很显然，重复性的行为会比偶尔"出轨"的行为留下更多的痕迹。卧室和办公室通常是这些重复性行为证据的储藏室，卧室里积累的痕迹比面试记录或一些会议记录更能揭示行为，人们还可以在最不可能和没有特点的地方（如垃圾）找到人格痕迹。

垃圾是行为痕迹最为丰富的地方之一，威廉·拉思杰和他的合作者们已经挖掘垃圾背后的故事多年了，这是最有趣的工作之一。正如考古学家们利用挖掘古遗址来了解古代文化，我们也可以通过研究现在的垃圾来了解我们的社会。研究垃圾是一个严肃、科学的方法，用于鉴定和量化人们购买、消费和丢弃的事物，垃圾项目不是了解特定人群，而是记录消耗和丢弃的一般趋势。如果你有机会可以窥探某人的垃圾桶，千万不要错过，它可能不是灵魂的窗户，但它确实能告诉你许多出人意料的信息，在那儿，你可能会找到个人作品，告诉你此人是怎么想的，又在想些什么。

### 2.2.1　基于卧室的人格判断

卧室是非常私密的空间，也是一个人最有可能真实表现的地方，因此，这样的空间能为人格判断提供大量真实而可靠的信息。在这里，卧室的主人可以做任何自己想做的事情，由此留下的行为痕迹也反映了卧室主人最真实的一面。尽管在某些特定的时候（如朋友造访），卧室主人可能会刻意打扫或整理自己的房间，人为制造某些痕迹，以给他人留下好的印象，但是，我们刻意而为之事比我们无意而为之事更容易被伪造。如果你生活中并不是个很讲究整洁的人，那么你的房间很可能不是真正整洁的，即使你可以把袜子藏起来，并把书柜上的灰尘清除掉，但在短时间内，你也只能做到这些了。要想有一间真正整洁的房间是需要依靠持续不断的行为来维持的，无论我们怎么努力，我们人格中的很多特征都是掩饰不住的。研究表明，我们不能随意扮演自己选择的各种角色（Gosling，2009）。

如何根据卧室去判断主人的人格呢？以大五人格为例，人们总是认为有秩序、整洁、干净而且舒适的房间是宜人性的表现，但事实上，这些线索根本与宜人性无关。想想那些让房间保持干净整洁的各种行为，它们表示房主是有秩序、有条理并以任务为重的人，亦即责任心高的人。从分析中可以看出，这个错误的根源在于混淆了责任心与宜人性的线索，观察者不恰当地使用责任心的线索去判断宜人性。另一个常见的判断错误是，认为充满快乐、五彩斑斓的房间的主人具有宜人性和责任心，没有证据表明这种判断是正确的。布伦斯维克模型帮助我们创建了实地指南（如表6-1所示），该指南说明了人们在了解各种特征时使用的线索，以及他们应该使用的线索。

从指南中可以看出，卧室中最明显的线索是大五特质中的两个特质：开放性和责任心。如果你走进一间屋子，而且觉得这间屋子很有特色，或许沙发是用旧船制作而成，或许图画是倒挂着的，或许餐桌表面喷涂着程式图案，你发现了一个有力线索证明房主是高开放性的人。这种发现让我们了解到关注开放性的观察者应该注意那些不寻常的物品、装饰物的式样或物件的布置。另一个开放性的有力象征是书籍、杂志和音乐种类。开放性强调了兴趣的广泛性以及对各种不同观点的常识。需要注意的是，这里指的是书籍、杂志以及音乐的种类而不是数量。一个拥有很多书的人很可能也拥有很多种类的书，但是如果一个人有10本书，而这10本书涉及的是不同的领域，那么这个人在开放性方面会比有50本关于心理学的书的人得分更高。

表6-1　卧室实地指南

| 作判断时…… | 观察者主要观察…… | 他们应该观察…… |
| --- | --- | --- |
| 开放性 | 装饰过和凌乱的、有特色的、书籍的种类和数量、音乐集的数量和杂志的种类 | 一间有特色的房间，里面有各种书籍、杂志以及音乐集；有关于艺术和诗歌的书籍以及艺术品 |
| 责任心 | 充满欢乐和五彩斑斓、条件好、干净、有序、整洁、整齐、明亮、舒适、衣物收拾得很好；整齐的书籍、音乐集和文具 | 一间明亮、整齐、有序、整洁和舒适的房间；整齐的书籍、杂志以及音乐集 |
| 外倾性 | 装饰过和凌乱的 | |
| 宜人性 | 充满欢乐和五彩斑斓、有序、整洁、干净、舒适、动人，衣物都收拾得很好，条件好 | |
| 神经质 | 空气污浊 | 鼓舞人心的海报 |

（资料来源：萨姆·高斯林，2009，p.142）

### 2.2.2　基于办公室的人格判断

办公室是另一个观察个体人格的物理空间，它为人格判断同样提供了丰富的线索。以办公桌为例，埃里克·亚伯拉逊注意到，分析一张桌子呈现的状态时，需要考虑两方面因素：那些导致混乱的因素（如努力在限期内完成工作）还是那些减少混乱的因素（如收拾干净）。整洁的办公桌要么是因为你把它收拾干净了，要么就是因为没有什么工作要做，所以很整洁。除非你在正确的时间观察这间房间，否则一次拜访是很难将这两种原因造成的"整洁状态"分辨清楚的。许多居住空间中表现特定人格特征的线索会在办公场所出现。干净、整洁、有序以及整齐的办公室有可能属于高责任心的人。在办公室里，有特色也意味着开放性。

但是，居住空间和办公区域之间还是有很大区别的。高斯林（2009）认为装饰过多的办公室其主人属于外向的人。这与卧室不同，在卧室里有些装饰物是错误的线索，而办公室里的装饰物的确代表了其主人是外向的人。办公室（而非卧室）的吸引力也能表现其主人的外倾性，外倾者喜欢接触他人，所以他们会创建一个诱人的空间，吸引人们并让他们在此逗留。外向的人可能会让门敞开着，并在桌上摆放一些糖果作为诱饵。你在他们的办公室逗留，那里会有舒适的座位和大量的装饰物；相反，内向的人可能不太喜欢让他人在自己的房间里逗留。如果你走进一个内向者的房间，别指望自己的需要可以在这里得到满足。坐在一张硬板凳上，零星的有几堵灰墙立在周围，不过几分钟，你便会找借口逃离此地。虽然有吸引力的办公室通常属于一个外向的人，但也别太相信自己的推断。研究表明，观察新手总是认为，吸引力能表现出高宜人性、高责任心、高开放性、高外倾性以及低神经质。但是，有经验的观察者认为，这只能表现出一个人的外倾性而已（见表6-2）。

表6-2　办公室实地指南

| 作判断时…… | 观察者主要观察…… | 他们应该观察…… |
|---|---|---|
| 开放性 | 装饰过的、充满欢乐的、五彩缤纷的、吸引人的、整齐的、充溢的、有特色的、时尚的、不寻常的、拥有各种书籍的 | 有特色的、时尚的、不寻常的、拥有各种书籍的 |
| 责任心 | 条件好的，干净、有序、整洁、舒适、吸引人的，宽敞、普通的 | 条件好的、干净、有序、整洁、整齐 |
| 外倾性 | 装饰过的、充满欢乐、五彩缤纷、整齐、充溢、吸引人、有特色、时尚、现代、不寻常 | 装饰过的、充满欢乐 |
| 宜人性 | 吸引人的 | 人来人往的地方 |
| 神经质 | 不吸引人的 | 装饰过的 |

（资料来源：萨姆·高斯林，2009，p.150）

吸引力为何能够在办公室而不能在卧室表现出外倾性呢？我们可以将办公室和卧室的自然属性进行对比。办公室比卧室更加公共化，熟识的人会在交报告或复印文件时经过。如果你是一位外向的人，你可以把自己的办公区域布置得相当吸引人，这样便可以让这些经过的人稍作停留。而在居住空间中，目的显然就不同了。即使是一个外向的人也不希望过路人看见自己舒服的沙发，然后进来坐一坐。所以吸引力在两个场景中的作用是不相同的。可见，吸引力只会在一种空间内（办公室）留下外倾性的特征。泄露房主宜人性的一个线索是办公室的位置，具有宜人性的人喜欢在人来人往的地方办公，但那些宜人性低的人则喜欢与外界保持一定的距离，这是观察者们容易错过的一条有效线索。

梅雷迪斯·威尔斯（Meredith Wells）对位于不同工作区域的230人如何将自己的办公室个性化进行了研究，研究发现：所有的装饰物和个性化物品在很大程度上都表现了外倾性，只在较小程度上表现出开放性；女性比男性更喜欢摆放物品，而且他们摆放的物品也不一样（Wells，2000；Wells & Thelen，2002）。如果你所在的办公室里有许多植物、小摆设以及一些象征私密关系（与朋友、家人和宠物的关系）的物品，那么你很可能是在一位女性办公室。男性办公室里的摆设大多与运动和个人成就相关。威尔斯（2000）的研究还表明，个性化对雇主和雇员都是有益的。喜欢装饰自己办公室的人对自己的工作更有满足感和幸福感，身体也更健康。所以，人们会认为允许员工将办公区域个性化的公司拥有更高的员工士气和更少的员工流失率。威尔斯认为，从一间办公室的个性化程度便可以看出这个员工对该组织的投入度。工作投入的员工喜欢摆放一些能够表现自己和同事、家人以及朋友关系的物品，他们比不投入的员工拥有更多的艺术品、小装饰物和纪念品。换句话说，这些工作专注的人会把私下的自我融入到工作中，而不是严格地将它们分隔开来。

# 3　网络环境下的人格判断

## 3.1　基于个人网站的人格判断

高斯林等人2002年提出了一个人际知觉模型，该模型详细描述了在物理环境中个人知觉的两种机制：个人身份标签（identity claims）与行为痕迹（behavioral residue）。身份标签是由个体作出的关于他们有可能会被怎么看待的象征性声明，这些声明指向自我或用于向他人传达信息；行为痕迹是指一个人的行为在不经意间留下的物理痕迹，它反映了行为在环境内外的表现，现实环境中的信息来源往往包含这两方面的信息。尽管该模型是基于个人办公室和卧室的人格印象研究，但是我们很容易将它从物理环境推广到虚拟环境（如个人网站）。在此前的研究中，研究者无法区分身份标签和行为痕迹到底在多大程度上影响了个人知觉，因为无论是办公室还是卧室背景环境，既有身份标签的信息也有行为痕迹的信息。而在个人网站的背景中，很少有行为痕迹的信息，因而可以单独考察身份标签对个人知觉和人格判断的影响。

个人网站是一个快速发展的自我表达的媒介，有着显著的身份标签。网页上通过各种媒介表现出来的身份标签能够反映价值、兴趣和目标，包括：关于用户政治信仰的文档声明，用户冲浪的视频（一项对用户自我认识很重要的活动），斥责足球规则里那些怪招的博客，著名电影导演和其他英雄的照片以及许多其他的象征符号（展现对宗教、民族、文化和政治群体的忠诚）。如果你花时间浏览个人网站，你会因自己找到的大量信息而感到惊讶。例如，一位名叫香格里拉的女士的网站上涵盖的信息就包括：她的业余爱好、政治信仰、诗歌、情绪变化的记录和一些讲述个人事情的文章分类，还包括了家人（几代人）、假期、宠物、花园、厨房和汽车的照片以及一些她敬佩的人、向往的地方和与事情有关的图像。上面还列有她看过的电影、书籍、音乐家和电视节目，她还对

图 6-7　个人网站是自我表达的媒介，有着显著的身份标签

（资料来源：rpgwebgame.com）

上述信息进行了排名。高斯林等人（2011）的研究发现，网站确实是一个了解他人的好地方，通过考察网站所得到的信息至少和在卧室、办公室所了解到的信息一样准确。与其他领域相比，我们可以通过网站在更广泛的人格类别中获得更准确的信息。

　　基于个人网站的网络知觉（e-perceptions）涉及以下三个基本问题：

　　（1）一致性：个人网站有没有给观察者提供一种连贯的、解释性的信息？根据网络环境自身的特点，研究者推断，基于个人网站所作出的人格判断的一致性将更高，原因有两点：其一，信息的高重叠性，因为网站是为了方便他人浏览的，所以网站的排版布局等都是以能清晰透彻地了解网站信息内容为原则。因此网站的所有观察者很可能都了解到了同样多的信息。观察者之间信息总量的重叠性在肯尼（1994）的加权平均模型（WAM）中是影响判断一致性的一个重要参数，高重叠性导致了高一致性。其二，个人网站几乎完全是由身份标签组成，而身份标签使用了有共同意义的符号，根据肯尼的加权平均模型，拥有相似意义系统这一优点将导致更高的一致性。

　　（2）准确性：个人网站传递的信息准确吗？有相当多的证据表明，即使是依据很有限的信息，人格印象通常也是相当准确的（Chaplin et al.，2000；Markey & Wells，2002）。研究表明，人类有着天生的相互判断的才能。与此前的设想不同，人格判断在很大程度上并不会受偏见或失误的影响（Funder，2001）。此外，个人网站提供了大量容易访问和获得的信息。正因为如此，研究者推测所有的人格维度在基于个人网站的人格判断中都有很高的准确性水平。

　　（3）印象管理：个人网站传递的信息完全是积极的吗？根据印象管理理论，人们会倾向于操纵展现在他人面前的个人印象，其目的是赢得尊重和社会地位（Schlenker，1980）。实验研究发现，在特定的情景下，人们比较关注别人是怎样

看待自己的。而个人网站是一个高度可控的信息渠道，而且很少有现实的压力，因而成为真实自我表达的理想场所。

针对上述三个问题，瓦兹和高斯林（2004）考察了基于个人网站的人格印象的准确性。11 位观察者观看了 89 个网站，同时要求他们对网站作者的人格进行评估，研究者将这些评估结果与准确性标准（自我报告和在线浏览者的报告）以及网站作者的理想自我评估进行比较。研究结果表明：①在人格大五因素模型的所有维度上，一致性存在显著的正相关；特质间的一致性水平有差异。开放性和外倾性表现出最为显著的一致性，其次是宜人性和责任心。情绪稳定性的一致水平最低，不过仍然是显著的。②准确性都达到了显著的正相关；特质间的准确性水平具有差异性。开放性的准确性最高，然后依次是责任心、外倾性、情绪的稳定性，最后是宜人性。③单独基于身份标签的印象能够准确地反映网站作者的真实状况。④网站展现的是理想自我，而不是真正的个人特质。

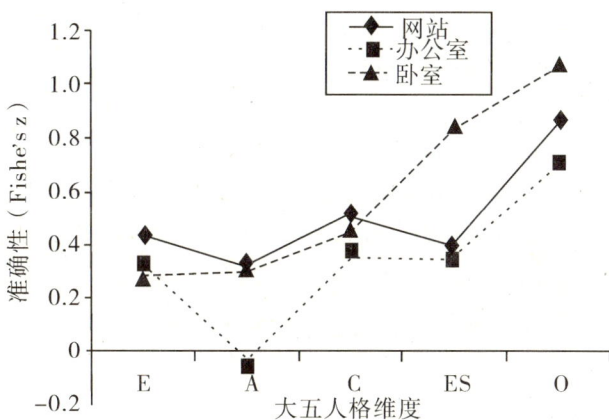

图 6-8 基于个人网站、办公室和卧室印象的准确性

（资料来源：Vazire & Gosling，2004，p. 129）

［注：个人网站的研究来自瓦兹和高斯林（2004）的研究，办公室和卧室的研究来自高斯林等人（2002）的研究，图中 E = 外倾性，A = 宜人性，C = 责任心，ES = 情绪稳定性，O = 对经验的开放性］

通过比对个人网站、零相识、熟人三种不同信息背景下的人格判断发现，个人网站评估的总体准确性介于熟人与零相识之间，即相对于简短的相互交流，从个人网站能够获取更多的有效信息，但是比熟人所获得信息的效果差。然而，与其他两种信息背景相比，个人网站评估的外倾性特质准确性最低，三者在责任心评估的准确性方面没有差异，而熟人评估和网站评估在开放性维度上有着相似的高准确性。通过对虚拟环境（个人网站）和物理环境（卧室、办公室）的比较发现，网站评估获得了与卧室和办公室评估一样的准确性（如图 6-8 所示）。这

表明，在虚拟环境中，尽管有些行为痕迹方面的信息丢失了，但仅仅依据个人身份标签也能获得同样的信息效度。这可能是因为网站的设计以自我表达为目的，因而提供了大量清晰的、可解释的信息，但并不能以此判断身份标签的信息效度大于行为痕迹的信息效度。

最近，高斯林等人（2011）在两项研究中考察了在线社会网络（online so-cial networks，简称 OSNs）中的人格表现，以揭示大五人格特质与基于 Facebook 自我报告的行为及可观察基本信息之间的不同联系。研究一发现，外倾性不仅预测了 Facebook 使用的频率，而且还预测了上该网站的行为表现。研究二显示，与内倾者相比，外倾者在 Facebook 中表现出更高水平的行为痕迹。正如在现实中的表现，外倾者会寻找实际的社交活动，在其朋友清单和图片记录中都会留下行为痕迹。总之，研究结果表明，在线社会网络使用者会将其现实中的人格扩展到在线社会网络领域，而不是逃避或补偿其现实中的人格。

瓦兹和高斯林（2004）使用公开—隐私、高控—低控两个维度对人格判断的信息来源（背景）作了分类。已有的研究考察了卧室（Gosling et al.，2002）、衣着（Burroughs et al.，1991）、梦（Bernstein & Roberts，1995）、面对面交流（Funder et al.，1995）、握手（Chaplin et al.，2000）、语言风格（Mehl & Penne-baker，2003）、音乐偏好（Rentfrow & Gosling，2003）、办公室（Gosling et al.，2002）、身体吸引力（Berry & Finch‐Wero，1993）、网站（Vazire & Gosling，2004）以及写作（Pennebaker & King，1999）等对人格判断的影响（如图6-9所示）。公开—隐私维度是指属于集体的、大多数人看得见的还是属于个人的、隐蔽性的；高控—低控维度是指个体对其是容易及时操纵的还是很难在短时间内改变的。图中显示，各种信息背景在模型中的分布很不均匀，大部分的信息背景都集中在模型的右上区域，即高控制性与高公开性，而对左下区域的研究却非常少。在模型的低控制性、高隐私性区域，对梦的研究是少有的几个研究之一。有理由相信，基于不同区域信息研究结果的准确性与一致性会有较大差异，不同特质的评估结果在不同的信息背景下也不相同。例如，低控制性、隐私性的信息来源应该更能够提高判断的准确性与一致性。此外，在依据该类信息进行人格判断时，那些相对内隐的特质（如情绪的稳定性、责任心、宜人性等）判断的准确性应该更高。目前大部分研究都是集中在右上区域，今后的研究应该更多针对左下区域的信息。

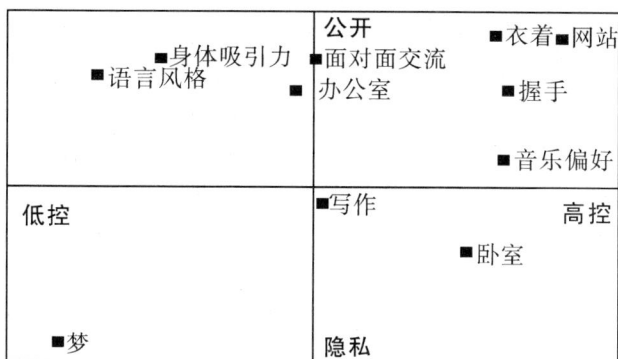

图 6 - 9　日常生活情境中的行为表达维度

（资料来源：Vazire & Gosling，2004，p. 130）

（注：人际知觉情境的特性可以通过假定影响人格表达的维度进行分类，我们将这些背景界定为两个维度空间：公开对隐私，高控对低控。）

## 3.2　电子邮件与 QQ 个性签名

电子邮件蕴含着大量的人格线索，很多时候我们甚至不需要打开邮箱，仅仅根据邮箱的用户名就能猜测出对方的人格。克里斯汀·蒋—施奈德（Christine Chang - Schneider）是美国得克萨斯州立大学的一名研究生，她对日常的人格表现非常敏感，这让她开始了一项自己都没有预料到的研究。观察人们怎样选择恋人是这项研究的一部分，她需要选择一些非常喜欢自己以及不喜欢自己的女性（根据自恋的得分）作为研究对象。为了邀请对方参加这项研究，克里斯汀收集了她们的电子邮箱地址，并立即注意到这两类人的不同。自恋分数高的人喜欢使用如 redhotjenni（直译：新潮詹妮）和 princess_suzy（直译：苏济公主）这样的用户名；而自恋分数低的参与者选择的是 adeyesagain（直译：又是悲哀双眸）和 nothingmuchinside（直译：内在空虚）这样的名称。克里斯汀想了解这是否是一种比较广泛的形式，结果发现，在某些情况下确实是这样的，尤其是人们给自己起名时，用户名会告诉我们人们是怎样看待自己的。

即便你有机会设立自己的电子邮箱名，但是在表达方式上，因为名字都很短，你还是会受到限制。如果你是用于正式交流，那还需要避免使用太奇怪的名字。日本甲男女子大学的森津太子（Tsutako Mori）指出，年轻人第一次见面时，如果发现喜欢对方，他们首先会互换电子邮箱地址。在这些场合，电子邮箱与交换名片差不多。森津太子认为，年轻人聊天的第一个话题通常也是谈论电子邮箱名称的来源。从一个观察者的角度来看，单凭这些地址就可以了解到很多令人惊讶的信息。森津太子发现，借助于电子邮件，观察者对发件人的外倾性能作出非

*Personality Judgment: A Multidimensional Perspective*

常准确的判断，而对开放性判断的准确性则稍差一些。积极的外倾者与那些低调的内倾者的电子邮箱地址的一个不同特征是前者语气顽皮而快乐（有一个外倾者的电子邮箱地址是一个充满活力、精彩的视频游戏名）。外倾者还会用"可爱的小白兔"、"阳光来了"、"爱和微笑"这样的用户名，这类地址大都表现了愉悦的情绪。内倾者经常使用没什么意义的数字作为地址，他们不会将地址拟人化，这可能反映出他们行动不够积极而且缺乏与他人交往的兴趣。一些内倾者的地址是一些灰暗的词汇，如"夕阳"和"扭曲的瘾君子"。

顾名思义，个性签名就是通过签名展示自己个性的做法。QQ 个性签名是从腾讯 QQ 聊天软件延伸出来的一个功能。QQ 个人设置中个人资料里有一栏个性签名，在这里用户可以根据自己的爱好、心情来设置自己与众不同的个性签名。与电子邮件相比，QQ 个性签名更能折射出一个人的思想、情感及人格特征。从表面上看，这种签名似乎只是个体心情及爱好的体现，但是深入分析可以发现，持久的心情和爱好其实也是人格的一部分。一方面，用户在选择何种签名时往往会经过深思熟虑，最终呈现出来的签名既有可能反映他的现状、处境、知识、经验及才能，也有可能投射他或她的过去及对未来的信念，这些足以帮助我们去判断他的整体面貌，即人格。

同时，个性签名也是给人留下良好印象的重要渠道。正如人的衣着打扮及言行举止一样，人们会通过个性签名操纵自己给他人的印象，每个人都希望将自己最好的一面展示给别人。与现实中的印象操纵不同，通过 QQ 个性签名所形成的印象不只是好的一面，而且也有可能是最真实的一面，这为我们判断签名者的人格提供了极有价值的信息。当然，不同类型的 QQ 签名体现的人格特点也不一样。例如，有些人的签名更换频繁，可能反映出用户是一个兴趣广泛而又情绪化的人；有些人的签名属搞笑逗乐型（"人生就像愤怒的小鸟，当你失败时，总有几只猪在笑"），这种人很可能是外向而又比较乐观的人；有些人的签名属励志型，表面上判断此类人好像是有上进心的人，但他的签名可能恰好折射出他属于那种常立志的人；有些人的签名属于伤感型（"我们走得太过匆忙，那凌乱的记忆洒满了一地"），这可能反映出签名者悲观的人生态度及不稳定的情绪特征。总之，通过分析个性签名，观察者能够找到比较真实可靠的、用以判断签名者人格特征的线索和信息。

**链接：电子邮件的两难——没有非语言线索的交流**

电子邮件面临着这样两难的情境：语言表达完整了，但是没有非语言线索赋予它们隐含的意义。幽默、讽刺、悲伤和其他情绪都被剥离开来，仅仅留下语言，可能产生误解。有时我们为了更加清楚地阐述立场会加入一些表情符号，比如：☺。尽管现在已有成百上千的表情符号，但正式邮件并不适合插入表情符号，它们有时很难理解，比如什么是% -或者;~/?（分别代表"我困惑了"和"我不肯定"）(Kruger et al.，2005)。

电子邮件写作者意识到缺失非语言线索变成如此重大问题了么？贾斯廷·克鲁格（Justin Kruger）及其同事（2005）的研究显示，答案是没有意识到。他们的研究被试为大学生，给被试每人一系列主题（比如"寝室生活"、"约会"）进行交流，每个主题都符合以下四种情形之一：讽刺、悲伤、愤怒、严肃。被试的任务是构建关于这个主题的陈述，并要成功传达合适的情绪。共有三种途径进行交流：面对面、仅仅只有声音、电子邮件。最后被试或者与陌生人进行交流，或者与亲密朋友进行交流。

在被试正式开始实验之前，还需要回答被试有多少把握能传递正确情绪。研究表明，信息发送者大都预期能准确传达情绪。被试对于他们的交流能力都非常有信心，无论是哪种交流方式，约90%的被试都自认为能很好地完成任务。接下来，信息接受者会报告他们实际知觉到的情绪和准确度。结果显示，如果是用电子邮件联系，信息接收者明显没有获得预期的情绪传递。值得注意的是，信息接收者是被试的朋友还是陌生人，这对信息接收没有任何影响。因此，电子邮件写作者对于自己的语言表达过于自信了，他们或许并没有传递出所有的信息。

这一研究带来的启示是：仅仅依靠语言进行交流，比如电子邮件交流，经常会陷入一个危险的境地。你需要小心、十分小心，尤其是你撰写电子邮件的时候，你有可能被误解，而这些误解往往会给你和他人的交流带来严重后果。另外，有时你十分肯定自己的意思被完全说明了，但请注意这仅仅是你的想法而已。

（资料来源：Aronson，Wilson，& Akert，2012，pp. 108 - 109）

## 3.3　网络聊天

互联网是一种全新的传播媒体，它的开放性、平等性、互动性、虚拟性和隐蔽性让所有踏进过网络世界的人都流连忘返。无论你的职业、身份、地位如何，网络似乎都有同等的吸引力，有人甚至将上网看作是在无所事事或手头任务没有吸引力时的一种替代活动（Hills & Argyle, 2003）。网络具有强大的功能，信息传播和交流是其主要功能之一。在互联网络中，人们相互之间可以跨越时间和空间进行聊天和交流。与面对面交流不同，网络聊天所获得的信息主要是书面的文字信息，具有极强的隐蔽性和欺骗性，由此作出的人格判断也有别于现实生活中基于面对面交流的人格判断。在《赛博空间的人格》一文中，研究者考察了个人主页与人格表达的关系，结果发现，一般网站所有者报告的人格特征偏内向，对经验的开放性更高；与对照组相比，网站所有者在自恋倾向、自我监控和自尊方面普遍一致，这些特质的性别差异在网站所有者中通常更小（Marcus, Machilek, & Schütz, 2006）。一项关于青少年分裂型人格障碍（schizotypal personality disorder, 简称 SPD）与互联网使用的研究表明，与控制组相比，SPD 被试与真实生活中的朋友社会交往明显偏少，而网络交往则比较频繁，加入聊天室、合作性网络游戏、使用电子邮件等，与 SPD 症状和抑郁症状呈显著正相关（Mittal, Tessner, & Walker, 2007）。

尽管网络聊天也有视频聊天，但这种面对面获得的信息仍然有限。有过网络聊天经历的人都关注同一个问题：基于网络聊天所作出的人格判断可靠吗？如果对方是个陌生人，通过网聊你会形成怎样的第一印象？如果对方是你的亲朋好友，你或对方在网聊时又会有怎样的表现？据此又会作出怎样的判断？这种判断会有别于现实中的判断吗？为此，研究者通过 16PF 和网络聊天问卷考察了网络聊天中人际知觉及人格判断的准确性（吴蔚，2003），结果发现：①网络聊天的人际知觉在某些人格特质上具有一定的准确性，其中内在特质比外显特质在网络聊天中更容易被准确判断。在面对面的交流中，判断准确性最高的是外倾性，而该特质在网络聊天中的准确性最低。②网络聊天的人际知觉在某些人格特质上具有一定的元准确性（一种知道他人如何看待自己的能力，见第八章内容），而且在这种情况下元知觉（人们对他人知觉的知觉）的形成过程与自我判断模型更吻合。③知觉者和知觉对象的人格特点对人际知觉的准确性和元准确性都有一定的影响；网络聊天内容的真实程度越高，判断的准确性和元准确性也越高；与面对面的交流不同的是，特质的可观察性越高，人际知觉的准确性和元准确性反而越低；特质的社会期望值对准确性有一定的影响，但对元准确性没有明显的影响；虽然准确性和元准确性并没有表现出明显的性别效应，但与性别相关的刻板印象在网络聊天的人际知觉中仍然存在。④自评和他评的差异显示，被试在聪慧性和有恒性上存在自我增强的现象；自评和元知觉的差异显示，在网络聊天中人们可能表现得比真实的自己更外向。⑤网络聊天中人们对聊天对象喜欢的程度受其人格特质中的乐群性、紧张性以及先前的网络聊天经验的影响。

由于虚拟世界与现实世界的不同，人们在网络上的表现无疑与现实情境中的表现不同，有两种可能性值得分析：一方面，人们在网上聊天时比在现实中的表现更真实，这主要归因于互联网本身的特点，由于互联网有不需要面对面，人们在网络中的表现可能会更大胆、更直接，现实中难以启齿的话语常常会出现在网络语言中，这一点尤其体现在陌生人交往中。此外，就情境的强弱而言，以休闲为目的的网络聊天，它所营造的聊天空间是一种弱势的情境，现实中的规则所起的作用有限，交往双方无须承担太多的责任，因此不会有太多的顾虑和太大的压力。此种情境下人们的表现更轻松、更真实，对于内向和现实中有交往焦虑的人来说，网络聊天是一种自我释放的有效途径。另一方面，基于网络交往和聊天所作出的人格判断也有可能比现实中作出的判断更不准确，这也要归因于互联网自身的特点。由于互联网有虚拟性和隐蔽性的特点，人们在网络世界中更容易伪装自己，也更有可能进行欺骗。在互联网上，"没有人知道你是一条狗"，你可以随心所欲地表现，你也可以不负任何责任，你还可以变成任何一种类型的人，这些显然会削弱网络世界人格判断的准确性。没有人会轻易相信一个陌生人在网络中说的一句话，与现实世界相比，网络世界中人与人之间的信任度更值得怀疑，因此相互之间的判断也可能更不准确。

# 4　人格判断的其他信息源

## 4.1　词汇的使用

人类进行思想表达的语言文字，也成为人格判断的有效信息来源，因为语言文字是表达自我的一种方式。词汇研究认为，个体对词汇的使用是有差异的，这种差异性反映了心理上的差异。一个人的讲话风格肯定和自信，抑或一直与性的题材有关，这些很可能都不是偶然的，词汇的选择可能反映了较稳定的心理过程。按照人格心理学家的观点，人格是个体持久的思想、情感和行为的模式（Funder，2007），而语言是系统地传递思想和情感规则的方式（Merriam – Webster Online Dictionary，2005）。可见，人格与语言的定义已经暗示了两者之间的关系。

心理语言学理论认为，个体语言的产生有四个阶段：①对要表达的想法概念化；②规则化语言计划；③表述计划；④对表述进行监控（Carroll，1999）。弗洛伊德（Freud，1916，1964）指出，人格特性在开始的两个阶段就被编码进了语言。费斯特和范德（2008）对词汇使用中人格的表现进行了研究，目的在于用一个宽泛的人格资料来识别与人格相关的词汇使用类别。研究者采用 181 个被试的数据，将在 1 小时生活史采访中使用的词汇与人格的自我判断进行相关分析，由亲近的熟人对样本被试进行人格判断（对样本被试保密）。行为评估则直接来自于在与挑选被试的背景相分离的其他背景中对被试的直接观察。使用的几类词汇与自我和熟人的人格评估以及行为都有着显著的相关。这意味着，与先前观察到的结果相比，词汇使用在很大程度上与人格相关。

一些研究者指出，在考察人格与语言的关系时，词汇使用和分析是一种有广泛前景的方式，这是因为：首先，词汇使用可能提供了肉眼或耳朵并不易察觉的心理信息。佩内贝克等人（2003）认为词汇统计"从远处"提供了语言信息，因为在平常的社会环境中，人们忙于理解与回应所说的内容，无论是说话者还是听者都不可能去对词汇的使用进行监控。其次，词汇统计得分的心理学解释与人格定义是等同的，研究人员通常假设对所给词类的个人得分反映了该类别对他的重要程度。例如，使用了更多与自我相关词汇的个体可能特别看重自我；使用了更多情绪词的个体可能更为看重个人情感。最后，大量的证据表明，个体在写作和讲话中词汇使用的差异具有跨时间和跨情境的一致性。在美国，每个高中毕业生大概掌握了 45 000 个词汇，但是个体却以稳定的方式从个人词典中来提取使用词汇（Nagy & Anderson，1984）。这看起来有某种内在的结构在起着作用，且人格很可能是这种内在结构的一部分。

尽管有充分的理由相信词汇统计方法是研究人格和语言关系较好的备选方案，然而实际的问题是：简单的词汇统计告知了我们关于人格的哪些内容？这个问题能够通过考察三个主要的标准类型来评估，包括词汇使用和人格自我判断、他人判断以及可观察行为的相关程度。已有的研究很少注意这些关系，大多数都是集中在人格的自陈报告和词汇使用之间的关系上，所得到的结果也很不一致。正如彭尼贝克（Pennebaker）等人观察到的那样，尽管人格的自陈报告常常和词汇使用相联系，然而其重要性确实出人意料的小。

研究发现，与自陈报告相关最为显著的是代词，自我相关（如 I 和 me）的代词使用最多，而且它们的使用与自陈报告中的沮丧、自恋、内向有正相关。根据临床研究和实践，温特劳布（Weintraub，1989）认为，自我相关词汇使用率高的个体是自我关注（self-preoccupied）的人，使用率在中等程度的个体是有主见（autonomous）的人，使用频率低的个体是相当超然和客观的人。除代词外，很少有研究考察人格的自陈报告和其他词汇分类之间的相关性。吉尔和奥伯兰德（Gill & Oberlander，2002）发现，自陈报告的外倾性与词汇的使用总量正相关，并且与词汇类别数低相关（预示着缺乏明确的、准确的语言）。

词汇使用与人格的自陈报告及行为之间的相关研究很少取得成功，考察人格他人评估的相关性似乎更有前景。梅尔（Mehl）等人采用电子触发录音装置（e-lectronically activated recorder，简称 EAR）来收集被试两天内所使用的词汇，并且让评判员通过听 EAR 记录来评估目标对象的人格（Mehl, Gosling, & Pennebaker, 2006）。研究结果表明，大五人格特质的陌生人评定（单独基于目标对象的语言样本）与大五人格的自陈报告及 23 类使用词汇有显著相关。总的来说，代词、诅咒词（swear words）、负性情感词、过去式动词的使用与人格有着最明显的相关性。例如，使用了更多诅咒词的个体被认为是低宜人性、低责任心、低开放性，并且是高外倾性的人。这个结果证实了刻板印象：经常诅咒的人是开朗的人，然而往往也是没有教养并且反叛的人。然而，正如以往的研究那样，人格的自陈报告和词汇使用有着相当低的相关性。该研究还有一个新的发现，即许多相关都与性别有关，这表明在考察人格与词汇使用之间的关系时，应当将注意力放在性别差异及相似性上。

## 4.2 作品或文章

与语言相关的另一种信息源是文章（如日记等），这类信息一般具有较高的隐私性。研究发现，行为的可观测性与观察者的准确性之间有密切相关。然而，公开的背景必然会对人格本质的表达有各种限制作用，从而影响到个人知觉的准确性。例如，如果你意识到自己比较邋遢，那么在一次面试前你可能会进行一番精心打扮。相比之下，隐私背景下的信息较少经过刻意的加工或掩饰，因此能够提高人格判断的准确性。

无论作者所写的是一部小说、一篇日记、一则信息还是一条博客，词汇的使用似乎都与作者的认知、情感及社会过程相联系（Cohn et al., 2004；Hirsh & Peterson, 2009；Yarkoni, 2010）。写作也被成功地用于心理治疗，写作模式在不同时间和不同情境下具有稳定性和一致性（Pennebaker et al., 2003）。通过使用词汇，一个人能够更直接地表现他的人格（Fast & Funder, 2008）。首先，写作反映了人们自身独特的情绪、动机和思想，反映了他们的现状或其一般的生活；其次，不管他们所写的主题类型如何，写作揭示了人们使用词汇方式的差异及如何组织词汇。这样一来，除了写作方式的差异外，写作本身的差异也会与人格特征的表现相联系（Küfner et al., 2010）。

从意识流文章的研究中发现，人们对大五人格维度的判断准确性是相对均衡的，但并不完全相同，从描述性水平分析，对宜人性、责任心和情绪稳定性判断的准确性更高，而对外倾性和开放性的判断准确性相对要低一些。德扬（De Young, 2006）从大五人格维度中采用因子分析提取了两种元特质（meta-traits）：稳定性（stability）与可塑性（plasticity）。稳定性元特质包括宜人性、责任心和情绪的稳定性，以及稳定的动机与情感成分；可塑性元特质包括外倾性和开放性，体现了行为（外倾）或认知（开放性）对社会或世界的探索。在某种程度上，稳定的动机和情感成分反映了个体的内部过程，而对社会或世界的探索更多地反映了个体的外部过程。相比于与可塑性相关的大五人格维度，与稳定性相关的大五人格维度的判断准确性水平更高。这激发一些心理学家通过研究不同背景和不同来源的个人信息判断准确性来考察公开—隐私维度的差异对人格判断准确性的影响。

如果你让某人给你讲个故事，你是否能根据此人讲的故事告诉对方他是个什么样的人呢？屈夫勒（Küfner）等人（2010）借助透镜模型分析人格与创造性作品的关系回答了这一问题。这些研究者要求 79 个目标被试用事先给定的 5 个单词写一个简短的故事（这些词包括"飞机坠毁"、"客厅女服务员"、"烟火表演"、"中世纪"以及"超市"），然后要求观察者根据被试所写故事评定目标被试的大五人格及其一般知识，结果发现：①观察者对大五人格和一般知识作出了一致性的判断；②对经验的开放性、宜人性和一般知识的判断比较准确；③准确性的获得归功于正确使用了有效的线索。此外，研究者在另一个样本中（N = 126）也重复了上述结果。

许多关于人格判断准确性的研究都是集中关注在自然条件下公开的个人知觉情境（如面对面交流、个人网站），据此获得的公开信息可能会影响判断的准确性。霍勒伦和梅尔（Holleran & Mehl，2008）根据隐私性较高的信息（个人思想的自然流露）考察了人格判断的准确性。由于隐私性信息更加自由、更加真实，因而能够提高特质判断的准确性。研究中 9 个没有经验的判断者以 90 个目标对象在 20 分钟内所写的意识流文章为根据，对他们进行人格评估。判断者在大五人格所有维度上的准确性水平都比较显著。在大五人格所有维度显著而又有相对一致的准确性意味着：人的即时思想在普遍意义上而不仅仅是在特定的个人特质（如神经质）上为准确性判断提供了很好的信息。结果表明：①判断的一致性水平在开放性维度上最高，在外倾性上最低；②与其他评估手段相比，对意识流文章的评估提高了所有特质判断的准确性；③与低隐私性文章相比，对高隐私性文章的判断在外倾性、宜人性、情绪的稳定性三个维度上准确性更高，在责任心、开放性的判断上两者差别不大。

**链接：音乐偏好与人格**

一项针对 36 000 多人的调查显示，人的音乐品味与人格紧密相连。剑桥大学研究人员表示，人们可以通过音乐来判断对方大概是怎样的一个人。摇滚乐迷通常比较有艺术气质或者反叛，古典音乐爱好者比较有文化修养，而说唱乐迷则比较有运动天赋，但容易产生对立情绪。英国剑桥大学詹森·伦德弗罗（Jason Rentfrow）博士说："尽管我们的假设不完全准确，但我们往往通过询问对方喜爱怎样的音乐来形成对对方的看法。"调查发现，很多人都根据别人的音乐品位来判断对方的人格、价值观、社会地位和种族等，不同音乐类型爱好者的人格有着鲜明的差异。伦德弗罗在一篇题为"你即你所听"（*You Are What You Listen To*）的报告中说，音乐确实能强化人们的传统观念和社会偏见，但这往往有偏差（Rentfrow, McDonald, & Oldmeadow, 2009）。他说："与传统观念相反，重金属或朋克音乐乐迷有时更友善、热情和平易近人。如果我们知道某人喜好什么音乐，就可以对他的性格有许多了解，尽管如此，我们也不能自以为是地断定这是他的全部人格。"

萨姆·高斯林表示，找出他最爱听的 10 首歌，就能大致了解一个陌生人的性格（Rentfrow & Gosling, 2003, 2006）。喜欢爵士乐、古典音乐等复杂、深奥的音乐的人，通常聪明、讲究生活情调，有些"阳春白雪"，有时让人难以接近。相反，喜欢乡村音乐、流行音乐，比如大众排行榜上歌曲的人则通常较为循规蹈矩，做事风格

图 6－10　音乐品味反映了你的人格

相对保守，相处起来比较真诚，容易亲近。喜欢舞曲、迪斯科等表达强烈情感音乐的人，思想活跃，情绪控制能力较弱，容易冲动地说出自己的想法。而喜欢歌剧、戏曲等带有完整剧情音乐的人，通常较为内向、敏感，容易受到剧情的影响，有时爱钻牛角尖。值得注意的是，爱听摇滚或说唱音乐的青少年，并不一定是离经叛道，有时他们可能更加内向怯懦，想逃避现实，需要更多关注。

（资料来源：国际在线．http：//www. sina. com. cn, 2010－07－23.）

# 第七章

# 人格判断的个体差异

......

# 1　人格判断的人口统计学差异

## 1.1　关于个体差异研究

特质心理学家认为，人与人之间存在一定的差异，任何有意义的个体差异都可表现在人格特质方面。例如，有些人爱说话，有些人则比较沉默；有些人积极主动，另一些人则消极保守；有些人热衷于交际，而有些人则喜欢形影孤单；有些人喜欢解决复杂的谜题，有一些则避免心理挑战；有些人生性勇敢，有些人却懦弱胆小。由于特质心理学是关注个体差异的研究，因此也有人称之为差异心理学。除了人格特质，差异心理学还研究其他形式的个体差异，比如能力、气质、智力、兴趣、性别以及年龄等。人与人之间存在很大的个体差异，即使是同卵双胞胎，他们在特质、气质、能力等方面也不完全一样。同样地，也没有哪两个人采用相同的方式行动、思考或体验。

图 7 - 1　个体之间的差异性和普遍性

对个体差异的关注是特质心理学家一贯的作风。在描述这些差异时，克拉克洪和默里的话非常精辟："每个人在某些特定的方面：①与所有人相似；②与某些人相似；③与任何人都不相似。"（Kluckhohn & Murray，1961，p. 53）这句话到底要表达什么意思呢？第一点是指每个人都拥有某种共同的心理特征和过程。例如，所有的人都有基本的生理需要，包括食物、水、性的需要等。第二点是指个体差异的一些特征，我们可以将具有相似特征的个体分为一组。例如，外向的人在某种程度上有类似的特征，这些特征可以将他们与内向的人区分开来。第三点是指在某些方面每个人都是独一无二的，和其他任何人都不具可比性。每个人的基因组成、经历以及世界观与过去、现在和将来的任何一个人都不相同（Allport，1937）。在上述三个层面上，特质心理学更加关注第二个层面，因为特质论以所有人"与某些人类似"这一观点为基础，这对于评估个体差异的大类别来说很有意义，也很有用，它假设人们在某种意义上就是他们的特质（Funder，2009）。

西方心理学对个体差异的研究源于生理学家和心理学家对实验室实验中个体差异的关注。自 1879 年冯特建立了第一个心理学实验室以来，心理学家们在研究人类行为的共同特点时发现，对于相同的刺激，被试的反应常常不同。起初以为这是由实验本身的误差造成的，但是经过长期的实验观察后，终于发现这种差异与误差无关，而是由被试个体之间的差异造成的。这一发现引起了研究者对个体差异的关注。近年来，关于个体差异的研究仍然是心理学的一个热点问题，学习风格、内部动机、认知方式等个体差异变量逐步受到了人们的重视。就人格判断而言，与其他的认知任务一样，能力、动机、人格、性别乃至民族等差异都会影响到判断的准确性。在现实准确性模型中，判断者的个体差异是影响判断准确性最重要的调节变量之一。在相同的情境下，对于同样的判断目标，有些判断者的准确性很高，有些则比较低，这无疑与判断者的素质和特点有关。什么样的人是最好的判断者？一直以来临床心理学家假定某些人更擅长判断人格，1955 年前关于准确性的大量研究似乎解决了这一问题（Taft，1955），但答案却不能令人满意。

关于个体差异的研究，近年来通常采用社会关系模型（SRM）进行分析。一般说来，在实际操作过程中对人评估主要包括两个方面，即真正的个体差异和社会认知。SRM 正是基于社会认知而发展的一种分析方法和研究策略，以检验人的认知准确性、一致性等一系列问题为主要目的（张宏宇，许燕，柳恒超，2007）。SRM 最初源自于人际知觉的研究，社会心理学家在真实情境中研究人际的互动，直接推动了社会关系模型的产生和发展。社会关系模型为人际过程与对人际知觉等一系列的社会心理学问题的研究提供了数据分析策略和分析工具。

传统个体差异的模型中关于一致性的研究常常混杂着来自独特关系的变异，由此得出的个体差异结论似乎并不可靠。相反，SRM 分离出这种关系效应（组群效应）正好弥补了传统方法上的缺陷。SRM 运用统计分离出这种实际存在但又不易研究的成分，使得个体差异研究结果更为准确和科学。因此，与其他理论相比，作为分析人际互动背景下人格差异来源的方法之一，SRM 更加具有优势（Letzring，2008）。

## 1.2　性别差异与人格判断

性别差异是个体差异中最基本的差异之一，它既与生物学因素有关，如英文中所指的 sex，也与社会文化因素有关，如英文中所指的 gender。由于遗传素质的差异，男女两性自出生之日起就存在明显差异，这些差异不仅有生理上的，还有心理和行为表现方面的差异。随着年龄的增长，生物学意义上的两性差异不断展现，社会对两性的不同要求使这种固有的性别差异进一步扩大，最终形成与社会规范一致的性别角色。在当今大多数文明社会，男女两性的角色要求基本一致，这充分体现在社会分工和心理特性上。从后者分析，在人格特征方面，男性一般是比较冒险的、冲动的、果断的、有男子气的，而女性则是比较温柔的、细腻的、体贴的、情绪化的。

在智力差异方面，男性一般擅长于操作，逻辑推理以及空间和运动智力更有优势，女性则擅长于言语，形象的、人际的、内省的智力更有优势。很显然，男女两性的上述差异无疑会影响对人知觉和人格判断的准确性。从整体上分析，我们认为两性在判断的准确性方面应该没有明显差异。如果仅仅是把人格判断当成一项认知活动的话，那么男性可能更有优势，因为相对理性和擅长推理的男性特征有助于提高判断的准确性。但是，人格判断不是一项简单的认知活动，人际知觉不同于一般知觉，这种活动不仅需要一般智力参与其中，更需要社会智力发挥作用。研究表明，好的判断者是那些投身于发展和维持人际关系的人，这种特性被称为"交际性"（Bakan，1966）。

那么，究竟是男性还是女性的人格判断更准确呢？研究者只有通过实证研究才能解答判断准确性的性别差异问题。在国外众多关于准确性的研究中，均有关于性别差异的研究。有一项关于大学生人格判断的研究很有意思，该研究比较了大学生的同伴判断和这些学生的自我判断以及三种实验条件下对这些学生行为的直接观察。结果表明，男生和女生在准确性程度上没有差异，但是与准确性相关的人格有性别差异。对于男性来说，准确的人格判断是外向和自信的人际交往风格的一部分；对于女性来说，则更多的是愿意接受他人、对他人更感兴趣。

研究者已经在许多特定的准确性任务中开展了广泛的性别差异研究，如非言语解码（nonverbal decoding）和移情准确性（empathic accuracy）。非言语解码是指从非言语线索如面部表情、姿态和声调中推断他人的情绪状态，研究表明，在非言语行为判断尤其是情绪判断上，女性确实比男性做得更好（Hall，1984）。这一女性优势在其他的测量中得到了重复验证，包括人际知觉任务（Costanzo & Archer，1989）和非言语线索知识（Rosip & Hall，2004）。移情准确性是指准确理解目标人物报告的特定、即时的想法和感受的能力。研究发现，女性在移情准确性任务上得分更高（Klein & Hodges，2001）。在各种不同领域中，性别与人际敏感性相联系，研究表明，女性在总体上比男性的人际敏感性水平更高。然而，对于人格第一印象准确性的性别差异背后的原因我们不得而知，为此，钱（Chan）等人（2011）考察了性别在人格知觉的标准准确性中的作用。通过两个详细的视频研究和一个循环设计，研究发现，知觉者的性别与一般人格特质印象的准确性相关，尤其是女性知觉者准确性水平更高，但这仅限于标准的准确性

（normative accuracy）或知觉他人一般是什么样的人。在差别准确性（distinctive accuracy）或知觉他人怎样有别于一般的人方面，不存在显著的性别差异。

根据我们的日常经验不难发现，女性在看待他人时更加敏感和细腻；而男性则比较粗心，不注重细节，不大讲究。以往的研究资料显示，女性的性别图式常常以人际关系为导向。她们注重人际关系，注重分享，积极主动与他人进行接触、交流，将应对重点放在人际关系的质量、与别人进行交往的努力和投入度以及调用人际关系解决问题时采取怎样的行为等方面，而且更愿意向对方表达自己的情感，因而能够获得更好的人际关系。在已有的研究中，女性在与他人交往时，相对于男性更能获得社会上其他人的信任感和安全感，因而，他人在其面前更容易展现出真实有效的信息，据此女性比男性能作出更准确的判断（Beer & Watson，2008）。

从智力方面分析，在感知能力上，女性的听觉强于男性，男性的视觉强于女性。在注意力方面，男性注意力较多定位于物，女性注意力则较多定位于人。女性的大脑比男性的大脑成熟早一些，而且左半球又比右半球成熟得早，优势更明显，因此女性较早表现出比较强的语言信息处理能力。在对事物的观察上，女性比男性更加细致，因此在对他人进行判断时，能捕获到更多有用的线索以及对线索进行分析。

从情绪、情感的两性差异分析，女性比男性更加情绪化，敏感性更高，也更加不稳定。人们通常认为女子是温柔的，男子是刚强的；女子是热情的，男子是冷漠的；女子是细腻的，男子是粗鲁的；女子是软心肠的，男子是冷酷的，等等。根据美国心理学家吉特尔和白拉克等人的研究，女人表达情感的能力更强，她们的表情更生动、更真实，而且配对的女人相互了解情绪状态的情况比配对的男人更好。社会从小就鼓励男人把感情埋在心里，不得"形诸于色"，他们表现情绪的机会就少得多。根据日本学者渡道初和村中兼松的研究，男女在对许多事物的情绪反应和内心体验上是有差异的。比如，通过对愤怒、恐惧、厌恶、同情和邪恶五种情绪的测量来了解确定男性度与女性度，结果发现，在五种情绪中，尤以恐惧和厌恶反映出来的性别差异最明显。研究还表明，女性判断男性的社会群体内性关系（sociosexuality）（即和最不熟悉的人发生性关系的意愿或对伴侣的承诺）非常准确，男性判断其他男性的社会群体内性关系尤为准确（Gangestad et al.，1992）。

### 链接：两性的奥秘——几种重要的性别差异

男女之间存在的性别差异，除了显而易见的解剖学意义上的差异外，更多是反映在社会的、政治的、智力的、文化的或者经济的成果和态度上。

#### 1. 智力

男性的大脑比女性的大，也比女性的大脑多了大约4%的细胞和重了100克。然而这种说法也有可能表明各种性别都有相同的脑重量和身体重量比例。女性的大脑更为紧凑，脑神经更为稠密。在和语言、社会交往相关的区域，女性的大脑明显比男性的大，并且位于大脑半球的两边，而不是像男性只在左边部分。男性比女性更擅长空间航行和几何学，但女性在语言上就更胜一筹。一项针对八年级语言的性别差异研究表明，女性胜过男性的比例为 6 : 1。因为语言中心更小，只位于一个半球，这也使男性较易陷入如失语症等语言紊乱的危险中。口吃和发音缺憾在男孩之中非常普遍。但是，即使他们有更大的危险，他们在 IQ 得分方面要比女性高 3～4 分。有趣的是，卢安·布里曾丹（Louann Brizendine）博士声称，开始在女性大脑的每一个细胞，经过成长在八周后变成了男性的细胞，这时候睾酮的急剧上升减小了语言中心区域，并在具有攻击性的中心生长出更多的细胞。

#### 2. 健康

在很多国家，女性的寿命比男性更长。这可能是因为安全生活的准则，抑或是最有可能导致死亡的工作主要都是由男性承担。当男性和女性都受到身体疾病的影响时，女性比男性在发展困难和慢性病上更少受到打击，可能是因为女性有两条 X 染色体，在显现出症状前，一条变成了疾病的载体。这也可能是因为较少接触到睾酮。需要记住的是，如果男性唯一的 X 染色体抵御疾病，就会表现出疾病的症状。因此，一些疾病在男性身上比女性更为常见，与 X 染色体相关的隐性疾病是血友病和色盲。这可能是因为亚斯伯格症候群（孤独症）也是遗传疾病，所以在男性身上的发病率超过女性四倍。

#### 3. 沟通方式

每个人都知道，男性和女性的沟通方式不同，以下一些科学界的观察能够帮助你去思考这是怎么回事和为什么。女性比男性更能够操控他们的面部表情。然而，当表达和交流愤怒的时候，结果就会反了过来，当有暗示需要的时候，女性更倾向于去感染他人的情绪，也被称为情绪传染，然而男性比女性能够更好地去控制自己的表情。在谈话的时候，女性更愿意选择面对面和做眼神交流，男性则更可能逃避彼此眼光。女性更倾向于带有情感的交流，把交流列为首选而不是表现其男性气质的一面。在一个讨论中，男性可能就广泛的主题进行辩论，女性则可能就一个话题细致品味。在交流的时候，性别之间存在很多种倾向，这会帮助彼此了解，因为不同的词语对不同的性别具有不同的解读，比如说"谈谈我们"。

### 4. 友情

男性和女性建立友情和维护友情的方法也是不同的。男性通过竞争获得友谊，他们避免交流软弱、脆弱、个人和情感的需要。而女性交流软弱和脆弱则是没有问题的，甚至需要在艰难的时候寻求友情的帮助。为此，有人说女性比男性在情感上与朋友更加紧密。女性倾向于通过聆听和轻柔的回应来赢得和加强朋友关系，表现出支持和提供安慰。而男性是通过彼此间的活动或互相帮忙来靠近对方。学校里年轻小伙子们在游戏时比女孩们更充满活力，并且在运动场占有更大的区域。女孩们更多地选择安静的游戏，并且更愿意接受一个新同学加入她们的团体，而一个新来的男同学则必须要向他的团队表现出他能够提供帮助的一面。

### 5. 时间

在2001年的一项研究中，参与者被要求在1秒、3秒和20秒之间判断时间过去了多久。结果并不让人释然，因为结果显示，男性通常超过了时间间隔，而女性则低估了时间间隔。但有的研究发现，男性和女性的差异并不随着感知的时间间隔长度而变化。这可能意味着，男性感觉时间过得快一些，而女性则感觉时间过得慢一些。女性通过时间中的路标或者里程碑来确定时间中的点进而感知时间（比如，妈妈去世不久之后或者正值午饭时间），男性通过年份、日期或者发生的具体时间点来感知。读者可能注意到，这与男性和女性在空间意识上的关系很相似。

（资料来源：Nic Swaner，2010，http：//article. yeeyan. org/view/167398/126375）

## 1.3 种族差异与人格判断

### 1.3.1 人脑如何判断种族差异

当我们见到一个不同种族的人时，我们的大脑是如何反应的呢？根据《自然神经科学》的报道，参与感知种族和种群的神经环路与处理情绪和作出决策的相关神经环路是相互重叠的（Kubota，Banaji，& Phelps，2012）。对来自不同种族人群的面孔，人脑如何反应和处理是一个异军突起的探索领域，并将对社会产生深远的影响。美国纽约大学的心理学家伊丽莎白·费尔普斯（Elizabeth Phelps）早在2000年就开展了这一领域的研究，她和同事在发表于《自然》杂志的一篇综述中揭示了种族的神经生物学内涵，试图解决大脑对不同族群的人如何反应的问题。

费尔普斯认为，社会心理学家需要区分人们外显态度与其内隐偏好之间的差异。这需要运用内隐联想任务加以研究，此测验衡量那些最初的、可评价的反应。这就涉及要求人们将一些黑白之类的概念与好坏之类的概念相配对。研究发现，对于黑与好及白与坏的配对，大多数美国白人作出的反应时间更长，反之亦然，这就揭示了他们的内隐偏好。费尔普斯及其同事发现，在与种族识别相关的神经成像研究中，存在一个连续激活的大脑区域间的网络。这个网络与参与决策及情绪调控相关的神经环路相互交叠，并且包括杏仁核、梭状回面孔区（FFA）、前扣带皮层（ACC）及背外侧前额叶皮层（DLPFC）。这些研究者早在2000年的研究就首次建立了种族偏好与大脑活动之间的联系。比如，研究者们检测了惊恐眨眼反应，这是人们在听到一声巨响时的一种条件反射。大量研究已经表明，当人们焦虑或面对其所认定的负面事物时，这种反射有可能增强（提高）。费尔普斯等人发现，内隐偏好与此增强惊恐相关，而两者又都与杏仁核的激活量有关。

FFA中的活动并不奇怪，因为所有这些研究都用到了面孔的照片。杏仁核参与情绪的机制，并且可能与我们见到来自其他族群的人时所作出的自动评估有联系。研究者认为，ACC和DLPFC参与了更加复杂的（大脑）功能。人们往往有下意识的种族歧视倾向，即使他们表面上看起来没有偏见，研究者推断ACC可能参与了这些冲突的检测（Kubota et al.，2012）。你可能有内隐的偏见，并且选择不为所动，而你的DLPFC或许正试图调控那些与我们平均主义的目标和信仰相冲突的情绪反应。在有极端观点的人之间发现差异或许并不会太让人惊讶，但是并不肯定我们对任何事物都有一种夸大的（情绪）反应。其实，我们对"平常"人更感兴趣。那些获得更多内在驱动而无偏见的人表现出更强的ACC活动，相反，那些持有极端观念的人明显地带有内隐且有意识的种族偏见，并且不留意控制其情绪反应。

费尔普斯等人研究的大多数美国白人对他们自己的群体表现有一种内隐的偏好。他们虽无不良意图，但是由于他们经常地将黑人与犯罪活动关联在一起，以至于他们的决定被灌输了这种关联，不论他们是否相信这是正确的。有证据表明，在法律程序的每一阶段都存在下意识的种族偏见。尽管事实上其目的是为了实现平等，但量刑却普遍地区别对待非裔美国人。这些偏见也存在于求职过程中。在未来的研究中，研究者希望进一步了解内隐偏好如何与我们所作出的选择和决定相关联，并利用这些知识来减少种族偏见。

### 1.3.2　种族相似性与判断准确性

种族差异与人格判断的准确性是否有关？某些种族的判断是否比其他种族更准确？目前，关于种族差异对人格判断准确性的影响研究还比较欠缺，但是，根据其他领域的种族与跨文化研究，这个问题是非常有意义的。不同国家的社会环境、文化背景和经济发展不同，给予公民的权利也不同。人口密度、文化同质性、经济发展水平不同是否会导致准确性的不同？勒兹林（Letzring，2010）在他的一项研究中考察了判断者—判断目标性别和种族相似性对人格判断准确性的影响。勒兹林认为，影响人格判断准确性的因素之一就是判断者与判断目标之间相似性的水平。在他的这项研究中，判断者观察了四位不同的性别与种族相似性水平的判断目标（相同的性别与种族、性别相同、种族相同、性别与种族都不同）。结果发现：在女性判断者中，判断者—判断目标性别与种族的相似性同人格判断的准确性呈正相关，而男性判断者则不存在这种相关。结果还发现，女性既是更准确的判断者，又是更准确的判断对象，但女性既作为判断者又作为判断目标的结合对准确性仅有一种附加的效应，投射也与准确性相关。这些结果表明，在预测准确性的一些因素中，判断者—判断目标的相似性、判断者的性别、判断对象的性别以及判断者对判断目标的投射都是非常重要的。

## 1.4 是否存在"良好的判断者"

尽管研究者一直都比较关注那些作出更准确人格判断的个体特征，但关于好的判断者的研究所取得的进展相对较少，而且该领域的早期研究结论经常是矛盾的，不同研究之间很少有一致性（Taft，1955）。克伦巴赫（1955）对准确性研究的批判进一步阻碍了对准确性判断相关因素的探讨。到1960年代，人格心理学开始转向与自陈问卷相关的测量问题，而社会心理学则转向对推断偏差的关注，尤其是人际知觉中的判断误差，人格判断的个体差异研究才得以推进（Funder，1999）。不过，最近十多年来一些关于准确性的个体差异的研究并没能取得非常一致的结果（Funder，2009）。例如，沃格特和科尔文（2003）发现，人格判断的准确性存在性别差异，那些更愿意投身于公共事业和人际取向的个体是更准确的判断者。而在利帕和迪茨（Lippa & Dietz，2000）的研究结果中，尽管一般智力与更准确的人格判断相联系，但是并没有发现与准确性相关的性别和人格差异。

# 2 认知能力与人格判断

## 2.1 人格判断中的认知因素

人格判断需要一个极其苛刻的认知过程，从认知角度看，个体想要获得一个关于人格判断准确性的精确结论，过程非常复杂。具体说来，观察者要对个体进行人格判断，必须：①注意到行为；②在以往行为的回忆情境中解释这种行为；③理解用来描述社会行为的特质概念如何与该行为相关；④意识到特质的自然共变性；⑤考虑到在决定该行为时可能起作用的情境因素。这些步骤在判断行为的过程中有着重要意义（Christiansen et al.，2005）。所有步骤都代表了准确性的障碍以及观察者认知负荷的具体贡献。可见，准确的判断是一个要求极高的认知过程。

图7-2　人格判断是一个复杂的认知过程
（资料来源：csstoday.net）

　　首先，准确性需要一种良好的记忆力去回忆过去的行为。个体要形成并检测其内隐特质理论，那就必须具备处理抽象概念的能力，因此可以预测，在GMAT（研究生入学考试）中得分更高的个体在人格判断中将更有优势。一些研究证实，一般智力与判断他人情绪（Davis & Kraus，1997）和人格特质（Lippa & Dietz，2000）的准确性相关，这些结果与其他对人判断（如绩效评估等级）研究中GMAT与判断准确性正相关的结论是一致的（Hauenstein & Alexander，1991）。

　　其次，更多特殊能力也可能包含在推断准确性（inferential accuracy）中。例如，早期的社会智力定义强调，社会交往的能力包括对特质和动机的理解力（Vernon，1933）。迈耶和萨洛维（Mayer & Salovey，1997）在一项有说服力的研究中发现，有一种能力与注意、思考和理解情绪性信息有关，这就是他们所说的"情绪智力"。这项研究结果证明，对信息的理解能力即倾向性智力（dispositional intelligence）会影响人格判断的准确性。

　　倾向性推理模型表明，一些知识结构可能与这种个体差异结构有关。例如，范德（1999）指出，在现实准确性模型的利用阶段，"人格知识及其在行为中的表现"（p.139）非常关键。在这一阶段，观察者要评估行为信息在人格判断中的作用，以确定它是不是行动者人格的指标。范德还指出，要理解情境如何影响行为表达，必须要确定行为信息与目标人格相关的程度。特罗普（Trope，1986）的双过程模型指出，行为识别阶段以及潜在的推理阶段（如以往的行为信息是否与情境信息相吻合）对于特质与行为关系的理解非常重要。蒂特和古特曼（Tett & Guterman，2000）认为，那些更好地掌握了特质概念知识的个体在与不同特质相关的情境中判断更准确。

　　再次，语言推理可能涉及词汇和语法知识，基于倾向性信息的推理包含行为、特质和情境关系的知识。倾向性智力成分包括三种陈述性知识：①特质—行

7. 你在一个汽车租赁市场，一份描述一个简单租____了你的注意，一位朋友告诉你这种协议有大量的事实差____以从图书馆获取。

A. 冒险　　B. 复杂性　　C. 移情　　D. 交

（注：选项中的粗体字母为正确选项）

（资料来源：Christiansen et a____

## 2.2　智力对人格判断影响的实证研究

如果将人格判断当作一项认知任务的话，那么智力____们对自身的了解以及对他人知觉的准确性。可以设想，____应该具备平均的智力水平，更何况人际知觉还是一项复____是一个机械的信息加工过程。从一个极端分析，那些智____不仅无法对他人作出判断，而且对自己也不甚了解；相____中更有优势，且准确性也更高。关于良好判断者的特____极度聪明而且有责任心的人作出的判断更准确（Fund____人（2005）考察了人格判断准确性的个体差异，122____业面试问题回答情况的录像片段后对应聘者的人格进____陈人格问卷的熟人。同时，被试还完成一般心理能力____力（即人格如何与行为相关的知识）的测量。结果表____理能力（$r = 0.43$）和经验开放性相关，它是人格判断____共解释了综合准确性中约25%的变异。这表明智力与

为了考察智力对人格判断的影响，研究者抽取了____中目标人物的大五人格进行判断，并要求被试同时____（谭慧，2012）。人格判断准确性指标为判断偏差，即____判断时与目标人物自我判断产生的差距。该研究对判____定与他人等级评定之差的绝对值。绝对值越大，说明____断越不准确，越偏离目标对象的真实人格。绝对值越____小，即判断越准确，越接近目标对象的真实人格（H____7-1是一般智力与判断偏差的相关分析结果。数据____呈显著负相关（$r = -0.672$，$p < 0.01$），说明个体的____偏差越小，判断越准确。

为关联的知识；②对环境与特质之间关系的理解；③精通特质的概念。特质—行为关联的知识是指个体识别行为代表哪一种或哪一些特质的能力；理解情境—特质关系包含了解一种情境是否被预期引发一种与给定特质相关的行为反应（Tett & Guterman，2000）。这种理解需要确定一种行为是由一种倾向提供的信息还是情境因素作用的结果。当一种给定的行为可能与多种特质相关时，评估与其中哪一种特质相关最大非常有意义。精通特质概念是指理解一种特质在个体中自然共变，这有助于在有限的信息中作出判断。例如，如果一个人理解了不同行为之间的关系都与外倾性有共变关系，而且知道更外向的人成为神经质的可能性更小的话，那么他就可以推断健谈的人更有可能寻找刺激，更不可能焦虑。

最后，判断者的人格与认知方式相关，这可能会通过与倾向性智力的关系影响人格判断的准确性。五因素模型维度中的智力（或对经验的开放性）与认知能力测量的一致性相关（Ackerman & Heggestad，1997），研究还表明，开放性测量的分数与社会智力呈显著正相关（Shafer，1999）。开放性得分高的人倾向于刨根问底，对理论感兴趣，喜欢具有抽象概念的工作，这些人对他人的思想和态度好奇（Goldberg，1990），韦尔施（Welsch，1975）将这种人描述为对他人的想法和态度比较好奇。如果形成准确的特质概念包括寻找行为模式以及检测行为为什么共变的话，那么开放性应当与倾向性智力相关，并导致更准确的人格判断。克里斯琴森（Christiansen）等人（2005）的研究表明，倾向性智力与对经验的开放性相关（$r = 0.33$），而且是面试准确性（$r = 0.41$）、同伴准确性（$r = 0.42$）和合成准确性（$r = 0.52$）的最好预测源。

### 链接：倾向性智力举例

克里斯琴森等人（2005）编制的倾向性智力测试总共包括62个初测项目，这些项目分成三种类型：第一种类型是用特质和行为术语描述一个人，然后问受测者对此人的四种描述中哪一种最有可能或最没可能正确；第二种类型描述的是大五人格特质，并呈现了戈德堡（Goldberg，1992）五因素特质的形容词，借助于这些说明要求受测者识别最有可能与这些特质相联系的形容词；最后一种类型是对特质—情境关系的理解，这些项目主要是基于蒂特和古特曼（2000）的实验研究结果。这些项目中有一半的项目描述了一种特质，然后问受测者最有可能是由五种与行为相关情境中的哪一种情境诱发的；另一半描述了一种情境，要求受测者识别这种特质最有可能存在于哪一种观察到的、与特质相关的行为中。例如，露西的同事都将露西描述成能干的、细心的和有毅力的人，露西自己也最有可能：A. 感觉需要很多人围在自己身边；B. 对那些不怎么幸运的人有许多同情心；C. 很少屈服于自己的冲动；D. 喜欢幻想和做白

日梦。该项目用设定好的形容词描述了露西与较古
C（与冲动性有关）除了作为选项中没有直接提及
重外，比较能清晰说明一个人具有较高的情绪稳
该测试最终项目为 45 道题，其内部一致性系数为
中的一些题目。

　　1. 一位新闻学教授告诉你，记者需要敢于批
说的事情，不应当畏惧提出尖锐的批评。最不可

　　A. 肤浅的和缺乏想象的　　　　B. 合
　　C. 焦虑的和没有耐心的　　　　D. 不

　　2. 要成为一名优秀的护士，一个人应当讨人
在首位。人们最有可能将这种人描述为：
　　A. 宜人的但是传统的　　　　　B. 现
　　C. 精力充沛的但是苛求的　　　D. 友

　　3. 那些倾向于表达怀疑态度和讥讽言语的同
　　A. 在想象事情方面有困难　　　B 容易
　　C. 支配大多数交往活动　　　　D. 表

　　4. 一个有讨论哲学问题倾向的老师有可能：
　　A. 制订计划并坚持执行　　　　B. 照
　　C. 想出大胆的计划　　　　　　D. 喜

　　5. 下列哪一种情境与"交际性"（sociability
　　A. 在期末考试结束一周后，你去教授的办
碰上一位同班同学也在那儿，在你们俩同时等待
这门课程很难，而且很关心他的成绩。
　　B. 你刚刚听说你的论文导师得到了一个提
期盼了很久。
　　C. 在过去的两年里，你受雇做一件需要独
给你提供了做同一件事情的机会，但后者你仅仅

　　6. 下列哪种情境与"移情"（empathy）特
　　A. 你偶然碰上了你认识的一位运动员，他
比赛负大部分责任。
　　B. 你的一些朋友刚才告诉你他们正准备去
参加了一个免费的跳伞知识导论课。
　　C. 在过去的两年里，你受雇给外面企业做
你的老板也给你提供了做同一件事情的机会，
名成员。

表 7-1　一般智力与判断偏差的相关分析

|  | N | M ± SD | r |
|---|---|---|---|
| 智力分数 | 122 | 48.86 ± 8.15 | -0.672** |
| 判断偏差 | 122 | 1.93 ± 0.05 |  |

（注：**表示 $p < 0.01$.）

　　随后，按照智力得分从高到低排列，研究者选取两端各 27% 的被试作为高分组和低分组，并对两组的判断偏差进行独立样本 $t$ 检验（表 7-2）。从描述性统计结果中我们看到，高智力组的判断差异要小于低智力组，$t$ 检验表明，两组的判断偏差存在显著性差异 [$t(32) = -9.742$，$p < 0.001$]，即高智力组的判断偏差显著小于低智力组的判断偏差，其人格判断与目标对象的自我判断的一致性更高，换句话说，高分组比低分组的人格判断更准确。

表 7-2　高、低智力组判断偏差的 $t$ 检验

| 智力 | N | M ± SD | t | p |
|---|---|---|---|---|
| 高分组 | 33 | 1.55 ± 0.21 | -9.74 | 0.000 |
| 低分组 | 33 | 2.38 ± 0.44 |  |  |

## 2.3　智力对人格判断影响的可能性

　　在范德的现实准确性模型中，那些善于观察和关注其周围环境的观察者而不是关注于内心的判断者会影响到察觉阶段，当其交往的对象表现出对他们感兴趣或对他们的谈话给予关注时，判断目标更有可能表现出更多相关信息（Adams，1927）。不仅如此，判断者还将通过正确组合和解释线索影响利用阶段，那些具有较高的智力或能力水平的判断者，包括一般智力和社会智力，他们在最后一个阶段更有可能成功，因为他们能够记住和成功操作更多线索（Funder，1999）。一些研究结果已经支持了这种观点，即智力和认知的复杂性与判断准确性相关（Christiansen et al.，2005；Reimer et al.，2006）。克里斯琴森等人（2005）的研究表明，在形成准确的人格判断过程中，认知因素发挥了重要作用，因为这些因素影响了判断者理解判断目标行为信息以及修正关于目标人格理论的能力。现实准确性模型和性别判断模型详述了成功完成准确的人格判断所必需的认知步骤（Trope，1986）。

　　从经验和常识我们可以推断，智力高的人比智力低的人所作的人格判断更准

为关联的知识；②对环境与特质之间关系的理解；③精通特质的概念。特质—行为关联的知识是指个体识别行为代表哪一种或哪一些特质的能力；理解情境—特质关系包含了解一种情境是否被预期引发一种与给定特质相关的行为反应（Tett & Guterman，2000）。这种理解需要确定一种行为是由一种倾向提供的信息还是情境因素作用的结果。当一种给定的行为可能与多种特质相关时，评估与其中哪一种特质相关最大非常有意义。精通特质概念是指理解一种特质在个体中自然共变，这有助于在有限的信息中作出判断。例如，如果一个人理解了不同行为之间的关系都与外倾性有共变关系，而且知道更外向的人成为神经质的可能性更小的话，那么他就可以推断健谈的人更有可能寻找刺激，更不可能焦虑。

最后，判断者的人格与认知方式相关，这可能会通过与倾向性智力的关系影响人格判断的准确性。五因素模型维度中的智力（或对经验的开放性）与认知能力测量的一致性相关（Ackerman & Heggestad，1997），研究还表明，开放性测量的分数与社会智力呈显著正相关（Shafer，1999）。开放性得分高的人倾向于刨根问底，对理论感兴趣，喜欢具有抽象概念的工作，这些人对他人的思想和态度好奇（Goldberg，1990），韦尔施（Welsch，1975）将这种人描述为对他人的想法和态度比较好奇。如果形成准确的特质概念包括寻找行为模式以及检测行为为什么共变的话，那么开放性应当与倾向性智力相关，并导致更准确的人格判断。克里斯琴森（Christiansen）等人（2005）的研究表明，倾向性智力与对经验的开放性相关（$r=0.33$），而且是面试准确性（$r=0.41$）、同伴准确性（$r=0.42$）和合成准确性（$r=0.52$）的最好预测源。

### 链接：倾向性智力举例

克里斯琴森等人（2005）编制的倾向性智力测试总共包括62个初测项目，这些项目分成三种类型：第一种类型是用特质和行为术语描述一个人，然后问受测者对此人的四种描述中哪一种最有可能或最没可能正确；第二种类型描述的是大五人格特质，并呈现了戈德堡（Goldberg，1992）五因素特质的形容词，借助于这些说明要求受测者识别最有可能与这些特质相联系的形容词；最后一种类型是对特质—情境关系的理解，这些项目主要是基于蒂特和古特曼（2000）的实验研究结果。这些项目中有一半的项目描述了一种特质，然后问受测者最有可能是由五种与行为相关情境中的哪一种情境诱发的；另一半描述了一种情境，要求受测者识别这种特质最有可能存在于哪一种观察到的、与特质相关的行为中。例如，露西的同事都将露西描述成能干的、细心的和有毅力的人，露西自己也最有可能：A. 感觉需要很多人围在自己身边；B. 对那些不怎么幸运的人有许多同情心；C. 很少屈服于自己的冲动；D. 喜欢幻想和做白日梦。该项目用设定好的形容词描述了露西与较高的责任心有关的特质，选项C（与冲动性有关）除了作为选项中没有直接提及的责任心因子——自律和慎重外，比较能清晰说明一个人具有较高的情绪稳定性（与责任心密切相关）。该测试最终项目为45道题，其内部一致性系数为0.87。以下列举的是该测试中的一些题目。

1. 一位新闻学教授告诉你，记者需要敢于挑战，应当敢于说别人不可能说的事情，不应当畏惧提出尖锐的批评。最不可能适合这种描述的人是：

A. 肤浅的和缺乏想象的　　　　　　B. 合作的和内向的

C. 焦虑的和没有耐心的　　　　　　D. 不现实的和悲观的

2. 要成为一名优秀的护士，一个人应当讨人喜欢，乐意将他人的需要放在首位。人们最有可能将这种人描述为：

A. 宜人的但是传统的　　　　　　　B. 现实的但是安静的

C. 精力充沛的但是苛求的　　　　　D. 友好的但是容易激动的

3. 那些倾向于表达怀疑态度和讥讽言语的同事也有可能是：

A. 在想象事情方面有困难　　　　　B 容易受到干扰

C. 支配大多数交往活动　　　　　　D. 表现出傲慢的行为

4. 一个有讨论哲学问题倾向的老师有可能：

A. 制订计划并坚持执行　　　　　　B. 照本宣科

C. 想出大胆的计划　　　　　　　　D. 喜欢用一种正规的方式对待陌生人

5. 下列哪一种情境与"交际性"（sociability）特质最为相关：

A. 在期末考试结束一周后，你去教授的办公室打听你的期末成绩，正好碰上一位同班同学也在那儿，在你们俩同时等待成绩时，同学告诉你，他发现这门课程很难，而且很关心他的成绩。

B. 你刚刚听说你的论文导师得到了一个提升的机会，而这个机会他或她期盼了很久。

C. 在过去的两年里，你受雇做一件需要独立完成的工作，而你的老板也给你提供了做同一件事情的机会，但后者你仅仅是作为团队中的一名成员。

6. 下列哪种情境与"移情"（empathy）特质最为相关：

A. 你偶然碰上了你认识的一位运动员，他要为他的球队最近输掉的一场比赛负大部分责任。

B. 你的一些朋友刚才告诉你他们正准备去参加跳伞运动，并且已经报名参加了一个免费的跳伞知识导论课。

C. 在过去的两年里，你受雇给外面企业做一件需要独立完成的工作，而你的老板也给你提供了做同一件事情的机会，但后者你仅仅是作为团队中的一名成员。

7. 你在一个汽车租赁市场，一份描述一个简单租赁协议的报纸广告引起了你的注意，一位朋友告诉你这种协议有大量的事实基础，而且相关的信息可以从图书馆获取。

A. 冒险　　**B. 复杂性**　　C. 移情　　D. 交际性　　　E. 组织性
（注：选项中的粗体字母为正确选项）

（资料来源：Christiansen et al.，2005，pp. 148 – 149）

## 2.2　智力对人格判断影响的实证研究

如果将人格判断当作一项认知任务的话，那么智力水平的高低无疑会影响人们对自身的了解以及对他人知觉的准确性。可以设想，要做到对人判断准确至少应该具备平均的智力水平，更何况人际知觉还是一项复杂的认知任务，它不单纯是一个机械的信息加工过程。从一个极端分析，那些智商偏低甚至是弱智的个体不仅无法对他人作出判断，而且对自己也不甚了解；相反，高智商的个体在判断中更有优势，且准确性也更高。关于良好判断者的特点，早期的研究一致表明，极度聪明而且有责任心的人作出的判断更准确（Funder，2009）。克里斯琴森等人（2005）考察了人格判断准确性的个体差异，122 名被试在观看了 3 个人对职业面试问题回答情况的录像片段后对应聘者的人格进行判断，并评定随后完成自陈人格问卷的熟人。同时，被试还完成一般心理能力（智力）、人格及倾向性智力（即人格如何与行为相关的知识）的测验。结果表明，倾向性智力与一般心理能力（$r = 0.43$）和经验开放性相关，它是人格判断准确性的有效预测源，总共解释了综合准确性中约 25% 的变异。这表明智力与人格判断准确性密切相关。

为了考察智力对人格判断的影响，研究者抽取了 122 名大学生对 10 段视频中目标人物的大五人格进行判断，并要求被试同时完成瑞文推理测试（SPM）（谭慧，2012）。人格判断准确性指标为判断偏差，即判断者对目标人物进行人格判断时与目标人物自我判断产生的差距。该研究对判断偏差的计算是自我等级评定与他人等级评定之差的绝对值。绝对值越大，说明产生的判断失误越大，即判断越不准确，越偏离目标对象的真实人格。绝对值越小，说明产生的判断失误越小，即判断越准确，越接近目标对象的真实人格（Hayes & Dunning，1997）。表 7 – 1 是一般智力与判断偏差的相关分析结果。数据显示，一般智力与判断偏差呈显著负相关（$r = -0.672$，$p < 0.01$），说明个体的智力水平越高，产生的判断偏差越小，判断越准确。

表 7 - 1　一般智力与判断偏差的相关分析

|  | N | M ± SD | r |
| --- | --- | --- | --- |
| 智力分数 | 122 | 48.86 ± 8.15 | -0.672** |
| 判断偏差 | 122 | 1.93 ± 0.05 | |

（注：**表示 $p < 0.01$.）

随后，按照智力得分从高到低排列，研究者选取两端各 27% 的被试作为高分组和低分组，并对两组的判断偏差进行独立样本 $t$ 检验（表 7 - 2）。从描述性统计结果中我们看到，高智力组的判断差异要小于低智力组，$t$ 检验表明，两组的判断偏差存在显著性差异 $[t(32) = -9.742, p < 0.001]$，即高智力组的判断偏差显著小于低智力组的判断偏差，其人格判断与目标对象的自我判断的一致性更高，换句话说，高分组比低分组的人格判断更准确。

表 7 - 2　高、低智力组判断偏差的 $t$ 检验

| 智力 | N | M ± SD | t | p |
| --- | --- | --- | --- | --- |
| 高分组 | 33 | 1.55 ± 0.21 | -9.74 | 0.000 |
| 低分组 | 33 | 2.38 ± 0.44 | | |

## 2.3　智力对人格判断影响的可能性

在范德的现实准确性模型中，那些善于观察和关注其周围环境的观察者而不是关注于内心的判断者会影响到察觉阶段，当其交往的对象表现出对他们感兴趣或对他们的谈话给予关注时，判断目标更有可能表现出更多相关信息（Adams，1927）。不仅如此，判断者还将通过正确组合和解释线索影响利用阶段，那些具有较高的智力或能力水平的判断者，包括一般智力和社会智力，他们在最后一个阶段更有可能成功，因为他们能够记住和成功操作更多线索（Funder，1999）。一些研究结果已经支持了这种观点，即智力和认知的复杂性与判断准确性相关（Christiansen et al.，2005；Reimer et al.，2006）。克里斯琴森等人（2005）的研究表明，在形成准确的人格判断过程中，认知因素发挥了重要作用，因为这些因素影响了判断者理解判断目标行为信息以及修正关于目标人格理论的能力。现实准确性模型和性别判断模型详述了成功完成准确的人格判断所必需的认知步骤（Trope，1986）。

从经验和常识我们可以推断，智力高的人比智力低的人所作的人格判断更准

确，这一推论也得到了实验研究的证实。但是，智力是如何影响人格判断准确性的呢？我们可以从两个大的方面分析：其一是智力的本质，其二是智力与人格的关系。①智力不是单一的能力，而是由性质不同而非完全独立的各种基本要素或能力组成，包括注意力、观察力、记忆力、思维力、想象力、创造力等，其中思维力特别是抽象逻辑思维是智力的核心。智力随着这些能力的数量和特性以及它们之间的组合方式的不同而形成个体差异，它是一种最一般的综合能力，为任何认知活动包括人格判断所必需。②所谓潜能和智慧行为，意指智力具有潜在能量，具有发展的潜在可能性，可以预测其发展水平，开发智力就是发掘智慧的潜在能量。同时，智慧潜能是个体内部的智慧能量，它可以转化为外显的智慧行为，是能够被观察到的个体的行为活动。③智力与认识过程包括人际知觉关系密切，可以说智力主要表现在认识过程中，但又不是完全局限于认识过程，人的智力活动还包含不直接参与但制约着认识过程的心理活动，即非智力因素，如兴趣、需要、动机、情绪、情感、意志、性格等，都制约着人的智慧行为。④由于智力不完全局限于认识过程，它不但使人能从理性上认识事物，还能调节控制自身的情感和意志行为，以保证各种活动的顺利进行，从而达到更好地适应社会并与他人正常交往的目的。

此外，根据人格分化的智力假设，更高的智力水平伴随更加分化的人格，因为高水平的智力允许个体在人格发展中有更多的选择和自由，从而导致能力高的人有更多或更容易界定的人格维度（Brand, Egan, & Deary, 1994）。无论分化假设是否被证实，智力对人格的影响无疑是存在的，只是尚未明确这种影响是表面的还是深层的（陈少华，2008）。很显然，智力水平的高低会影响个体对自陈项目的理解及对自身人格倾向的推断，人格的判断和描述需要最低限度的认知能力和言语能力。以人格的自我知觉为例，人格判断除主观的自我评估外，大多数时候是依据客观的自我报告（即自陈问卷）。人格自陈项目的内容对能力更高的个体有更多的意义，结果导致极端分数的比例更高，标准差也更大。能力更高的人对项目的理解更好，更能清晰地感知量表的潜在结构，反应更加一致（Austin et al., 2000）。莫蒂等人的研究揭示，能力较低者的人格量表倾向于有较低的内部一致性，而且认知能力与默许反应之间呈显著负相关（Mottus, Allik, & Pullmann, 2007）。这表明，能力较低的受测者其人格评估在某种程度上不大可靠。有理由认为，智力水平的高低会影响个体其他方面的发展，发展的空间和机会因人而异，高智力水平为人格发展提供了更多的选择和机会，从而有可能使能力影响到人格的深层。在对他人人格判断的过程中，也会出现类似的情形，试想，一个认知能力不足、词汇量贫乏、语言表达有问题的人，他如何能够描述和评估他人的人格？因此，我们可以这样认为，尽管高智商的人作出的人格判断准确性未必就高，但低智商的人作出的判断准确性必定会低。

# 3 情绪智力与人格判断

## 3.1 情绪智力的内涵

情绪智力（emotional intelligence）的概念由美国耶鲁大学的彼得·萨洛维（Peter Salovey）和新罕布什尔大学的约翰·迈耶（John Mayer）提出，它是指"个体监控自己及他人的情绪和情感，并识别、利用这些信息指导自己的思想和行为的能力"（Salovey & Mayer，1990）。换句话说，情绪智力也就是识别和理解自己及他人的情绪状态，并利用这些信息来解决问题和调节行为的能力。在某种意义上，情绪智力是与理解、控制和利用情绪的能力相关的。此后，丹尼尔·戈尔曼（Daniel Goleman）在他 1995 年出版的《情绪智力》一书中详细阐述了他的研究结果。他认为，人类的自我意识、自我约束、毅力和全情投入等能力对一个人一生的影响在大多数时间内都要比智商更为重要。戈尔曼宣称，如果忽视了情绪智力因素的存在，对我们自身发展是不利的，而儿童更应该在学校期间就开始接受情绪智力的教育。

很显然，情绪智力是相对于一般智力而提出来的，它可以用来解释为什么一些学业良好的人在实践技能、人际关系或者人情世故方面却表现不佳。戈尔曼指出，传统的智力测验尽管可以很好地预测学业成绩，却不能预测后来的生活状况，如职业成就、社会地位以及婚姻质量。他认为情绪智力对这些生活事件有更强的预测力。萨洛维认为，情绪智力主要体现在以下五个方面：

（1）认识自身情绪的能力。认识自身情绪，就是能认识自己的感觉、情绪、情感、动机、性格、欲望和基本的价值取向等，并以此作为行动的依据。

（2）妥善管理自身情绪的能力。妥善管理自身情绪，是指对自己的快乐、愤怒、恐惧、爱、惊讶、厌恶、悲伤、焦虑等体验能够自我认识、自我协调。比如，自我安慰，主动摆脱焦虑、不安情绪。

（3）自我激励。自我激励，指面对自己想实现的目标，随时进行自我鞭策、自我说服，始终保持高度的热忱、专注和自制。只有这样才能使自己有高度的办事效率。

（4）认识他人的情绪。认识他人的情绪，指对他人的各种感受，能"设身处地"、快速地进行直觉判断。了解他人的情绪、性情、动机、欲望等，并能作出适度的反应。在人际交往中，常常从对方的语言、语调、语气、表情、手势和姿势等来作出判断。由于常常真正透露情绪情感的就是这些表达方式，因此能捕捉人的真实情绪情感的往往是这些关键信息，而不是对方"说的什么"。

（5）人际关系的管理。人际关系的管理，是指管理他人情绪的艺术。一个人的人缘、人际和谐程度都和这项能力有关。深谙人际关系者，容易认识人而且善解人意，善于从别人的表情来解读其内心感受，善于体察其动机、想法。具备这种能力，易使其与任何人相处都愉悦自在，这种人能成为集体感情的代言人，引导群体走向共同目标。

## 3.2 情绪智力与人格判断的关系

情绪关系到每个人的生活，我们清醒的每一时刻，都伴随着感觉的差异、变化以及情绪的波动、起伏，同时体验着不同的心境和情感。随着现代心理学的发展，对人类心理的认识开始从"理性人"到"非理性人"的模式转变。所谓"非理性人"，是指人的心理不是像机器一样纯粹靠逻辑运作，认知与心理过程往往受到情绪的影响，无论是在注意力、记忆、想象、理解还是思维活动中，情绪都发挥了重要作用。作为一种比较特殊的认知活动，人格判断无疑会受到情绪的影响。在生活中，心情的好坏会影响自我感觉，情绪的稳定性会影响我们对他人判断的准确性。正因为如此，情绪的理解和识别、情绪的管理和调节对人格判断及其准确性有重要影响。

情绪智力包括准确知觉他人和自己的情绪以及控制和调节自己情绪的能力。情绪智力量表中得分最低的个体特征是述情障碍，这类人情绪意识匮乏，以至于他们实际上不能谈论和思考自己的感觉（Taylor，2002）。情绪智力和谐的人善于表达情绪，拥有更好的人际关系并且更加乐观（Goleman，1995）。情绪智力高的人会通过各种策略调整自己的情绪，这些策略包括关注事物的积极方面，事先计划然后作出努力，通过深呼吸来放松情绪。情绪智力高的人往往能获得一个良好的人际关系，使得他人在其面前展示更多真实的自我。研究显示，情绪智力与社会适应的许多指标存在正相关，例如，情绪智力高的人表

图 7 - 3　情绪智力包括准确知觉他人情绪的能力

现出更多的亲社会行为，能更好地共情，在与同伴的交往中有更少的消极行为。保罗（Paul）等人（2003）的研究发现，情绪管理的水平与交友质量、社会交往中成功的印象管理存在正相关。

从影响人格判断准确性的因素来看，情绪智力高的人可能拥有更好的人际关系、信任感和人际吸引，更可能使得他人在其面前展现出"透明的自我"。另外，情绪管理能力强的人，能较好地控制自我与调节情绪，从而获得一种和谐的内部心理环境。对情绪的感知与理解也能使评估者更好地深入他人的内心世界去真实地感受他人。与情绪智力较低的人相比，情绪智力高的人更多地用积极词汇评价他人，积极评定的一致性比消极评定的一致性更高。从人格判断的实质分析，相对于一般智力，情绪智力与人格判断的关系更密切，后两者的共性更多，例如，它们都包含感知他人以及移情的能力。如果将人格判断作为一种很重要的社会智力的话，那么这种智力与情绪智力是相通的。

### 3.3　情绪智力对人格判断的影响

正如我们分析的那样，情绪智力与人格判断准确性之间的关系非常密切，但是在国内外人格判断领域的研究中，我们至今还没有找到直接针对两者关系的研究文献，究其原因可能在于，情绪智力对人格判断的影响不证自明。其实，两者的关系并非我们想象的那么简单，因为无论是人格判断还是情绪智力，两者包含的内容都非常广泛，它们之间未必是一种线性关系。为此，研究者选取了347名在校大学生，运用"情绪智力量表"（EIS）考察了情绪智力对人格判断准确性的影响（谭慧，2012）。

表 7 - 3　情绪智力与判断偏差的相关分析

|  | $N$ | $M \pm SD$ | $r$ | $p$ |
|---|---|---|---|---|
| 情绪智力总分 | 347 | $121.86 \pm 18.15$ | $-0.383^{**}$ | 0.007 |
| 情绪知觉 | 347 | $42.54 \pm 8.13$ | $-0.160^{*}$ | 0.037 |
| 自我情绪管理 | 347 | $27.32 \pm 11.34$ | $-0.113^{*}$ | 0.035 |
| 他人情绪管理 | 347 | $22.83 \pm 8.12$ | $0.105$ | 0.051 |
| 情绪利用 | 347 | $26.32 \pm 12.23$ | $-0.102^{*}$ | 0.042 |
| 总判断偏差 | 347 | $1.92 \pm 0.35$ | — | — |

（注：＊表示 $p < 0.05$，＊＊表示 $p < 0.01.$ ）

表 7 - 3 是情绪智力量表总分及其各维度与判断准确性的相关分析结果。数据显示，除他人情绪管理这一维度外，情绪智力总分及其他各维度与总判断偏差均有显著负相关，其中情绪智力总分与总判断偏差的负相关尤其显著（$r = -0.383$，$p < 0.01$），表明情绪智力水平越高，判断偏差越小，亦即判断者的评估与目标的自我评估越接近，判断的准确性越高。根据情绪智力总分的高低，研究者选取两

端各27%的被试作为高分组和低分组，并对高、低两组的总判断偏差进行独立样本 $t$ 检验，结果发现，高分组的判断偏差（$1.68 \pm 0.38$）明显小于低分组的判断偏差（$2.04 \pm 0.37$）（$t = 6.50$，$p < 0.001$），即情绪智力高的人其人格判断与目标对象自我评估的一致性更高，产生的偏差相对较小。

### 3.4　原因分析

　　如果说一般智力决定的是学业任务及其他单纯的信息加工任务成绩的话，那么情绪智力则更多决定社会认知任务的表现。一个人解决社会问题的效率以及能否与他人和谐相处，社会适应是否良好，能否准确感知和理解他人的状态、意图及其人格，关键是看此人情绪智力的高低。尽管情绪智力主要体现在个体对情绪的体验、感知、理解、调节和控制等方面，这一概念的正式提出才20多年的时间，但是不难发现，情绪智力的核心与早期提出的社会智力的核心是一致的，两者都强调人际交往的重要性。从情绪智力的内容我们看到，"意识到自己的感受和身体信号，能确定自己的情绪并且作出区分"，这种能力其实就是自我判断的能力，如果一个人在情绪方面能够准确地自我感知，那么他在人格的自我判断方面也会有优势。"分析理解他人的社交和情绪信号，站在他人的立场上看问题"，这种移情的能力是对他人人格准确判断的前提。反之，一个人如若不能为他人着想，不仅难以建立起良好的人际关系，而且对他人的判断也不可能准确，"以小人之心度君子之腹"大概属于这种情形。

　　人格判断不只需要一个良好的认知过程，同样需要一个良好的心理环境，情绪智力高的评估者能控制与调节自己的情绪，为人格判断提供一个稳定的、良好的心理环境。情绪智力高的人相对情绪智力低的人倾向于对他人和事情进行积极的评价，这也可能是导致人格判断准确性相对较高的原因。完美不仅仅是完善小细节，但是注重细节就可以成就完美。在日常的人际交往中，人们的一言一行都是有目的的，尤其是在这个不懂包装就无法生存的社会中，人们极力用和善的外表和至诚的语言来掩饰自己，以遮挡自己真正的意图。所以要看透一个人不仅要靠耳朵听、眼睛看，而且需要用心去透视其内心深处的真实世界。

## 4　人格特征与人格判断

### 4.1　人格特质差异与人格判断的准确性

　　谁是最好的判断者？这是人格判断准确性研究中最古老的问题。从理论上讲，好的判断者应该具备丰富的人格与行为关系的知识，具有高水平的认知能力和一般智力，有追求准确判断的强烈动机以及其他特征（Funder，1999）。好的判断者是那些能够关注判断目标身上大量有用信息的人。其实，除前面介绍的人口统计学、一般智力以及情绪智力差异外，人格差异也是判断者的重要因素。大量研究表明，在能力水平相当的情况下，人格因素决定了任务完成的效果和效率，人格判断也不例外。正如我们前面分析的那样，一般智力只是人格判断准确性的必要而非充分条件，高智商未必意味着高准确性。在这种情况下，人格对准确性的作用就显得尤其突出。事实上，有些学者宁愿将情绪智力看作是人格的一部分。已有的关于判断者的研究也主要集中于人格特征而非一般智力。

关于好的判断者的人格特征，早期研究结果表明，判断的准确性与以下特征有关：独立、信任、同情、勇气、幽默感、人性的体验、成熟、与目标的相似性、智力以及社会技能（Adams，1927；Allport，1937；Vernon，1933）。塔夫托（Taft，1955）也发现了其他好的判断者的特征，包括：性别（女性稍微有优势）、智力、审美能力和敏感性、情绪稳定性、自我洞察力、社会技能和社会性分离。塔夫托断言，"判断他人的能力的主要特征集中在三个领域：拥有恰当的判断标准、判断能力以及动机。"（p. 20）此后，由于克伦巴赫（1955）对早期准确性研究方法的批判，研究者将重点转移到基于客观知觉的人格判断的认知方法（Swann，1984），这种方法强调的是对人格线索的利用以及使用假定目标。文戈和安东诺夫（Vingoe & Antonoff，1968）运用 EPI（艾森克人格问卷）和 CPI（加利福尼亚人格问卷）考察了好的判断者和差的判断者之间的人格差异，结果发现，好的判断者会减少他们的焦虑和抱怨，他们适应良好，比较内向，能够自我控制，比较宽容，有"假装好"的倾向。在 20 世纪 80 年代，人格判断研究又从仅仅集中于利用阶段重新转向使用真正目标的准确性判断的整个过程。

此后研究揭示了与判断准确性有关的判断者的人格特征。例如，科拉尔（Kolar，1995）发现，男性判断者中高水平的自我—他人一致性与积极的自我评价有关，这些人一般有丰富的人生阅历，不焦虑，有防御性，关心他人的想法；而准确性高的女性判断者则智力水平较高，自我评估的开放性也高。一些证据表明，那些在社交性和非言语线索敏感性方面得分高的判断者对陌生人的判断与陌生人的自我评定更为一致（Ambady et al.，1995）。由自我和父母判断的其他一些特征如热情、开朗、有同情心、移情、人际取向、没有敌意以及独立性等也与准确性有关（Vogt & Colvin，2003）。戴维斯和克劳斯（Davis & Kraus，1997）的元分析发现，好的判断者一般具有场独立性、认知复杂、心理适应、社会敏感、不死板等特点。值得一提的是，这些关于好的判断者特征的结果都不是一种单一的特征与判断的准确性有一致性的关联，一种可能的解释是，这种混合的结果可能是由不同研究者采用了不同的准确性标准并以不同的方法测量准确性所致。

现实准确性模型指出，一个完整的判断要经过四个阶段：判断目标要表现出与被判断目标相关的人格特征，线索对于判断者必须可用和能够察觉，判断者必须正确利用这一线索以形成一种判断（Funder，1999）。因此，好的判断者不但要掌握大量相关、可用的行为线索信息，而且还要能够察觉和正确使用这些线索。以往的研究主要集中在最后两个阶段，而没有考虑到最初的两个阶段也可能会受判断者的影响。在人际交往中，判断者是否让别人感到舒适会影响到相关性和可用性两个阶段。那些让人感到舒适的判断者可能会有许多与判断准确性相关的积极特征，如热情、真诚、有同情心、没有敌意、不焦虑、没有防备心理（Colvin & Bundick，2001），以及良好的社交技能和宜人性。判断者的这些特征可能与判断目标谈论其思想和感受的意愿相关，其中有些特征已被证明与判断的准确性相关，如人际取向、社会敏感性、信任和健谈、不焦虑和没有自我防御（Vogt & Colvin，2003）。

在人格判断准确性的研究方法中，有两种常见的方法：以人为中心的方法和以变量为中心的方法（Biesanz et al.，2007）。在以人为中心的方法中，准确性通过同一目标人物的不同特质来计算；而在以变量为中心的研究方法中，准确性通过单一特质的不同目标人物来计算。一些研究者更偏好使用前者，因为以人为中心的方法可以计算每一位判断者或每一个判断目标的准确性分数，而且，为了考察判断者的准确性如何与判断者的人格和行为相关，就必须计算每位判断者的准确性分数。在近期的一项研究中，勒兹林（2008）以互不相识的三人为一组考察了非结构性交往中人格特征和行为与判断准确性的关系，结果发现：判断准确性与社会技能、宜人性和适应性相关。相互交往中观察者的准确性与好的判断者的数量呈正相关，这意味着判断者的人格和行为对于创设一种判断目标展示其人格线索的情境非常重要。观察者准确性与好的判断者同伴数量的正相关表明，判断准确性更多的是基于判断者觉察和利用的技能。勒兹林（2008）总结指出，人格良好的判断者具备与社会技能和宜人性相关的人格特质，还具备一些其他的积极特征。良好的判断者也会表现出与社会技能一致的行为，这些行为表明他们对交往的同伴感兴趣和比较关注，这些特征和行为很可能使得交往同伴感到舒适，因此更有可能向对方泄露更多信息，这无疑会促使其更准确地判断。而且，这些信息能够被观察者察觉，观察者也能据此作出更准确的判断。

**链接：与人格判断准确性相关的动机性因素**

范德（1999）指出，个体之间的差异在于他们接触到的社会信息的重要性以及作出准确性人格判断的动机不同。一些个体对他们所处的社会背景有感知力和领悟力，因此可以避免对社会关系的伤害，另一些人可能比较容易忘记他们直接所处的社会环境。此外，一些人会主动寻求社会交往，而另一些人则倾向于花更多的时间独处。因此，在与社会动机相关的情境中，判断者的人格可能会影响到人际判断的准确性。与这种假设一致，沃格特和科尔文（2003）的研究发现，那些有更多公共交往的个体（这些人对于发展和维持人际关系有更高的动机）是更准确的人格判断者。

人格的五因素模型（FFM）的五个维度中有四个与社会动机因素相关。外倾者可能更喜欢社会交往，因此将会有更多的机会进行人际交往的实践，并获得关于其人际判断的反馈信息（Costa & McCrae，1992）。宜人性更高的人比较关心他人幸福感，他们比那些宜人性得分低的人更关注他人的感受（Digman，1990）。责任心与不同活动范围的动机相关，与在重要社会关系中的成功欲望相联系（Wiggins & Trapnell，1996）。那些更有责任感的人被认为更关注细节，并且倾向于有一种"他人中心的取向"（Moon，2001）。最后，情绪稳定性低的个体可能会关注自己，更有可能在困难的社会交往前退缩，而那些情绪稳定性高的人则具有较少的自我意识，他们更有可能寻求社会关系（Goldberg，1990）。

尽管判断者的人格特质会因为其动机的作用而影响判断的准确性，但这可能还依赖于判断的情境。为此，克里斯琴森等人（2005）要求熟人对目标人物进行人格判断，在这些社会关系中，研究者预期诸如外倾性、宜人性、责任心和情绪的稳定性等动机因素可能会影响交往发生的数量以及个体是否会关注与判断目标人格有关的社会信息。研究中使用了一段基于视频的评估，即参与者观看了人们在面试问题前的反应。在这种情境中，由于参与者判断力较低，因此动机因素在决定准确性方面所起的作用更小，他们不会寻求交往，而是明显地按照指导语去关注视频。研究者预期，外倾性、宜人性、责任心和情绪的稳定性与熟人人格判断的准确性呈正相关，研究结果证实了这一假设。

（资料来源：Christiansen et al.，2005，pp. 128 – 129）

## 4.2　判断者的人格特质与判断准确性关系的实证研究

人格特质是个体身上非常稳定的特征，个体在大五人格维度上的差异与判断的准确性相关吗？外向的人比内向的人更善于判断吗？大五人格中哪种特质与判断的准确性联系更密切呢？为此，研究者在 347 名大学生中考察了判断者的大五人格与准确性的关系（谭慧，2012）。研究中，首先要求所有被试完成一份大五人格问卷（NEO-FFI），随后，在被试观看完 10 段不同目标人物的视频录像后，要求所有被试对目标人物的大五人格作出 9 点等级评定，以被试的平均等级与目标的自我评定等级之差的绝对值即判断偏差作为判断准确性的指标。

表 7 - 4　判断者的大五人格与判断偏差的相关分析

|  | $N$ | $M \pm SD$ | $r$ |
|---|---|---|---|
| 神经质 | 347 | 34.56 ± 4.82 | − 0.011 |
| 外倾性 | 347 | 33.40 ± 4.02 | 0.073 |
| 开放性 | 347 | 39.57 ± 6.82 | − 0.525 ** |
| 宜人性 | 347 | 37.78 ± 5.30 | − 0.551 ** |
| 责任心 | 347 | 39.58 ± 7.50 | − 0.500 ** |
| 总判断偏差 | 347 | 1.93 ± 0.05 | |

（注：* * 表示 $p < 0.01$.）

表 7 - 4 是判断者的大五人格特质与判断准确性（判断偏差）的相关分析结果。数据表明，大五人格特质中除神经质和外倾性以外，开放性、宜人性和责任心均与总判断偏差呈显著负相关，这表明个体的开放性、宜人性和责任心得分越高，判断偏差越小，判断的准确性越高。

表 7 - 5　人格三维度高、低分组判断偏差的 $t$ 检验结果

| 人格维度 | | $N$ | $M \pm SD$ | $t$ | $p$ |
|---|---|---|---|---|---|
| 开放性 | 高分组 | 94 | 1.61 ± 0.28 | − 8.66 | 0.000 |
| | 低分组 | 94 | 2.05 ± 0.41 | | |
| 宜人性 | 高分组 | 94 | 1.59 ± 0.27 | − 8.46 | 0.000 |
| | 低分组 | 94 | 2.04 ± 0.43 | | |
| 责任心 | 高分组 | 94 | 1.69 ± 0.36 | − 7.59 | 0.000 |
| | 低分组 | 94 | 2.07 ± 0.32 | | |

表 7 - 5 是判断者大五人格中开放性、宜人性和责任心三个维度中 27% 的高分组和 27% 的低分组在判断偏差上的 $t$ 检验结果。分析发现，开放性高分组与低分组的判断偏差之间存在显著差异（$t = - 8.66$，$p < 0.001$），开放性高分组的人格判断与目标对象的自我评估一致性更高，产生的偏差相对较小，即开放性得分高的被试的判断准确性显著高于开放性得分低的被试。宜人性高分组与低分组的

判断偏差之间存在显著差异（$t = -8.46$，$p < 0.001$），即宜人性高分组的判断偏差明显地小于低分组的判断偏差，宜人性得分高的被试的人格判断与目标对象的自我评估一致性更高，产生的偏差相对较小。责任心高分组与低分组的判断偏差之间存在显著差异（$t = -7.59$，$p < 0.001$），即责任心高分组的判断偏差明显地小于低分组的判断偏差，责任心高分组的人格判断与目标对象的自我评估一致性更高，产生的偏差相对较小。

## 4.3  大五人格影响判断准确性的原因分析

在五因素模型中，涉及更多人际关系的人格维度会影响到判断的准确性，这是因为它们具有激励个体寻求社会信息以及维持提供这一信息的人际关系的作用。总体而言，那些在外倾性、情绪稳定性、宜人性及责任心维度上得分高的个体判断的准确性更高，但具体到每一种特质，两者的关系又有不同。克里斯琴森等人（2005）的研究表明，责任心和宜人性与准确性的关系更加复杂，当判断者具有更高的责任心或更高的宜人性时，倾向性智力会成为熟人准确性的更好的预测源。换句话说，倾向性智力的调节效应随宜人性和责任心水平的变化而变化，上述两种特质的水平越高，调节效应越强。

研究发现，大五人格的开放性、宜人性、责任心与人格判断偏差（判断准确性）显著相关。责任心包括尽责性、对长期工作的承诺、恒心、伦理道德发展、职业道德、可靠性、精力水平和暴力倾向。在所有职业领域的工作绩效标准上，责任心都表现出正相关。责任心不仅可以很好地预测工作绩效和学业成绩，而且也可能是个体表现优秀的原因之一。责任心强的人在面试中会做得更好，这不仅仅是因为他们在面试时表现得很好，更是因为他们在面试之前花费了大量的时间做准备并寻找相关信息。正因为如此，在人格判断中责任心得分高的个体投入的时间和精力更多，能够认真负责地配合完成实验，这可能是责任心与人格判断准确性显著相关的原因。

宜人性的特征是服从、友好地顺从、可爱、热情甚至爱。霍根（Hogan，1998）认为，这一特质与合作倾向有关，反映了人与人之间相处融洽与共同合作的程度。人们常常关注他人是否拥有这一特质，并且尝试在他们的社交圈子里就"谁是最容易相处的人"达成共识。一个人的宜人性水平可以预测大量的生活事件。在这一特质上得分高的人，比较喜欢参加宗教活动，幽默感较强，心态比较平衡。他们享受更多的同伴接纳感和约会的满足感，有广泛的社会兴趣。宜人性得分高的个体拥有良好的人际关系，更容易获得他人的信任感与好感，喜欢与他人合作和互动。宜人性得分高的个体在评价他人时，倾向于用积极的评价，这也是判断一致性相对较高的原因。宜人性的这些表现自然使得高分者在人格判断中更有优势。

开放性有时候也叫智力，是大五人格中最受争议的因素。开放性得分高的人被认为是有创造性的、想象力丰富的、心胸开阔并且聪明的。一些研究者认为，这一特质可以反映出一个人运用智力解决问题的取向，甚至反映出个体的一般智力水平；还有一些人把它看作是人格潜在的创造力和理解力的基本维度。科斯塔和麦克雷（1992）指出，聪明的人不一定对经验具有高开放性，但是在开放性上得分高的个体常常被看作是聪明的。高开放性的评估者，能更好地理解人格与特质之间的关系，这是他们判断准确性高的原因之一。

在这里，我们可以用一些通俗的例子来解释人格特质为何会影响判断的准确性。试想，一个人性格暴躁有什么不利？他会发现当自己在人们周围时，人们会更加谨慎和拘谨，人们会避免谈论某些话题，避免做某些事情。结果，他们在相关阶段对那些熟人的评价就会被干扰，其他本该观察到的相关行为被压制了，这样他就不能准确地去判断那些熟人。面对一个容易对坏消息发脾气的老板，员工就会把错误隐藏起来，这样就阻碍了相关信息的可用性。结果，这位老板可能对员工的真实表现和能力水平甚至公司的运行情况一无所知。作出判断的情境也会影响判断的准确性。在紧张或分心的环境下与人见面很容易影响他对相关、可用信息的察觉，会导致准确性的降低。因此，一见钟情往往不是那么可靠的。一名好的人格判断者不仅需要缜密的思维，还要创设一个人们可以自然表现真实自我的人际环境，这样才有可能真正告诉你发生了什么。而这些外在环境和条件的创设与判断者本身内在的人格特质紧密相连。

### 链接：准确性的个体差异对应用心理学的启示

如果心理学家被认为比外行所作出的人格判断更准确的话，那么关于准确性的个体差异研究对于训练职业心理学家会很有启发。当然，咨询、临床、学校及工业和组织心理学领域的心理学家在面试中或行为观察中通常要求作出特质推断，关于个体差异的研究表明，那些接受过心理科学训练的人有可能在这类活动中取得更大的成功。评估领域的研究表明，由心理学家对那些经理所作的评定往往具有较高的效度（Gaugler et al.，1987），其他研究也表明，那些认知复杂性更高的咨询心理学家能够作出更准确的临床判断（Spengler & Strohmer，1994）。这似乎表明，人格心理学领域和行为观察技术的训练将有助于形成更准确的倾向性智力，而这种智力将转变成推断准确性的个体差异。倘若如此，发展相关的知识结构应用于应用心理学的课程设计和评估中就显得非常重要。

（资料来源：Christiansen et al.，2005，p.140）

# 5  社会适应与人格判断

适应良好的人比适应不良的人能够更准确地判断他人的人格吗？这些人在看待他们自己的人格特征时是否会有偏见？研究者认为，心理适应很可能会影响到判断过程的四个阶段（Davis & Kraus，1997）。适应良好的判断者可能会有更舒适的交往，从而从同伴那里获得更多相关的、可用的信息，由于不是指向自我，因此有能力察觉信息，其一贯的思维模式和对人性的合理看法使得他们能够成功地利用线索。可见，与心理适应有关的特征和行为也可能与人格判断的准确性相关。休曼和毕森兹（Human & Biesanz，2011）在两个相互作用、循环设计的研究中考察了不同心理适应的个体是如何评价新同伴的，直接比较了他们的差别准确性（准确知觉他人独有的特征）、标准准确性（将他人知觉归为与一般的人相似）和假定相似性（将他人知觉归为与自己相似）。研究结果表明，与不太适应的个体相比，适应良好的人在知觉新同伴的独特特征时并没有表现得更准确，而在将新同伴知觉为与一般的人相似时更准确，而且，适应良好的人在知觉他们自己在他人心目中的独特特征时有一种偏见性倾向。总之，适应良好的个体明显通过"透视镜"看人，尽管他们错误地将他人亦有的特征视为自己独有的特征，但他们能够准确地理解他人通常倾向于是什么样的人。

## 5.1  社会准确性模型

人际知觉的社会准确性模型（social accuracy model，简称 SAM）（Biesanz & Human，2010）检验了知觉者对另一个人（判断目标）的印象的准确性，这种二元组合（一个人对另一个人的知觉和印象）代表了 SAM 分析中的核心概念。SAM 是一种用于估计不同特质准确性的不同成分的知觉者和目标效应的成分模型。例如，张三对他人的知觉也许通常比较准确，亦即知觉准确性（perceptive accuracy）较高，这种准确性是指一个特定的知觉者在知觉不同的目标对象时其知觉印象比其他知觉者平均要更准确，知觉准确性是对某个人在对他人判断时是否为一个好的判断者的一种评估。此外，李四可能被他人更准确地知觉，亦即表达准确性（expressive accuracy）较高，这种准确性是指某个特定的目标对象总体上被不同知觉者知觉准确性的程度，表达准确性是某个人是否为一个好的目标的一种评估，这种目标被称为易懂的、易读的、可判断的、透明的。而知觉准确性和表达准确性又可以进一步分解为标准准确性和差别准确性。SAM 代表了对克伦巴赫的成分分析法与肯尼（1994）的社会关系模型（SRM）的一种整合。除循环设计以外，SAM 还采用一种半数据块（half-block）进行说明，主要结果包括一些特定的人际知觉方面存在的可靠的个体差异。

在一般情况下，印象准确性（impressionistic accuracy）指知觉者对目标对象人格判断的准确性，其操作性定义可界定为目标对象和知觉者印象的不同评估之间的基本关系。为了提高知觉者印象推断的准确性（效度），SAM 中需要对目标属性进行多重评估，通常被确定的测量包括目标的自我报告、亲密同伴和父母的报告、社会舆论，以及行为观察或测量。尽管常用的做法是考察和报告用于估计知觉者判断和自我报告之间一致性的简单相关（自我—他人一致性），但是在社会准确性模型中，知觉者的判断亦即有效的测量——目标人格的评估是混合的，社会准确性模型评估的是对目标知觉的准确性。理解和解释印象准确性的水平要求弄清楚知觉准确性和表达准确性中知觉者和目标准确性效应。布莱克曼和范德（1998）提供的实验证据表明，在形成不同目标的印象时，不同的实验条件下不同的知觉者印象的平均相关在 $r = 0.18 \sim 0.26$。

表 7 – 6  社会准确性模型中四个主要随机效应的定义

| | 知觉者<br>知觉准确性 | 目标对象<br>表达准确性 |
|---|---|---|
| 差别准确性 | 一个人对他人明显的、独有的特征的理解程度 | 一个人明显的、独有的特征被他人理解的程度 |
| 标准准确性 | 一个人的他人印象在多大程度上与普通人一致 | 一个人一般被理解为与普通人的相似性 |

（资料来源：Biesanz，2010，p. 864）

SAM 的焦点不应当只关注整体的准确性，即知觉者对不同目标的准确性水平以及目标在不同知觉者知觉中的准确性水平，而且也应关注准确性的特定成分。因此，SAM 将印象准确性分解为刻板准确性和差别准确性中的个体差异评估。受弗尔（Furr，2008）的影响，毕森兹（2010）将这些评估分别称为标准准确性和差别准确性。这两种准确性的成分既适用于知觉者也适用于判断目标（如表 7 – 6 所示）。

## 5.2  心理适应和人格判断的准确性

社会知觉的生态学理论假设准确的人际印象具有适应价值（Schaller，2008），那些具有较好适应能力的个体被认为能够更准确地理解他人（Hall & Andrzejewski，2008）。可见，准确理解他人不仅被认为与适应相联系，而且也被认为是一个心理适应的整体和必备的特征以及个体应对社会的标记。为何心理适应会促进更多差异性准确的印象呢？根据范德的 RAM，适应良好的个体应当能够更好地察觉和利用目标身上的线索，在社会交往中，这些人会表现得很轻松、自在，这在线索的察觉性和利用性两个阶段有利于认知资源的使用。这种社会交往中的轻松也被认为能够使目标对象更舒适，在这种情况下，目标对象可能对适应良好的个体会表现更多可用的相关线索（Letzring，2008）。不仅如此，更高水平的人际适应会表现出对他人更多的关注及更强的理解他人的动机，与他人联系和准确理解他人的更强动机会强化准确性。研究表明，在恋爱关系（Neff & Karney，2005）和室友一对一的交往（Katz & Joiner，2002）中，更好的关系适应与更准确的知觉相联系。实际上人际关系中对同伴更准确的知觉也会促进关系的适应。

心理适应应该也能够促进更高的标准准确性。如果适应良好的个体倾向于更关注他人而且希望更好地了解他人的话，那么他们应该会逐渐形成一种相对固定的理解，即人们一般看上去像什么样的人，从而提高其标准准确性。当信息和时间有限时，当更多的差异性信息很难获得时，这类信息在第一印象中尤其有用，它能让适应良好的个体形成一般的准确的印象。适应良好的个体有可能更加标准地看待他人，这并不是因为标准的知识，而是因为一种更积极地看待他人的倾向。总体而言，心理适应能够促进 RAM 的每一个阶段，使得适应良好的个体能够形成更多对他人差别的和标准的准确印象。

是否有实验证据支持适应良好的个体能够更准确地理解他人呢？元分析（Davis & Kraus，1997）和最近的一项综述（Hall & Andrzejewski，2008）同时表明，好的判断者除了有更多的社会交往功能外，他们确实体验到了更强的心理适应（如自尊、积极的人格特质）。但是，这类研究采用的主要是非言语编码任务，包括对他人特定情绪或社会角色的知觉而不是对人格印象的知觉。人格印象通常要求具备一种更广泛、更全面地理解另一个人稳定的特质及普遍倾向的能力。一些早期的研究表明，好的判断者具有更多的社会倾向和良好的适应能力（Allport，1961），其他的研究则发现，好的判断者实际上缺乏社会性及比较内向（Adams，1927；Vernon，1933）。遗憾的是，最近的研究并没有澄清人格印象中知觉者适应的作用。例如，在面对面的交流中，好的判断者展示的特征与社会技能和个人幸福感相关联（Letzring，2008），而在零相识范式中，好的判断者具有较少的社会性（Ambady et al.，1995）。

对于这种不一致的结果，一种可能的解释是不同研究中准确性的测量不一致。在考察人格第一印象的研究中，当用传统的特质中心的方法对准确性加以评估时，准确性与适应无关或呈负相关，这种做法剔除了差别准确性（Ambady et al.，1995）。相反，当准确性被评估为一系列特质的基本一致性时，准确性与适应呈正相关，这种做法将差别准确性与标准准确性混合在一起（Letzring，

2008）。而且，与适应有积极联系的非言语编码任务更有可能是由情绪表达的标准知识引起的，而不是对目标的独特情绪表达理解的结果（Chan et al.，2010）。如此看来，社会适应和准确性之间的积极联系事实上可能是标准准确性而不是差异准确性的结果。沃格特和科尔文（2003）发现，那些有人际取向的个体会利用标准的信息形成更准确的印象，因此，社会适应可能与更高的标准准确性或关于他人是什么样的人的一般知识相联系，而不是与差别准确性相关。的确，人们普遍认为适应良好的个体更多地与现实世界接触，并不要求他们理解每个人的独特特征，而是只要能够较好地理解人们通常是什么样的人（标准准确性）即可。

在第一印象中，为什么是标准准确性而不是差别准确性与适应相关呢？一种解释是，在形成差别准确性印象的能力中可能存在很小的个体差异（Biesanz，2010）。由于获得准确的印象是一项非常重要的技能，因此对大多数人来说合理的准确性是关键，从而导致这种能力具有较小的可变性。而且，差别准确性可能是一项很困难的任务，尤其是在第一印象形成的过程中，它不仅要求知觉者掌握这种技术及拥有可察觉和利用的认知资源，而且要求目标提供充足和首要的信息。相反，标准知识只要去了解一个人的一般生活情况即可，甚至不需要目标的任何线索。如此看来，标准准确性在达成准确性的过程中会容易得多，这种准确性基本依赖于知觉者关于人们倾向于是什么样子的一类知识。总之，长期以来心理适应都被认为能够提高对他人印象的准确性，但是在第一印象中，它只有助于形成对一般个体而不是对特定个体的更好理解。

## 5.3　心理适应和假定相似性

一些研究者指出，对他人和自我的偏见性知觉与心理适应有关（Taylor & Brown，1988）。为什么适应良好的个体倾向于将他人看成与自己更相似呢？根据奥尔波特（1961）的观点，适应良好的个体可能有一种自我扩张（self-expansion）的感觉，这种自我扩张感使得他们更多地投入生活，包括与其他个体的联系。与他人联系的倾向可以用假定相似性来表示，即以他人的观点来看待自己的品质。例如，研究者认为满意度高的情侣会体验到自我扩张，即将对方整合到自我当中，然后表现出与对方更多的假定相似性（Aron et al.，1991）。这种和伴侣一方假定相似的倾向与更好的人际适应密切联系，即使是在真实相似性被控制之后也是如此（Lemay，Clark，& Feeney，2007）。可以推测，适应良好的个体有更多的自我扩张倾向，它不仅局限于亲密的伴侣之间，而且也存在于将其他人视为与自己更相似的知觉过程中。

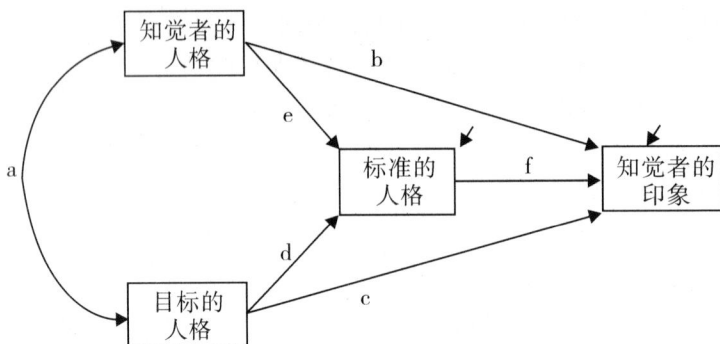

图 7 – 4　人际知觉的社会准确性模型与假定相似性的关系

（资料来源：Human & Biesanz，2011，p. 355）

（注：路径 a = 实际相似性；b = 假定相似性；c = 差别准确性；d = 目标标准性；e = 知觉标准性；f = 标准准确性）

（1）实际相似性：知觉者的人格与目标人格的相似程度；

（2）假定相似性：知觉者通常将目标视为拥有与知觉者自身独特特征的相似程度；

（3）差别准确性：知觉者通常将目标视为与目标自身独特特征相一致的程度；

（4）目标标准性：目标人格与标准情况的相似程度；

（5）知觉标准性：知觉者的人格与标准情况的相似程度；

（6）标准准确性：知觉者通常将目标视为与标准情况相似的程度。

　　一些最近的研究为心理适应与假定相似性提供了原始的证据，这些研究证实，适应不良的个体，如那些长期体验到消极情绪的人，与他人的假定相似性更少（Lane & Gibbons，2007；Moss et al.，2007）。然而，在这些研究中，实际的相似性并没有得到控制，因此结果仍然是不确定的。如此看来，不太适应的个体可能在其差异性的知觉中会比较准确。而且，在上述两项研究中使用的是假设的目标，如典型的学生，我们需要一种更真实的方法在多重关系以及真实的交往同伴中来考察知觉者在假定相似性方面的一般倾向。为此，休曼和毕森兹（2011）在控制真实相似性以后，考察了适应良好的个体在与多个目标面对面交流过程中是否有一种假定新同伴与自我更相似的一般倾向。结果发现，适应良好个体比适应不良的个体确实表现出一种明显地将他人看作与自我更相似的倾向。在对心理适应、准确性与假定相似性相互关系深入分析的基础上，休曼和毕森兹（2011）提出了人际知觉的社会准确性模型（见图 7 – 4）。

　　为何适应良好的个体而不是适应不良的个体会将他人看作与自己有更多的相似呢？一种可能的解释是，适应良好的个体拥有一种自我扩张感，这种感觉使得"自我边界迅速扩张"到一个人生活的各个方面，包括其他人。适应良好的人更能经常感受到这种与他人的联系，并促进他们将他人看作与自己有相似的特征。的确，喜欢是假定相似性的重要联系，表明这种倾向与对另一个人的积极感受密切相关。然而，在控制喜欢之后，适应良好的人仍然比适应不良的人更会将新同伴视为与自己有更多的相似性。另一种可能是，假定相似性的自我增强解释认为，个体将他人视为与自我相似是进一步确认自身特征的一种方式（Marks & Miller，1987）。

# 第八章

# 元知觉与元准确性

· · · · · · · ·

# 1 人格的自我知识

直觉告诉我们，关于我们的思想、感受及所作所为，我们比谁都清楚。然而，关于人格自我知觉准确性的研究表明，"杯子既不是满的也不是空的"。通过对以往研究的综述，研究者得出结论：人格的自我知识是存在的，但离我们的预期还有距离（Vazire & Carlson，2010）。

## 1.1 什么是人格的自我知识

难道人们真的不了解自己吗？不完全是这样。从已有的研究来判断，在自我知觉中，社会和人格心理学领域关于社会认知与人格判断的研究仍然让我们充满信心。正如斯旺和佩勒姆（Swann & Pelham，2002）指出的那样："如果我们要质疑被试的自陈报告，那么即便不是全部，至少大部分关于自我的研究结果都值得怀疑。"（p.228）的确，大多数的人格与社会心理学研究都依赖于自我报告，如果怀疑人们缺乏自我洞察力（self-insight）的话，那么所有仰仗自陈报告的研究结果都值得怀疑，并由此产生一系列问题（Vazire，2006）。我们随处可见这样的观点，"目标人格的最好标准是他或他的自我评定……否则，人格评估的整个计划必须重新认真考虑"。（*Personal Communication*，2003）到底哪一种观点正确呢？人们真的会自欺欺人吗？一个人人格的自我知觉果真是他真实人格的准确反映吗？

一些研究者将人格的自我知识定义为关于个体一般的思维、情感和行为模式的准确的自我知觉以及对他人如何解释这些模式的觉知。一方面，这个定义强调了人格的社会性方面，如一个人的声望，部分原因是这些方面更容易调查与评估（Spain，Eaton，& Funder，2000），但更为重要的原因是，人格概念本身包含了人与人之间的社会性，这些特性是我们了解一个人最重要的方面；另一方面，这个定义更加强调自我知识研究的是准确性而非判断偏差，尽管人格的自我知识同时包括判断的准确性和偏差，但是心理学家一直以来都是将两者分开研究。侧重研究判断偏差的文章主要是描述人们在评价自身人格时所表现出来的自我服务倾向等偏见；而关注判断准确性的文章主要是评估人格自我知识的量化研究。

自我知觉偏差不仅是普遍的，而且是自动化和不需要努力的（Pelham，Mirenberg，& Jones，2002）。人们努力控制自己的结果是作出更积极的自我描述，而准确的自我描述与更多的大脑活动相联系，这些大脑区域与努力控制而不是自我增强有关（Beer & Hughes，2010）。很显然，自我知觉加入了动机性认知过程，并由此导致了判断偏差的产生，这些偏差对人格自我知觉的准确性影响如何？这些动机性过程背后的准确性有多大？此类问题的答案对于自我知觉以及心理学的定量研究方法都有很大的启发意义和应用价值。

## 1.2　自我知识能够进行实验研究吗

如果说主流文化和不同学科对自我知识给予了大量关注的话，那么有一个事实我们必须清楚，即自我知识领域并没有太多的实验研究，在人格心理学中更是如此。出现这种情况的原因很简单，那就是人格的自我评估面临一个棘手的参照标准问题。当我们评估人格准确性时，应该以什么为参照标准？我们如何判断一个人对自己的人格评估是否准确呢？在以往的人格研究中，当我们要判断他人的人格判断是否准确时，通常的做法就是将其与目标人物的自我评估进行比较，如果两者是一致的，就说明两者都可能与事实接近。但是，当我们自己变成目标人物时，自我评估的结果显然就不能作为参照标准了。如果假定自我知觉比任何其他人格测量更准确的话，那么有可能会得出这样的结论：自我知觉准确性的评估没有标准。幸运的是，面对这个棘手的问题，心理学家找到了一些创造性的解决方法，我们主要介绍三种自我知觉准确性的评估方法：

第一种方法，我们可以将人格的自我知觉与客观的标准（如行为结果）进行比较。例如，如果张三说自己是一个害羞内向的人，那么我们就观察他是否真的很少与别人交谈，是否大部分时间独处。个体对人格的自我知觉和客观行为结果的一致性程度反映了评估的准确性。

第二种方法，将人格的自我知觉与那些最了解我们的人的评估进行比较。如果李四评价自己是个幽默的人，那么他的朋友和家人是否也这样描述他呢？这种方法假设那些与我们相处时间很长的人对我们的人格有敏锐的洞察力。如果我们的人格自我知觉与那些很了解我们的人的评价不一致，那么我们可能就会怀疑两者的准确性。

第三种方法，我们可以研究人们是否知道他人是怎样看待自己的。这种方法认为，人格自我知觉的一个重要方面就是能知觉他人对自己声望的评价。如果人格反映了你日常生活中的表现，而你的声望就是日常生活表现的积累，那么没有比声望更能作为概括你日常行为表现的指标了（Hogan，1998），更何况人格的自我知识还包括一个很重要的方面，那就是你从他人那里得到的反馈与互动。正因为如此，人格才会影响个体日常生活的各个方面，可见，知觉他人对自己的评价是知觉自身人格的基础。

上述每种方法都有各自的优势，也有不足。第一种方法将自己的看法与客观标准相比，这通常被认为是评估自我知觉准确性的最好标准。然而，行为客观测量的获得比行为的出现要棘手得多，而且比较烦琐（Vazire et al.，2007）。例如，为了获得某种人格特质的标准测量，我们首先必须确定哪些行为与该特质有关，然后，需要多名旁观者记录和编码行为（因为标准测量不能依靠自我报告），最后，必须观察大量的行为以确信我们找到的并非一时的表现。但是，研究者经常走捷径或简单地回避这种方法，真正将自我知觉与行为的客观测量相比较的研究非常少，而且经常存在缺陷。

另外两种方法是将自我知觉与熟人的知觉作比较，询问别人是否了解自己的声望，这两种方法实施起来更直接，因此也更通用。第二种方法首先是辨别那些非常了解目标人物的知情者，然后将目标人物的自我知觉与那些知情者的知觉进行比较。第三种方法是要求目标人物知觉他们给他人留下的印象，研究者称之为"元知觉"（Laing，Phillipson，& Lee，1966），然后比较这些知觉与他人对目标人物的真实印象。这两种方法的不足在于，它们对于自我知识的热衷者和怀疑者来说，可能不够令人信服。那些坚信"自我知觉是准确的"这一观点的人也许不会受自我知觉与他人知觉不一致证据的影响，他们认为某人不会像别人看待他那样看待自己，他甚至可能没有意识到他人是怎么看待自己的，他会坚持认为自己是对的。相反，人们的自我知觉与他人的印象的确匹配，以及他们能够意识到别人对他们印象的证据不可能影响那些反对"人不能了解自己"这一观点的人，怀疑论者总是声称每个人都是错的。抛开这两个极端的观点，我们认为，大多数人都赞同个体拥有的自我知觉与亲密他人的看法一致，人们能够意识到他人对我们的印象，这是自我知识的重要指标。

## 1.3 自我知觉与客观测量一致吗

人们对于自己人格的知觉与他们在现实中的表现是否一致呢？许多人格心理学家对这个问题抱有极大兴趣，他们很想知道自己研究的特质能否通过被试的自陈报告来评估。因此研究者检验了某种特定人格特质的自陈报告能否在理论上预测相关行为表现（Vazire et al.，2008）。当然，要从整体上理解自我知识，研究者必须考察不同广度的特质中自我知觉与行为之间的对应关系。通过综述过去二十年来不同广度的特质中自我知觉与行为客观测量的相关研究结果发现，大多数研究者都是通过获取实验室测量到的大量行为以及将这些任务中抽取出来的特定行为与自我评定的相关来解决这一问题，表 8 - 1 是自我知觉对行为和结果的预测效果（Vazire & Carlson，2010）。例如，有一项研究比较了人们在大五人格中的自我评定与每种特质的合成行为指标，结果发现自我知觉与实验室行为之间的平均相关为 0.34（Back，Schmukle，& Egloff，2009），其他一些研究也发现了两者之间存在某种程度的弱相关（Spain et al.，2000；Vazire，2010）。这些研究结论不一，原因可能在于研究中行为测量由少量的行为合成获得，致使结果的可信度较低。总之，研究表明，自我知觉与个体在实验室情境中的表现有适度的相关。

表 8 – 1　自我知觉对行为和结果的预测效果

| 研　究 | 人格领域 | 平均自我准确性 |
| --- | --- | --- |
| 实验室研究 | | |
| Back et al.（2009） | 大五 | 0.34 |
| Kolar et al.（1996） | CAQ（100 个项目） | 0.28 |
| Spain et al.（2000） | 外倾性、神经质 | 0.22 |
| Vazire（2010） | 外倾性、神经质、智力 | 0.21 |
| Moskowitz（1990） | 友善、支配性 | 0.14 |
| 自然情境研究 | | |
| Mehl et al.（2006） | 大五 | 0.27 |
| Vazire & Mehl（2008） | 行为 | 0.26 |
| 平　均 | | 0.25 |

（资料来源：Vazire & Carlson，2010，p.608）

在实验室情境中，一般通过创设非正常的或比较极端的环境来诱发行为，然而，很多一般的人际交往情境很难或不可能在实验室中创设，如一对亲密恋人的谈话，并且不可避免地排除了被试选择情境的机会，因此有很大的局限性。可见，在自然情境下观察行为更重要，也更有优势。自我知觉准确性最突出的情境研究是梅尔等人（2006）所做的一项研究，研究者们在大五人格特质中考察了自陈报告人格与自然及日常行为之间的关系，他们运用微型电子设备技术（EAR）记录下被试日常的行为活动，再用统计方法分析与大五人格特质相关的语言和行为指标。结果显示，大多数特质有大量行为或语言上的相关性，这一结果在理论上具有一定的普遍意义（如内向的人比外向的人独处的时间更长），表明人们对于自身人格的评估至少与他们在现实生活中的表现呈中度相关（平均 $r = 0.27$），人们对自我的看法在某种程度上确实反映了日常生活中的行为。

尽管人们对于自身人格知觉的准确性不算完美，但是对其行为的自我知觉或许是对的。瓦兹和梅尔（2008）的研究表明，人们对自身的典型行为有一定的预测能力，当然，行为不同，准确性也有差异。该研究设计精妙，因为行为的指标和参照标准都由被试自己挑选和评定，之后同样运用了 EAR 技术对被试日常行为进行观察，结果发现，在现实生活中被试对一些行为如看电视、听音乐的预测力非常强，而对另一些行为如上课考勤、独处时间等预测的准确性则非常低，总的来说平均准确性为0.26。这些结果表明，人们对自身人格的知觉接近于真实，他们对自我的行为表现并非无知。进一步研究发现，自我评定的人格报告结果能有效预测长期的客观行为结果（Fiedler, Oltmanns, & Turkheimer, 2004）。两项近期的综述证实，自我评估的人格能够预测一些重大的生活事件，如犯罪行为、离婚、死亡等（Ozer & Benet-Martinez, 2006; Roberts et al., 2007）。在罗伯茨（Roberts）等人（2007）关于人格与生活事件相关研究的综述中，人格与职业成就的相关为0.23，与离婚的相关为0.18，与死亡的相关为0.09。在许多情形下，这些预测结果在理论上与特质相关。

那么，我们应该如何看待已有的研究结果呢？结果的不一致暗示了这样一种可能，即自我知识随人格维度而变化。事实上，瓦兹（2010）的研究表明，在自我知识中存在可预测的模式，人们了解自身内在的大多数特质（如焦虑），而对可评估特质（如智力）则了解较少。那么，已有的研究结果是赞成还是反对自我知识呢？答案是：两者都有。从这些研究来看，人们对自身人格的评估的确与客观行为结果存在一致的、显著的相关关系，但是中度相关也表明，人们可能只拥有自我意识的核心部分而并非人格的全部。

## 1.4 提高人格的自我知识

实验研究证明，要了解一个人的人格，我们既需要知道他对自己的看法（自我知觉），也要了解他人对他的看法（他人知觉）。自我知觉是人格的一个重要方面这并不新奇，新奇的是他人也知道我们自己并不了解的一些东西。我们怎样才能利用他人知识来增长我们的自我知识呢？最直接有效的方法是提供真实的反馈信息，但是要做到这一点并不容易。一种更现实的策略是在感知我们自身的人格时考虑他人的观点（元知觉）。研究表明，尽管我们高估了他人知觉与自我知觉的相同程度，但我们还是能够察觉我们给他人的印象，甚至当第一次遇到某个人时也是如此（Carlson, Furr, & Vazire, 2010）。我们好像知道我们对自己的看法有别于那些在不同情境下了解我们的人的看法（Carlson & Furr, 2009）。总之，我们能够意识到他人对我们的看法，尽管我们在判断自己的人格时并不总是会利用这些信息。这样看来，我们或许可以通过更多地考虑他人对我们的印象来提高自我知识，尤其是对于那些可观察的、可评估的特质（如有趣的、可爱的）。

作为自我知识的一种途径，内省法（introspection）在历史上引起了广泛关注。不幸的是，最近的研究表明，我们对自身的很多看法隐藏于意识之下，这在掌握自我知识的过程中限制了内省的作用（Wilson, 2009）。一种有效的做法是减少自我保护动机（如防御）或增加自我知识，因为这些自我保护动机妨碍了我们客观地看待自己。最近的研究表明，自我肯定减少了防御反应，并且使我们对自己的消极信息持更开放的态度（Critcher，Dunning，& Armor，2010）。按照这种思路，大脑的冥思训练可以提高人们的情绪调节技能、记忆和注意，并且能够提高区分短暂的情绪体验与普遍倾向的能力（Williams，2010）。这些技术可以减少自我知识的两种主要障碍：信息缺失和动机性偏见。

依据范德的现实准确性模型，提高自我知识最关键的环节取决于第一个阶段：相关性。正如去了解另外一个人，你可以仅仅基于你看到的自己的行为去评估自己，但是这要受到你经历的情境甚至是你允许自己做什么的限制。例如，一些人通过蹦极或爬山来考验自己，以此证明他们本身具有一些自己并不知道的特征。尽管你不一定非要去蹦极，但是"考虑如

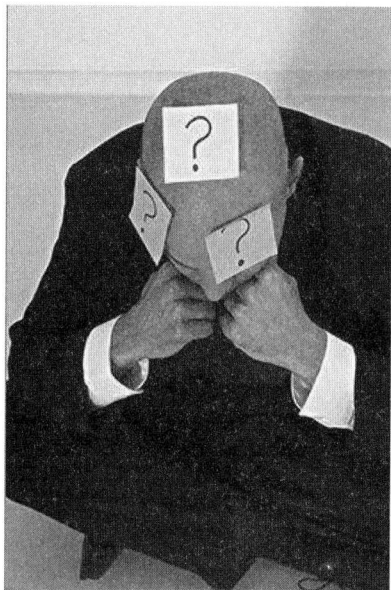

图8-1　内省是提高自我知识的途径之一
（资料来源：edu-sp. com）

何通过新的场合、接触陌生人和尝试新鲜事物来了解自己"是非常有好处的（Funder，2009，p. 494）。如果你一生都生活在一个小城镇里，而且身边的人也没有什么变化，那么你可能不知道在一个更宽广或不同的环境中你将做什么、会出现什么特质、会掌握什么技能。

自我知识还受一些家庭或文化因素而不是地理因素的制约。例如，一些家庭以及一些文化传统不让年轻人的自我表达过于明显。一个人的教育背景、职业甚至是配偶，都有可能是由他人选择的。更为常见的是，家庭会给孩子施加很大的压力，使他们追求特定的教育目标和职业道路。因此，"关于职业选择、关系形成和许多其他问题，获得自我知识的最好建议可能就是做自己。"（Funder，2009，p. 495）回避欲望以及朋友和家庭成员的期待是不可能的，但是你可以通过发现自己的兴趣和检验自己的能力来找到自我。在准确了解自我知识的基础上，你会在教育、职业、婚恋以及其他重要的事情上作出明智的选择。

**链接：在社交情境中掌握自我知识**

（1）通过内省来认识自己。人们认识自己的一种方法是通过内省，即人们以内省的方式来检查自己的想法、感受和动机过程。根据自我知觉的理论（self-awareness theory），当我们将注意力集中于自己时，我们会根据自己内在的标准与价值观来对自己现在的行为进行评价和比较（Wiekens & Stapel, 2008）。简言之，当我们处于自我知觉状态时，我们会成为客观地评价自己的旁观者，就像旁观者那样观察自己。假设你觉得应当戒烟，有一天你从橱窗的镜子里看到自己吸烟的样子，你认为你的感觉如何？研究者发现，对于我们自己的内省可能是不愉快的，因为它会使我们注意到自己与内在标准的差距。反思我们经历的原因也可能产生问题。很多研究显示，人们对于自己的感受和行为原因的内省经常是不正确的，这部分是因为人们依赖于因果理论来解释自己的行为。更为重要的是，思考原因的行为会引起原因导致的态度改变，让我们觉得突然想到的原因正是我们感觉的原因。

（2）通过观察自己的行为来认识自己。自我知觉理论认为，当我们的态度或感受处于不确定或模棱两可的状态时，我们会通过观察自己的行为来认识自己，就像局外人做的那样。特别是当我们对自己的内部状态不清楚，而且我们的行为似乎没有外部原因时，更会采取这种方法。该理论包括两个部分：第一，只有在不确定自己的感受时，我们才会根据自己的行为来推论自己的感受；第二，人们会判断自己的行为是真实反映了自己的感受还是受到了情境的影响。自我知觉理论一个非常有趣的应用就是过分充足理由效应，即人们认为自己的行为是由难以抗拒的外在原因所引起的，而使他们低估了原因引发该行为的可能性。另一个自我知觉的例子是情绪的两因素理论，即我们通过观察自己是怎样被唤起的，以及推断被唤起的原因来确定自己的情绪。对唤起的错误归因，即人们将自己的唤起归结到错误的来源，有时也会发生。对唤起的归因并非是情绪的唯一来源；情绪的认知评价理论认为，情绪也是由我们缺乏生理唤起时对所发生事件的解释所导致。

（3）通过他人来认识自己。自我知识不是在单独的背景下发展的，而是在周围人的作用下形成的。如果从来不与他人接触，我们的自我形象将会是模糊的，因为我们不会认为自己与别人不同。通过他人认识自己有两种途径：

第一种途径是通过与他人比较来认识自己。社会比较理论认为，我们通过将自己和他人比较来了解我们的能力和态度（Buunk & Gibbons, 2007）。假设你所在的单位向某个慈善基金捐款，你决定每月捐助50元，你会觉得自己有多慷慨？会为自己的行为而感到自豪吗？这一问题的回答取决于自己与他人的比较。如果你发现你的同事每个月仅仅捐助了10元，你可能会觉得自己是一个很慷慨的人，对帮助他人非常热心。然而，如果你发现你的同事每月捐助了 100 元，你可能就不会觉得自己是那么慷慨了。

第二种途径是通过采纳他人的观点认识自己。在认识自己的过程中，有时我们将他人作为衡量的准绳，来对自己的能力进行评价；有时我们也会将朋友的看法融入自己的社会观点。你是否注意到一个紧密的朋友圈有时看问题很一致？对于人们持有共同观点的一个解释是，有相同观念的人会相互吸引，他们容易形成更紧密的社交关系。另一个解释是，在一定条件下人们与周围人的观念逐渐同化，库利（Cooley，1902）将这种现象叫做"镜中自我"，他认为我们通过别人的眼睛来看待自己的整个社交圈，并且往往会采纳对方的观点。实验研究表明，我们会自动采纳自己喜欢并想要与之相处的人的观点，还会自动拒绝我们不喜欢的人的看法（Sinclair et al.，2005）。

（资料来源：Aronson，Wilson，& Akert，2012，pp. 144 – 172）

# 2  自我知觉、他人知觉与元知觉

## 2.1  自我知觉与他人知觉

### 2.1.1  自我知觉与他人知觉的关系

自我知觉，简单地说是指一个人对自己的看法，这里提到的看法涵盖内容非常广泛，既包括表面的，如衣着打扮、言行举止，也包括内在的，如思想感受、个性气质；既包括生理长相的，也包括心理特性的。个体对自己人格的知觉和判断就属于后者。他人知觉，是指别人对我们的看法，例如，我的朋友都认为我是一个内向的人，这是他们对我一致的看法。其实，自我知觉与他人知觉是相对而言的，关键取决于行动的主体。一方面，我们每一个人——你、我、他——都是行动的主体，因此都会有自我知觉；另一方面，如果以我为主体，那么你对我的看法以及他对我的看法都属于他人知觉。换个角度看，如果以你为主体，那么我对你的看法和他对你的看法也属于他人知觉。一般说来，与行动主体的关系越亲密，当事人的自我知觉与旁观者的他人知觉的距离就越接近。

那么，人们的自我知觉与他人知觉（朋友和家人对他们的知觉）差距到底有多大呢？研究者一般通过估计在一组人格特质或行为中自我评定与熟悉的他人评定的一致性来考察两者的差距。在这类研究中，实验者通常会先要求被试评估自己的人格，然后推荐几个最了解他们的人，这些参与者在不与被试商量的情况下对目标被试的人格特质进行评估。值得一提的是，实验者必须向参与者承诺保密（McCrae & Stone，1998）。一些元分析结果给我们提供了一部分答案，即自我评估与熟悉的他人评估之间的相关在 0.40～0.60。从已有的研究中我们看到，无论是在大五人格特质、人格障碍还是特质相关行为的评估中，研究结果是相对一致的，自我—他人的平均一致性大约为 0.4。有趣的是，研究发现配偶之间的一致性显著高于朋友，这也验证了自我—他人一致性随熟悉程度的增加而提高的理论假设（Slatcher & Vazire，2009）。

这些研究结果表明，人们对自己的看法与那些非常了解他们的人对他们的看法具有较高的一致性，那些将自己看成特别宜人或有责任心的人也倾向于被他人看成有高的宜人性或强的责任心。这进一步说明人格的自我知识确实存在，当然也有很多需要我们进一步探讨的问题。一方面，人们至少能够拥有自我意识的核心，比如那些认为自己特别有责任心的人在熟悉的朋友和家人眼中的确被认为是责任心强的人；另一方面也说明了人们对自身人格评估具有一定的局限性，例如，有些人觉得自己非常讨人喜欢，但家人和朋友却不这么认为。换言之，这些相关的事实仍然与完美有较大差距，表明人格评估中存在自我欺骗的情况，这是自我服务偏见等动机性因素影响的结果。

### 2.1.2 自我知觉比他人知觉更准确吗

人们对人格的自我知觉当然比随机猜测更准确，但是离完美还有很大的差距。检验这一观点的困难在于确定到底有多少准确性，参照的标准应该是什么？人们对自己的了解胜过他人对自己的了解吗？少数几项关于人格自我知觉的准确性与朋友或家人知觉的准确性比较的研究表明，自我知觉总体上并非更准确（Vazire，2010；Vazire & Mehl，2008），亦即我们对自己人格的了解似乎并不比我们最亲密的朋友或家人更好。根据早先提到的关于偏见研究的文献，这一结果可以这样解释，即偏见和动机性认知对自我知识产生了破坏性影响，但并没有完全损耗自我知觉的准确性。相反，我们对自己思想、情感和行为的优先接触抵消了我们的偏见对自我知觉的歪曲，如此看来，整体上我们并不比那些认识我们的人对自己的人格了解更多。

从实践上讲，一种合理的做法是要调整我们对自我知觉的信心。作为研究者，我们应该始终记住自我知觉是极其有用的，它包含了大量的事实，但是这些事实有时又明显偏离了一个人的真实人格。不仅如此，自我知觉与他人知觉准确性的对比研究一再表明，每个观点和结论都为人们提供了独特的信息。因此，整合来自多重观点的人格评定可以解决我们测量中的效度问题。作为社会性的动物，我们对人们关于自己人格的了解应当在自信和怀疑之间保持一种健康的平衡，并记住将此应用到我们自己身上。

从理论上分析，如果一个独特的个体在其自我知识方面有明显盲点的话，那么一系列的问题也就产生了。第一，那些盲点在哪里？人们自身人格的哪些方面最盲目？第二，那些盲点为何存在？是人们在了解自身的过程中缺少必要的信息吗？还是受盲点的激发？第三，一些人比另一些人有更强的自我知觉的能力吗？谁有更多的盲点？第四，自我知识有适应性吗？抑或盲点对于身体健康是必需的吗？第五，如果自我知识是适应性的，我们怎样增长它？

## 2.2 元知觉：你知道别人怎么看你吗

### 2.2.1 什么是元知觉

理解、预测和控制我们所处的社会环境不仅需要知觉他人的品性，而且要求个体能够区别自己是如何被他人看待的，即必须具备元知觉的能力。查尔斯·库利（Charles H. Cooley，1864—1929）的镜像自我理论认为，自我是在社会互动中产生的，想象起了重要作用。他用"镜像自我"来说明自我知觉的形成过程，包括：①个体想象自己在他人面前的形象；②个体对自己形象的评价；③上述两者结合产生的自我感受或自我知觉（Cooley，1902）。"镜像自我"指的是个体认识到他人如何感知自己的信念，这种信念就是所谓的"元知觉"（meta-perception）。半个多世纪后，莱恩（Laing）等人正式提出元知觉的概念（Laing, Phillipson, & Lee, 1966）。元知觉是指人们对于他人知觉的知觉，即一个人关于第二个人对第三个人知觉的知觉（Kenny et al.，1996）。通常包括两种情形：第一种，每个人都有一个关于他人如何看待自己的信念，亦即我们在某种程度上知道周围的人是怎么看待自己的，这种元知觉叫自我元知觉。例如，我的确知道我的很多朋友都认为我这个人为人真诚。第二种，我们还在某种程度上知道一个人对另一个人（不同于自己的他人）的看法，尤其是我们身边的熟人，这种元知觉叫他人元知觉。例如，我了解到张三认为李四是个不负责任的人。

图 8-2　查尔斯·库利，美国著名社会心理学家

207

与自我知觉和他人知觉相比，元知觉显得更加复杂，如果说前两种知觉都是单向社会知觉的话，那么元知觉则是一种多重的社会知觉。我对我的看法（自我知觉）既不完全同于他人对我的看法（他人知觉），也不完全同于我认为别人对我的看法（元知觉），如果三者之间具有一致性的话，那么就达到了我们第二章所说的准确性以及后面介绍的元准确性。由于他人元知觉涉及的目标过多，判断的心理过程比较复杂，因此，大多数的元知觉研究都是关于自我元知觉的研究。在实际研究中，除非特别指明，否则元知觉实际上就是指自我元知觉。元知觉可以分为广义元知觉（generalized meta-perception）和二元元知觉（dyadic meta-perception）。广义元知觉代表的是我猜测大家普遍对我有什么看法，二元元知觉代表的则是我猜测某一个人对我有什么看法。

### 2.2.2 自我知觉、他人知觉与元知觉的关系

我们先以一家三口为例来解释自我知觉、他人知觉与元知觉的关系：假如小孩是家庭中的"我"的话，那么小孩对自己的看法（认为自己听话）就是自我知觉，父母对小孩的看法（认为小孩调皮）就是他人知觉，而小孩认为父母对小孩的看法（认为父母觉得自己调皮）就属于元知觉。在这个例子中，三种知觉中自我知觉与他人知觉、元知觉都不一致，即判断的准确性低；但他人知觉与元知觉具有一致性，即判断具有某种程度的元准确性。如前所述，人格判断的准确性在很多领域中都有重要的应用价值，类似地，人格判断和人际知觉的元准确性也有重要意义。无论是在生活中还是学习或工作中，投其所好既是人际交往的需要，也是一种非常重要的能力。例如，在职业面试中，当应聘者准确了解到主考官对他的态度和看法时，应聘者更有可能按照主考官的要求调整自己在面试中的表现，获得职位的概率也就更大。事实上，对于人际交往而言，元知觉的准确性比自我知觉或他人知觉的准确性显得更重要，它可以避免人际交往中的盲目行为。

那么，我们是否知道周围的人到底是怎么看我们的呢？我们平时大脑中主观臆断的想法究竟是有迹可循还是无的放矢？自20世纪90年代以来，一系列元知觉的研究通常采用的方法是将5～6位研究参与者编为一组，组织他们进行小组讨论，目的是让他们相互认识并简单了解对方。讨论过后再将他们分开，分别让他们描述自己的人格并猜测一起讨论的组员是如何看待自己的。事后，研究人员通过统计方法将元知觉与他人知觉的测量分数进行相关分析，以此衡量元准确性程度，即人们能在多大程度上猜到别人是如何看待自己的。研究发现，总体来说，人们的广义元知觉大约有中等的准确程度，即人们虽然并不是了解全部的情况，但还是能够猜到大部分人对自己的看法如何，并且当判断目标是朋友、熟人和家人时，准确性最高；而二元元知觉准确性则比较低，说明人们很少能够猜到

某个人（如小组讨论中指定的一个或某个特定的朋友）对自己的真实看法（Levesque，1997）。

有趣的是，这些研究还发现，元知觉和他人知觉的一致性程度在 0.40 左右。而这个数据恰恰与自我知觉和他人知觉的一致程度相同，即 0.40 的相关。这个巧合具体说明了什么呢？自我知觉和他人知觉的一致程度又被称为自我—他人一致性。当参与者被要求猜测别人是如何看待他们自己的时候，他们很有可能在潜意识里只是利用了自我—他人一致性，将自己对自己的看法当成别人对自己的看法（Wilson，2002）。于是，研究者开始怀疑，人们其实并没有所谓的元知觉，并不知道别人对自己的看法，他们只是简单地以为别人眼中的自己和自己眼中的自己是一回事（Kenny & DePaulo，1993）。而所谓的"元准确性"即使存在，只不过凑巧是自己对自己的看法与别人对自己的看法交集的那一部分。

## 2.3　元知觉形成的模型与策略

### 2.3.1　元知觉形成的模型

肯尼和德保罗（1993）提出了元知觉形成的四种模型：

（1）自我—理论模型（self-theory model）。该模型认为，不管人们在特定情境中的行为表现如何，他们都相信自己的人格特点是很明显的。在这种情况下，元知觉来自知觉者对自己的看法，他们简单地相信别人眼中的他和他眼中的自己相同。

（2）自我—判断模型（self-judgment model）。这种模型指出，人们基于他们的人际行为来知觉自己，并假定他人也以同样的方式来知觉他们。例如，一个人在人际交往中经常感觉自己为人真诚，他同时也相信别人能够在交往中感受到这种真诚。

（3）直接观察模型（direct observation model）。这种模型认为，人们首先观察自己的行为，然后假定他人会判断这种行为是他所为；人们的行为影响他们的元知觉，但并不影响他们的自我知觉。比如，人们可能会意识到某种行为能引起他人特定的反应，但他们并不认为这种行为能反映他们的人格。直接观察模型和自我—理论模型的差异就在于人们在判断他人对自己的看法时是否能忽略他们的自我知觉。

（4）反馈模型（feedback model）。该模型指出，人们首先观察他人对自己行为的反应，然后基于这些反应来知觉他人对自己的看法。

元知觉的社会关系模型（SRM）则将人际知觉分解为三种变异：知觉者变异（perceiver variance）、目标变异（target variance）以及关系变异（relationship variance）（Levesque，1997）。根据 SRM 的观点，知觉者变异评估的是知觉者对所有他人对他们形成的一般印象的信念是否有差异（B 相信 C 和 D 普遍将他看作是外向的，而 C 相信 B 和 D 视他为内向），即知觉者对所有目标一般看法的差异。目标变异指的是一致性，即测量不同知觉者对某一目标一致性的程度，是指所有知觉者认为某一特定目标将所有的他人都视为相似的（C 和 D 都赞同 B 将他们俩都看成是外向的）。关系变异评估的是个体在他们认为的他人对其所持印象之间的分化程度（在控制了 B 的知觉效应和 C 的目标效应后，B 相信 C 认为他特别外向），一个知觉者对一个特定目标的独特看法通过关系变异的大小来评估。在 SRM 分析中，自我—他人一致性通过计算目标效应与自我评定的相关求得。如果 D 和 C 都认为 B 是外向的，那么 B 是否也将自己评定为外向的呢？此外，两个人之间的相互作用对于情感的判断也很重要，这种相互作用通过关系的相关来测量。如果 B 特别喜欢 C，那么 C 也特别喜欢 B 吗？

仔细分析一下我们猜测别人怎么看我们的时候是怎样的一个心理过程：第一种可能性就是人们潜意识里其实只是在用自己对自己的看法来猜测别人是怎么看自己的；第二种可能性是当我们猜的时候，我们通常会想得太多而导致与真实情况背离得更远；第三种可能性，也是我们最希望看到的一种情况，就是当我们利用各种资源认真去研究别人怎么看我们的时候，我们确实能够在一定程度上猜到别人对我们真实的看法是什么。美国圣路易斯华盛顿大学的卡尔松和瓦兹等人（2011）让 2 位参与者先进行简单的 5 分钟交流，之后填写自己对对方的看法并猜测对方对自己的看法。同时研究者还要求他们提供在学校和家乡的朋友，还有父母的联系方式，猜测这些人对自己的看法，并请这些人填写对参与者的印象。结果证实了上面提到的第三种可能性，元知觉和他人知觉的一致程度在 0.48 左右，略微超过了自我知觉和他人知觉的一致程度 0.40。这表明，人们在自我知觉之余，其实是能够洞察别人对自己和自己对自己的看法的不同之处的。

### 2.3.2 元知觉形成的策略

目前，元知觉的研究关注于我们猜测别人对自己看法的心理过程（贺雯，2009），艾姆斯（Ames，2004）提出了一套"心理读取工具包"，认为人们使用以下几种策略形成元知觉：

（1）观察他人行为。利用反馈信息是形成元知觉的一种策略，但不是主要策略，而且这种策略不一定能产生准确的元知觉，主要原因是他人直接和诚实的反馈信息是有限的。人们倾向于不直接评价他人，即使好朋友之间也是如此。一个人从很小的时候就开始学会不直接评价他人，4～8 年级的学生就已经显示出这种情况，不管评价是积极的还是消极的。

（2）投射自己的观点。形成元知觉的另一个策略是投射，即人们用对自己的看法来推测他人的看法。例如，自我评价积极的人认为他人对自己的看法也积极，反之亦然（Murray, Holmes, & Griffin, 2000）。人们倾向于认为不同社会群体的人对自己的看法相似，但事实并非如此。人们会高估自己和他人看法的一致性，这种偏差称为虚假一致效应。元知觉形成的投射观点假设，人的自我知觉和他人知觉存在高相关（虚假的一致性），元知觉分析研究也支持了这种假设（Robbins & Krueger, 2005）。另一种偏差是透明度高估，即人们会高估自己的想法、目标和情感被他人理解的程度。虽然人们可能知道他人并不完全了解自己的内在体验，但透明度高估仍会发生。

（3）依赖刻板印象。人们会依赖刻板印象来预测他人的看法。这种策略的使用主要在群际背景下，这方面的研究还相对较少。一些研究发现，当人们感到自己被外群体成员评价时，他们认为外群体成员会根据刻板印象来看待自己（Vorauer et al., 2000）。

---

### 链接：性别对元知觉的影响

科科伦（Corcoran, 1996）分别设计了两个异性约会情景来检验人际知觉和元知觉的性别差异。在实验研究中，个体首先完成认知—人格测验，以便评价典型酒精消费和社会焦虑。然后，被试与异性陌生人单独接触；最后，被试对同伴的人际知觉和元知觉进行评价。结果表明，在饮酒前后男性对友谊的元知觉发生了变化。另一个相似的研究结果表明，当女性选择酒精时，她们认为自己的同伴更可爱；同伴喝酒的那些男性认为自己的同伴会发现自己更可爱，即男性的元知觉发生变化。而且，当交往双方均饮酒时被试认为同伴性格更外向，但是他们认为同伴不会如此评价自己，元知觉准确性下降（Corcoran, 1997）。科科伦（1998）的研究结果还表明，女性认为当自己饮酒时同伴对自己的评价更消极；男性在未饮酒时认为同伴对自己的评价更严厉。一项关于中学生自我概念的研究证明，男生对同伴自我概念中学业能力的元知觉准确性要高于女生（Murphy, 2004）。诺菲（Rofey）等人（2007）对有饮食障碍的女性的研究表明，与留给他人的实际印象相比，有饮食障碍的女性对自己留给他人印象的评价更消极，即元知觉更消极。马洛伊和雅诺斯基（Malloy & Janowski, 1992）认为，人际知觉和元知觉与判断目标的性别和刻板的男性、女性特质相关，研究数据显示，不同的性别期望影响行为、知觉者对目标的判断以及目标的元知觉。

（资料来源：王琳，2007，p.5）

# 3 元准确性：你在多大程度上知道别人对你的看法

## 3.1 元准确性的定义

如果人们对自己的看法与他人对自己的看法不一致，那么自然会提出这样一个问题：人们了解别人对自己的看法吗？自我知觉与他人知觉不一致并不意味着个体没有意识到自我知觉与其声望之间的差距。由于各种各样的原因，生活中我们经常要猜测自己在别人眼中是怎样一个人，自己的哪些行为又会给别人留下什么印象。这种猜测别人怎样看待自己的行为在心理学上被称为"元知觉"，而你的猜测与别人对你的真实看法究竟有多少是相符的，这种相符的程度被称为"元准确性"（meta-accuracy）。心理学家认为，元准确性是指人们在多大程度上了解他人对自己的看法（Kenny & DePaulo, 1993），即一种知道他人如何看待自己的能力（Levesque, 1997）。一直以来，建立元知觉的准确性程度成为综合理解社会行为的核心。能

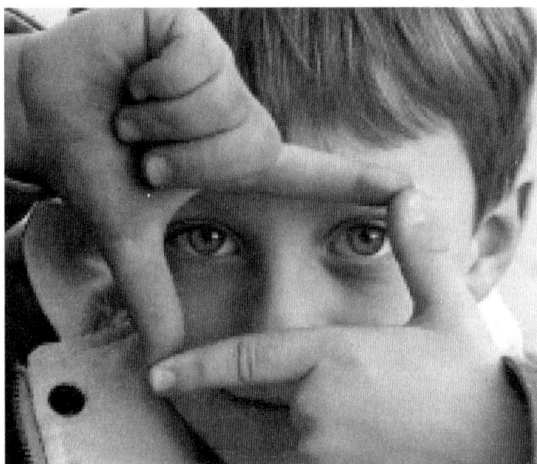

图 8-3 人们在多大程度上了解他人对自己的看法？

够准确地猜到别人对自己的看法，在很多场合都显得十分重要，比如，当你和一个人约会的时候，了解他对你的看法可以帮助你改善表现自己的方式；当你毕业找工作需要请教授写推荐信时，知道不同的教授对你的印象会让你找对人。

从经验上讲，元准确性反映了人们对自己产生印象的信念（元知觉）与他们的真实印象之间的对应关系。在实践中，元准确性通常由两个指标构成：广义元准确性和二元元准确性（Kenny, 1994）。广义元准确性（generalized meta-accuracy）是指知道他人对某个人的普遍看法的能力，反映了人们对其声望的意识，即人们是否了解别人一般是怎么看待自己的；二元元准确性（dyadic meta-accuracy）是指知道一个人被特定他人不同看待的能力，反映了人们对特定个体形成印象的意识，即人们是否知道谁对自己的看法特别可靠。尽管两者都是自我知识的类型，但二元元准确性一般要求有更高的社会敏感性，在某些情况下可能

比广义元准确性更重要。例如，了解谁认为你是聪明的（如果你需要一封推荐信）或是有魅力的（如果你要去约会）比知道人们认为你是聪明的或有魅力的更重要。

社会关系模型分析评估了上述两种元准确性。首先，广义元准确性通过计算元知觉中一个人的知觉者效应与知觉的目标效应之间的相关进行评估。例如，如果 B 认为每个人都觉得他是外向的，那么其他人是否赞同他就是外向的人呢？其次，二元元准确性通过计算某个人元知觉的关系效应与另一个人知觉的关系效应的相关进行评估。比如，如果 B 认为 C 觉得他特别外向，那么实际上 C 真的赞同 B 特别外向吗？

### 3.2 元准确性的相关研究

早期关于元准确性的研究集中于人们在一种特质中是否知道谁将自己评价得特别高或低，即二元或差别元准确性，或人们是否了解自己在一个群体中的声望，即广义元准确性。例如，在一个典型的研究中，要求一个陌生人小组参加一个简短的群体讨论或要求小组成员逐个交流，在交谈完之后，被试评定他们对每个人的印象，同时他们评定每个人如何看待他们人格的元知觉（Reno & Kenny，1992）。肯尼和德保罗（1993）的综述结果来自 8 个社会关系模型研究的 569 名被试，这些研究者认为，人们判断他人如何看待自己并非源于他们从他人那里得到的反馈，而是来自于自己的自我知觉。与这种观点一致，研究发现：①人们高估了不同目标人物看待自己的一致性程度；②人们比较擅长理解他人对自己一般的看法，而不是某个特定个人特殊的看法。借助于修订后的社会关系模型，肯尼等人（1996）具体考察了喜欢的元准确性，结果表明，即使只有少量信息，人们也知道一个人如何喜欢另一个人。尽管有证据表明使用了启发式（heuristics）原则，尤其是互惠（reciprocity）原则和一致性（agreement）原则，但准确性仍然受经验的强化。

在莱韦斯克（Levesque，1997）关于特质和情感的元准确性研究中，由每组 4～6 名熟悉个体组成的 15 个小组在大五人格和兴趣方面进行了自我评定、对其他组员的知觉以及估计他人对自己的知觉（元知觉），同时他们还进行了喜欢的评估以及喜欢的元知觉评估。研究结果表明：①对于大多数特质，特质知觉具有一致性及自我—他人一致性，情感判断呈显著相关，在不同判断目标中个体之间存在差异；②特质的元知觉受制于知觉者变异，个体在他们认为他人一般对其所持印象中存在差异；③情感的元知觉实际上是相关的，知觉与元知觉之间的相关评估了两种类型的元准确性，在某些特质评估中获得了广义元准确性，情感判断揭示出显著的二元元准确性。

研究表明，差别元准确性（differential meta-accuracy）或个体察觉他人对他（她）的不同印象的能力在许多特质和不同熟悉度水平中比较低（Levesque，1997），研究者据此断定，人们不能察觉自己在别人心目中形成不同的印象。但是，这些研究都是在单一情境的小组成员之间进行来评估元准确性的。例如，研究者通常招募一些不认识的被试组成一个小组，然后让他们在有限的时间通过单一的小组交往或在实验室一对一的交谈变得熟悉。类似地，当研究者招募非常熟悉的被试时，他们也是基于单一社交情境下被试相互之间的熟悉度。莱韦斯克（1997）招募了宿舍室友小组，获得了每个室友的真实印象和元知觉，结果发现，对于不同的特质，室友不能觉察他们产生的印象。这是因为在单一的社交情境下，群体成员将其对目标成员的印象建立在相同或高相似行为信息的基础上。当人们暴露同样的行为信息时，旁观者会对他们形成相似的印象，因此目标人物的印象在单一情境中相对没有分别。由于目标人物能够准确地感知他人印象的差异，因此印象的差别非常重要。

由此可见，无差别情境化设计压制了真实印象的差异，限制了被试展现差别元准确性的能力。为此，卡尔松和弗尔（Carlson & Furr，2009）在不同的社交情境中（父母、同乡朋友、大学朋友）评估了差别元准确性，这是因为：①不同的社交情境下人们倾向于有不同的表现；②不同社交情境下交往同伴看到的是目标人物的不同行为，从而形成不同的印象；③用于推断一个人给他人印象的情境信息在不同的交往背景下有差异，结果导致差别性的元知觉。正如研究者预期的那样，不同情境比同一情境的印象差别更大，这表明目标人物在觉察印象时会作出有意义的改变。元知觉在不同情境中比相同情境中的分化也更大，这表明目标人物相信，他们在不同情境下会被人们以不同的方式看待，而且，不同情境效应比同一情境效应对差别元准确性的影响更大。这些结果表明，差别元准确性在很大程度上受目标人物在不同情境中觉察不同印象的能力所驱动。尽管目标人物在所有大五人格特质中都能获得差别元准确性，但是这种效应对社会特质（communal trait）（如宜人性、责任心、神经质）比动力特质（agentic trait）（如外倾性和开放性）更显著。研究表明，一般人关于"好人"的原型倾向于通过诸如友好、大方、可靠等特征来界定，这些特征与宜人性和责任心相似（Smith，Smith，& Christopher，2007）。

尽管大多数研究表明人们了解其特质的一般声望，但这些关于二元元准确性或差别元准确性的研究结果仍然有些混淆（Carlson & Furr，2009）。例如，大多数来自特质取向的研究表明，人格特质的二元元准确性对于新相识者和单一社交情境的人（如大学室友）来说比较弱（Malloy & Albright，1990）。最近的研究表明，当人们的印象来自不同的社交情境时，他们在许多特质上能够达到显著的差别元准确性（Carlson & Furr，2009）。卡尔松等人通过评估独特的元准确性

（idiographic meta-accuracy）——人们对另一个人如何看待其特质特征的察觉能力——以及人们对其元准确性水平的意识考察了人们对第一印象的信念。研究结果表明，在一段简短的交谈后，人们能够察觉新同伴会将哪种特质视为自己的独特特征，而且人们能够洞察自己的元准确性水平，即那些在其元知觉的准确性中相对更自信的人事实上也更加准确（Carlson，Furr，& Vazire，2010）。研究还发现，在简短的交谈后人们了解自己形成的印象，在可能犯错时他们也能够认识到，在社会交往中人们能够相信自己的知觉。值得一提的是，在与一位新同伴有限的接触后人们仍然能够获得元准确性，而且他们也能够意识到自己元准确性的水平。

### 3.3 元准确性准确吗

元准确性研究通常是让被试组成一个小组进行实验，然后要求每位小组成员描述对其他成员的人格的看法，并猜测每个小组成员对自己人格的看法。表8 - 2列举了不同社交情境和不同熟悉度水平下的元准确性研究结果，总体而言，在有熟人（如家人、朋友）的情境下广义元准确性达到了中等程度的相关，比陌生人情境下更高。然而，广义元准确性与他人知觉之间的一致性大约为0.40，这一数字非常熟悉，因为自我知觉与他人知觉之间的相关也是这个数字。换句话说，人们在预测他人如何看待自己时似乎与他们自己看待自己一样准确。事实上，一些人认为元知觉并没有区分人们对自己的看法与他人对自己的看法，因为人们本质上假定他人看待他们如同自己看待自己那样（Kenny & West，2008）。这就是说，我们其实并没有明显的元知觉，这样的观点的确会降低我们对自我知识的信心。很显然，我们对自己的看法不同于他人对我们的看法，然而，我们并没有意识到两者之间有什么差异。

表8 - 2 不同社交情境下的元准确性

| 研 究 | 人格领域 | 社交情境 | 广义的 | 二元的 |
|---|---|---|---|---|
| 陌生人的研究 | | | | |
| DePaulo et al.（1987） | 能力 | 一对一的交往 | - | 0.35 |
| Kenny and DePaulo（1990） | 能力 | 一对一的访谈 | 0.22 | -0.02 |
| Malloy and Janowski（1992） | 领导力、观念的质量 | 群体讨论 | 0.73 | 0.10 |
| Oliver（1989） | 支配、自信、开朗、想象 | 第一次约会交往 | 0.69 | 0.19 |
| Reno and Kenny（1992） | 开放、秘密、信任、可爱 | 一对一交往 | 0.26 | 0.16 |

（续上表）

| 研　究 | 人格领域 | 社交情境 | 元准确性（$r$） | |
| --- | --- | --- | --- | --- |
| | | | 广义的 | 二元的 |
| Shechtman & Kenny（1994） | 各种行为 | 群体工作面 | 0.30 | 0.04 |
| 陌生人的平均相关 | | | 0.44 | 0.14 |
| 熟人的研究 | | | | |
| Andersen（1984） | 幽默、智力、体贴、防御性 | 室友 | 0.57 | 0.17 |
| Malloy and Albright（1990） | 大五 | 室友 | 0.59 | 0.10 |
| Levesque（1997） | 大五、兴趣 | 室友 | 0.63 | 0.25 |
| Malloy et al.（1997） | 大五 | 同事、朋友、家人 | 0.45 | － |
| Cook and Douglass（1998） | 武断、坚定、合作 | 父母 | 0.36 | 0.13 |
| Oltmanns et al.（2005） | 人格障碍 | 基本训练小组 | 0.26 | － |
| Malloy et al.（2004） | | | | |
| 中国样本 | 大五 | 家人、朋友 | 0.21 | － |
| 墨西哥样本 | 大五 | 家人、朋友 | 0.40 | － |
| Carlson and Furr（2009） | 大五 | 家人、老乡、大学朋友 | 0.48 | 0.35 |
| 熟人的平均相关 | | | 0.44 | 0.20 |
| 整体平均相关 | | | 0.44 | 0.17 |

（资料来源：Vazire & Carlson，2010，p. 612）

对于不存在元知觉以及元准确性不准确的结论，有两类研究提出了质疑：

第一类来自自我知觉与元知觉关系的研究（Oltmanns et al.，2005）。这些研究表明，人们并非简单地假定他人看自己与自己看自己一样。例如，当人们将其元知觉建立在对自己行为（尤其是当他们的表现与平时不同时）观察或自我差异（self-discrepant）反馈的基础上时，他们可以形成准确的元知觉（Albright & Malloy，1999）。其他一些研究考察了元知觉是否比自我知觉更接近于他人真实的印象（Albright et al.，2001）。研究表明，人们的元知觉比他们的自我知觉稍微更接近于他们实际上的声望，也就是说，当他们在采择别人的观点时，他们会在正确的方向调整自己的人格评定。

第二类是关于二元元准确性的研究。结果发现，人们掌握了别人看他们不同于他们看自己的某些线索。乍一看，这条研究思路正好给自我知识带来更坏的消息：人们看起来并没有意识到特定他人对自己的印象（Levesque，1997）。许多研究在单一的社交情境中评估了元准确性，意即要求人们猜测那些来自同一情境下的熟人（如几个同事）对自己形成的独特印象。结果表明，那些来自同一情境下的熟人的看法非常相似（部分原因是我们在他们周围的表现非常相似）（Furr & Funder，2004）。如此看来，我们很难区分在那些有大致相同印象的人心目中形成的独特印象。一个更有趣的问题是，人们是否能够准确地觉察自己在他人身上形成的独特印象？事实上这些人各自有不同的印象。研究表明，当要求人们判断自己在不同社交情境中形成的不同印象时，二元元准确性是积极的和显著的（Carlson & Furr，2009）。可见，元准确性并非不准确，人们拥有某种洞察事实的眼光，这种事实就是他人对我们的看法不同于我们对自己的看法（Carlson，Furr，& Vazire，2010）。

# 4 元洞察力：人们知道他人怎么看自己吗

## 4.1 元洞察力的定义

从直觉上讲，人们具备观点采择的能力甚至包括"读心术"。然而，有确切的证据表明，与从别人那里获取的线索不同，人们的元知觉主要是基于他们的自我知觉（Chambers et al.，2008；Kaplan et al.，2009）。换言之，当自我朝外部看时，我们仍然能够获得元准确性。即便如此，人们能够区分他们对自己人格的看法与他人对他们人格的看法吗？对于这种新的自我知识形式，研究者称之为"元洞察力"（meta-insight）（Carlson，Vazire & Furr，2011）。具体说来，元洞察力反映了人们拥有的关于自我对他人印象的信念（元知觉）与他人的真实印象（他人知觉）之间的关系，它独立于人们对自己的了解（自我知觉）。元洞察力不同于元准确性，因为人们不只是简单地利用自己对自己的看法与别人对自己看法的交集作为唯一的依据来猜测别人对自己的看法，人们还能从别人的角度理智地看待自己的行为和人格，并了解别人眼中的自己。

## 4.2 元洞察力的提出

在日常生活中，人们能够区分自己对自己的看法与他人对自己的看法。然而，人们拥有元洞察力这一假设与该领域两个流行的结论相反：其一，当人们获得元准确性时，他们依赖的仅仅是自我知觉；其二，当我们朝外看自己时会导致自我迷失。

### 4.2.1 元知觉有别于自我知觉吗

元洞察力提出的理由之一是基于"元知觉就是自我知觉"这一观点。"我们对自己有一个相当稳定的看法……我们预期别人也会有相同的看法。"（Flora，2005，p. 7）肯尼和德保罗（1993）总结道："我们认为人们关于他人如何看待自己的信念首先是基于他们对自己的知觉。"（p. 154）另一个研究团队也指出，"人们典型地依赖于他们的自我知觉来推断他人对他们的看法……个体一般是朝内看而不是朝外看，并且推断他们交往的同伴看待他们就像他们自己看待自己"。（Kaplan et al.，2009，pp. 601 - 602）。在元知觉文献综述中，威尔逊（Wilson，2002）总结指出，"人们关于别人对自己人格的看法有一种相当准确的描述……但这种准确性主要反映了这样的事实，即我们将我们的自我理论投射到其他人身上，而不是因为我们擅长于理解他们真正看到了我们什么。"（p. 196）上述研究者的观点是基于自我知觉和元知觉高度相关，即元知觉与自我知觉而不是与他人知觉显著相关（Malloy et al.，2004）。应当承认自我知觉与元知觉高度相关，但我们有足够的理由相信：人们具备元洞察力。

为什么自我知觉与元知觉如此相似？建立在自我知觉基础上的对他人的知觉是人际知觉中一种普遍的、实用的策略。人们可能会假定他人对他们的看法如同他们对自己的看法，因为他们假设自我知觉是有效的，他人能够看到他们真实的人格。假设旁观者确实倾向于形成很准确的印象（Back et al.，2010），那么人们假定他人的看法就是自己的看法不失为一种合理的策略。事实上，自我知觉可视为个人声望的准确反映，基于行为的自我知觉的元知觉也倾向于是准确的（Kenny & West，2008）。亦即当人们假定其他人看自己如同他们看自己时，这往往是正确的。然而，这一结果表明，自我知觉与元知觉的显著相关反映了一种形成准确元知觉的实用方法，而不是去忽视一个人的声望。

值得一提的是，人们在必要的时候是否能够调整其元知觉？一些证据表明，因为人们没有考虑到他人与自己拥有不同的信息这一事实，因此往往不会引起关注（Chambers et al.，2008）。但是，许多研究证实，人们没有从自我知觉中调整其元知觉是因为没有在自然的情境中评估元知觉，研究者并没有在真实生活情境中检验人们调整其元知觉的能力。事实上，有证据表明，人们在真实生活情境中的确会调整其元知觉从而远离自我知觉。例如，人们能够准确地推断，那些在不同社交情境下认识他们的人（如老家朋友和大学朋友）对他们有不同的印象（Carlson & Furr，2009）。罗宾斯和比尔（2001）发现，在群体活动中人们对自己的成就整体上持积极的自我知觉，但人们并没有假设群体中的他人与他们有相同的自我知觉。此外，人们有时的确会将他们的元知觉建立在信息资源而不是自我知觉的基础上（Elfenbein，Eisenkraft，& Ding，2009）。

### 4.2.2 元知觉比自我知觉更接近于他人的真实印象吗

反对元洞察力存在的第二个理由是，当人们从外部看自己以猜测他人对自己的印象时比他们依赖于自我知觉猜测他人对自己的印象时会变得更糟。这种反对意见可以通过引用大众心理学网站作出最好的说明，"要想知道别人对我们的想法完全是浪费时间，因为研究表明，我们极不擅长于解读他人的思想，尤其是要想知道他人如何看待我们更加不可能。"（Jaksch，2010，p. 4）

一方面，一些研究支持了这一观点，人们有时候过多顾及自己行为的意义（如集中于他们的社会过错）（Savitsky et al. ，2001），有时候又过多考虑他人行为的意义（如过于看重他人的反应）（Kaplan et al. ，2009），有时候又没有觉察或利用他人反馈的信息（Shechtman & Kenny，1994）。

另一方面，至少有两项研究表明，人们会超越其自我知觉而有效地使用信息。卡尔松和弗尔（2009）的研究表明，关于大五人格特质，人们能察觉其大学朋友、同乡朋友及其父母对他们的细微差异，这表明人们能够正确使用信息而不是通过他们普遍的自我知觉来形成元知觉，因为他们能够从一个情境到另一个情境明确地调整其元知觉。元洞察力最直接的证据当属对部队新兵的人格病理学研究。经过 6 周的训练，研究者要求新兵在人格病理特质中描述自己及其战友，然后估计他们在相同特质中会怎样被战友评定，结果显示，自我知觉和元知觉独立预测了他人知觉，表明"期望的同伴得分不同于自我得分"（Oltmanns et al. ，2005，p. 748）。换句话说，部队新兵理解自己病理性特质在战友中的声望有别于他们对病理性特质的自我知觉。

## 4.3 元洞察力的相关研究

### 4.3.1 人们真正了解别人对他们的看法吗

尽管人们能够准确猜测他人如何看待他们，但是一些研究表明，这或许仅仅是因为人们一般假定别人看待他们就像他们看待自己一样。这些结果提出了这样一个问题：在人们的日常生活中，一个人能够区分他们对自己人格的了解与别人对他们人格的了解吗？卡尔松等人的研究考察了人们是否能够作出这种区分，抑或人们是否具备我们所说的"元洞察力"。研究者检验了人们在不同社交情境下（第一印象和亲密朋友）和不同特质中能否有效区分自己对自己的看法与他人对他们的看法，目的是为元洞察力提供可靠证据（Carlson，Vazire，& Furr，2011）。这种检验非常重要，因为元准确性在特定情境中可能会受人们对自己的看法而不是受一般的自我知觉支配。对于熟人或亲密的他人，元准确性会受特定情境下的自我知觉（Slatcher & Vazire，2009）或跨情境下的行为变化（Hasler et al.，2008）支配；而对于陌生人，元准确性可能受行为的自我知觉支配（Albright & Malloy，1999），在与陌生人短暂的交流期间，元准确性会受到人们看待他们的方式支配。

为了评估不同社交情境（如第一印象、朋友）和不同特质（如大五人格、智力、有趣）下的元洞察力，卡尔松等人（2011）设计了 3 个不同的研究。在研究 1 中，研究者评估了在不同种类特质中人们是否了解一个新同伴和一个亲密朋友如何看待他们的人格。研究结果表明，人们在不同的社交情境中对不同种类的特质具备元洞察力，尽管在自我知觉与元知觉之间有较强的联系，但是元知觉与他人知觉相关的方式有别于自我知觉。研究者据此断定，人们能够有效区分他们对自己的看法与别人对他们的看法。尽管元洞察力的效应相对较小，但研究 1 的结果证实了人们在一些特质和情境中能够获得元洞察力，亦即人们能够比较深刻地洞察他们所形成的印象。

研究 2 的目的在于排除这样一种可能性，即在亲密他人身上观察到的准确的元知觉受自我知觉支配。首先，对于亲密他人的被试，尽管已经证实具备元洞察力，但并没有排除这种可能，即对于特定的亲密他人，如朋友或家人，一般的自我知觉支配了元准确性，一些类型的亲密他人比另一些类型的亲密他人更倾向于以自我知觉的方式看待他人（Malloy et al.，1997）。为此，卡尔松等人检验了不同类型亲密他人的元洞察力。其次，人们在不同社交情境中对自己的看法会有差异（Wood & Roberts，2006），因此在这种情境中自我知觉有可能支配元准确性。为此，研究者要求被试描述他们与特定的亲密他人（如大学朋友、同乡朋友、父母、伴侣）在一起时这些人对被试人格的感知。结果表明，普遍的自我知觉没有解释任何类型的亲密他人的元准确性，当与一个特定的人在一起时（情境化的自我知觉），人们看待自己的方式没有解释元准确性，亦即当人们与特定的朋友在一起时，他们能够区分自己的看法与亲密他人对他们的看法。

为了拓展研究 2 的结果，研究 3 进一步检验了当人们与一个新同伴在一起时（对行为的自我知觉），他们是否能够有效区分自己对自己的看法与新同伴对他们行为的看法。一方面，研究 3 的结果验证了研究 1 的结果，即人格特质的元知觉是新同伴知觉的唯一有效的预测源，即使在控制了普遍的自我知觉后也是如此。另一方面，尽管自我知觉与元知觉有密切联系，但是对于相同的行为，元知觉仍然是新同伴知觉中唯一有效的预测源。虽然这种效应相对较小，但研究 3 为特定情境下行为的自我知觉不能用元准确性解释这一观点提供了有力证据。总之，在与新同伴经历了短短 5 分钟的交谈后，被试能够比较准确地区分自己对自己人格和行为的感知与他人对其人格和行为的感知。

### 4.3.2　元洞察力研究的趋势与启示

早期的研究结果表明，任何观察到的元准确性可能只是简单地反映了碰巧存在于自我知觉与他人知觉之间的一致性水平，人们不会超越其自我知觉达到元准确性（Kenny & DePaulo，1993）。然而，卡尔松等人（2011）的研究却得出了相反的结论，研究表明，人们确实能够超越自我的看法，而且能够取得某种成功，元准确性似乎包含了一种真实的人际知觉技能成分。这种关于人们在不同社交情境和特质中具备元洞察力的结论对人际知觉和元准确性研究有重要的理论价值。

卡尔松等人（2011）指出，用来评估自我知识或人际知觉准确性的研究设计应该同时评估元准确性和元洞察力，未来的研究应该通过检验整体水平下的元洞察力来扩展这一领域的研究，揭示特定个体的元洞察力是否随不同情境而变化（Furr，2009）。今后的研究要进一步探讨影响元洞察力的因素，例如，元洞察力可能取决于特质属性、社交情境或元知觉者。由于测量信度方面的差异，我们不能对不同特质的元洞察力作出有意义的比较。未来的研究可以考察元准确性是否取决于特质特性，如可观察性、可评估性，或某一特质被自我或他人定义的情况。关于情境因素，元洞察力可能在那些有反馈或刻板信息的特定情境中以及有明显或可利用线索的情境中更容易获得。例如，工作环境中可能会表现出更高的元洞察力，因为个体扮演的角色与特质的刻板印象（如管理者）相联系。此外，元洞察力更可能与特定的个体相联系，如那些有积极（自恋）或消极（低自尊）自我知觉的人。

元洞察力研究在心理健康方面也有重要的启发意义。元知觉与自我知觉偏离太多或太少对于心理健康都可能有消极影响。在一些情况下，自我知觉或许比元知觉更积极，如自恋者相信别人没有认识到他们的伟大（Carlson et al.，2011）；在另一些情况下，元知觉可能比自我知觉更积极，如那些经历抑郁或低自尊的个体。无论哪种情况，自我知觉与元知觉之间的巨大差异让人们产生误会，并造成消极的人际后果。我们希望未来的研究要进一步考察自我知觉与元知觉差异的最理想水平。

最后，元知觉接近于他人知觉而不是自我知觉这一结果也具有评估价值。近年来，研究者反复强调这样一个事实，即自我知觉和他人知觉是人格的唯一信息来源（Oltmanns & Turkheimer，2009；Vazire & Carlson，2011）。如此看来，为了更多地了解一个人的人格，研究者在其研究中要大量听取不同知情者的报告。关于元洞察力的研究表明，当知情者的报告很难获得时，元知觉不失为一种有价值的选择。未来的研究可深入探讨人格评估中元知觉的预测效度问题。

## 4.4 自恋者的元洞察力

### 4.4.1 自恋者的自我洞察力：两种不同的观点

自恋的人知道自己自恋吗？他们知道别人对自己自恋的看法吗？换句话说，自恋的人有自我洞察的能力吗？对此有两种不同的观点。第一种称之为"自恋者无知"的观点，认为自恋者缺乏对其人格和声望的洞察力，即他们不能理解他们具有自恋的特征，而且他们高估了他人对他们积极的看法（他们的元准确性整体上如同他们的自我知觉一样积极）。另一种称之为"自恋者有知"的观点，认为自恋者对其人格和声望有某种洞察力，即他们知道自己有自恋的特征，其元知觉比自我知觉更接近于他人知觉（较少积极偏见）。

自恋者对自己的看法往往是肯定的，目的在于维护其整体积极的自我知觉，一些研究者认为，自恋者"对其健康状况缺乏洞察力，可能会误解别人对他们的看法"（Morf & Rhodewalt，2001，p. 183）。如果自恋者积极的自我知觉受其元知觉的强化，那么自恋者就会相信他人看待他们如同他们的自我看待一样积极。自恋者高估其行为的赞许性表明，他们可能假定他人也以同样积极的方式看待他们（Gosling et al.，1998）。与"自恋者无知"的观点一致，自恋者理应相信他人对他们的看法与自己对自己的看法一样积极，且自恋者使用元知觉来强化他们积极的自我知觉。

与"自恋者无知"的观点相反，"自恋者有知"的观点推测，自恋的人知道他人的看法与自己的看法不同，这一预测的证据来自自恋者对消极反馈非常敏感以及他们对这一反馈持批评态度的相关研究（Horton & Sedikides，2009；Zeigler-Hill，Myers & Clark，2010）。自恋者似乎意识到他人并不总是以积极的态度看待他们，一项非常有说服力的研究表明，自恋者承认他人不会像自己那样积极看待他们的成就，亦即自恋者对其成就的元知觉不如其自我知觉那样积极（Robins & Beer，2001）。假如他人比自恋者自己持有更消极的知觉，那么我们可以预测，自恋者的元知觉将比他们的自我知觉更接近于他人知觉，也就是说自恋者的元知觉和他人知觉与自我知觉相比积极偏见更少。

### 4.4.2 自恋者元洞察力的证据

迄今为止，还没有研究考察不同时间和不同社交情境下自恋者的元知觉（第一印象情境的元知觉和对熟人的元知觉），因此自恋者对其声望改变的知觉程度还是个未知数。一种可能是，与"自恋者无知"的观点一致，自恋者相信，从新结识的同伴到亲密的熟人，他们在所有情境中都会被积极看待。然而，巴克

（Back）等人指出，自恋者一般不能维持长久的关系和友谊，这可能是因为他们意识到只有新结识的同伴才会以积极的眼光看待他们（Back，Egloff，& Schmukle，2010）。可以预测，自恋者能够意识到他们的声望会随时间而恶化，即自恋者意识到新结识同伴比亲密熟人对他们的看法更积极。此外，自恋者能否意识到自己自恋的人格特征呢？研究表明，在亚临床自恋测量中得分更高的个体不会将自己描述为自恋，如自私、自我中心、自负等（Emmons，1984）。而另一项研究则表明，在控制自尊以后，自恋与自我报告和体验到的自傲呈相关性（Tracy & Robins，2007），自恋者很可能没有将自恋特质看成是消极的。

自恋者能够洞察其人格和声望的消极方面吗？为了评估自恋者对其人格和声望的洞察程度，卡尔松等人采用临床和亚临床自恋测量，从多个视角检验了自恋者如何被他人看待（他人知觉），自己如何看待自己（自我知觉），以及他们认为别人会怎样看待自己（元知觉），并且在不同的社交情境中考察了这些不同的视角，包括新认识的同伴、熟人（同事）以及亲密的他人（朋友和家人）（Carlson，Vazire，& Oltmanns，2011）。结果得到了 3 个关于自恋者出人意料的结论：①自恋者知道别人对他们的看法不如他们对自己的看法那么积极（例如他们的元知觉比他们的自我知觉偏见更少）；②自恋者对于他人对自己形成的积极的第一印象随时间而变坏的事实具有某种洞察力，他们知道他们的声望在第一印象背景下比在认识他们的人群中更积极；③自恋者能够洞察自身的自恋型人格，即自恋者会将自己的人格及声望描述为自恋。

### 4.4.3　自恋者元洞察力的启示

卡尔松等人（2011）的研究结果表明，反馈并没有提高自恋者自我知识的原因是：自恋者已经认识到他们是自恋的，且有自恋的声望。其他的研究表明，他人知觉是自恋的理想指标（Back et al.，2010；Oltmanns et al.，2004）。但是，卡尔松等人认为，自我知觉和元知觉也是自恋的重要指标。以往的研究表明，他人知觉、自我知觉和元知觉分别为人格提供了独特的信息（Vazire & Carlson，2010；Vazire & Mehl，2008）。可见，自我知觉、他人知觉以及元知觉都有可能为自恋提供独特的信息。以往的研究已经考察了他人知觉、自我知觉和元知觉对于揭示人格的自我知识有重要的洞察力。未来的研究应使用这一方法探讨其他人格特质和人际知觉过程。最近的研究表明，不同类型的他人为人格提供了独特的信息。例如，自我选择的报告者比他人选择的报告者对目标人物的看法相对更积极（Leising，Erbs，& Fritz，2010）。有趣的是，卡尔松等人的研究也表明，自我选择的报告者对自恋者仍然愿意报告消极的知觉。

### 链接：通过 Facebook 的好友数量判断自恋程度

Facebook 是一种交友工具，这个交友工具很多时候不仅能找到自己国家的朋友，还可以通过它来联系和查找认识或不认识的外国朋友，因此对于想跟国际友人交流的人来说，Facebook 是一个不错的工具。近期有国外媒体报道，Facebook 好友越多表示越自恋，虽然这只是一种心理推测，但也得到了证实。

（1）Facebook 好友数量与自恋程度直接相关。在自恋型人格问卷调查中，得分越高的 Facebook 用户，在该网站拥有越多的好友，标注他们自己就更频繁，更新他们的动态信息也更勤。研究还发现，自恋者对于该社交网站公共信息墙上发布的有关他们的负面评论反应更强烈，更新他们的个人资料页面更频繁。

此前，也有一些研究结果将自恋与使用 Facebook 联系起来，但是，此次研究结果首次证明 Facebook 用户的好友数量与其自恋程度有直接关系。国外某大学的研究人员研究了 294 名用户使用 Facebook 的习惯——他们的年龄在 18～65 岁，并考察了自恋的两种表现：超强表现欲（GE）和自命不凡（EE）。

超强表现欲包括"自我欣赏、虚荣、傲慢和表现自我的倾向"。在自恋调查中得分较高的人，需要不断地引起别人的关注。他们通常会说出一些惊世骇俗的话，或不恰当地自揭隐私，因为他们不想被人忽略，或者错过表现自己的机会。自命不凡的表现包括"认为自己值得别人尊敬，希望操控和利用别人"。

这项研究发现，在 GE 方面得分越高的人，在 Facebook 上的好友数量就越多，有些用户甚至拥有超过 800 个好友。在 EE 方面得分较高的人，也更容易接受陌生人的交友请求，并寻求别人的帮助，但是，他们较不愿意向别人提供帮助。

（2）英美青少年越来越自恋。该研究的背景是，越来越多的证据表明年轻人正在变得越来越自恋，越来越迷恋自我形象和肤浅友谊。某位社交科学家称，英国青少年正变得越来越自恋，而 Facebook 为他们提供了一个展现这种特征的平台。"现在的教育让孩子们越来越强调自尊的重要性，越来越关注别人对自己的看法。这种教育方法是从美国引进的，本质上是'以自我为中心'。Facebook 给这些人提供了自我推介的平台，他们通过更新个人资料页面中的照片以及炫耀拥有几百个 Facebook 好友来展示自我。我就认识一些 Facebook 用户，他们拥有 1 000 多个好友"。

国外某大学社会心理学高级讲师称，有明确的证据表明，美国大学生正在变得越来越自恋。但是，他补充说："至于其他国家，如英国的青少年是否也是如此，尚不得而知。如果不理解美国大学生这种变化的深层原因，我们就无法知道这种趋势是美国文化特有的，还是全球普遍的现象。"社会心理学家称，从这项最新的研究中，我们很难确定是个人自恋的差异导致了某种 Facebook 行为的产生，还是某种 Facebook 行为导致了个人自恋的差异。

负责这项研究的专家说："总而言之，我们还需要深入研究 Facebook 的'消极面'，这样才能够更好地理解这个社交网站对社会的利弊，从而扬长避短。如果人们是为了在 Facebook 恢复已遭损害的自我形象，并寻求社会支持，那么他们在这个社交网络上找到能够听他们倾诉的人就很重要。"

（资料来源：http：//xl. wenkang. cn/axx/xgcs/2108411. html.）

# 第九章

# 人格判断在实践中的应用

......

# 1 日常生活中的人格判断

日常生活中的人格判断对判断者来说非常重要。如果你借给一个熟人 100 块钱，原因是你认为他是个可靠的人，而你对他的判断又是错误的，那么你有可能会犯下一个不算昂贵的错误；如果你邀请某人来参加派对，原因是你认为他是好交际和令人愉快的人，但你的判断是错误的，那么你的派对很可能不是想象的那么让人尽兴。生活中关于一个人的信任、友好、雇佣、约会甚至结婚等重大的决定在很大程度上都建立在人格判断的基础上，而判断错误的结果包括从一般的尴尬到灾难性的后果。类似地，人格判断对被判断者来说同样重要，如果你被那些认识你的人认为是不可靠的，那么没有人会借给你钱，即使你真的会如期还给他们；你的社会生活及工作中的成功在很大程度上取决于别人对你的人格判断。

## 1.1 声望、机遇及判断

声望对于每个人都非常重要，它会以不同的方式影响机遇（Funder，2009）。如果一个人相信你有能力、有责任心，正在考虑雇用你，与他不了解你是否具有这些品质的情况相比，你更有可能获得这个工作机会，不管你本人到底如何有能力、有责任心。同样，如果一个人相信你很诚实，相对于认为你不诚实的人来说，他或她更有可能借钱给你，而你是否真的诚实并不重要。如果你给人温和友好的印象，与给人冷漠无情的印象相比，你将收获更多的友谊。这些表面现象可能虚假而不公平，但毫无疑问，它们所带来的结果很重要。

以害羞为例。害羞的人通常很孤独，非常希望有朋友和正常的社会交往，但是他们非常害怕融入社会，以至于被孤立，结果导致害羞的人大部分时间独自待在家里，错失提高人际交往技能的机会从而否定自己。当他们真正冒险进入社会时，由于缺少人际交往的实践，很可能感到束手无策，因此其他人可能对害羞者产生消极回应，这会进一步强化害羞这一特质（Cheek，1990）。对于害羞者来说，有一个特殊的问题：身边的人并不认为他们是害羞的，而是冷漠的。设想一下害羞的行为你就能理解这一想法了。假如你的一位害羞的室友看到你正穿过校园，你也看到了他。实际上，他很想和你交谈甚至想和你交朋友，但是他非常害怕被拒绝或不知道说什么，所以，他装作没看到你，立刻返回教室或躲到一座教学楼的后面，如果你对此有察觉，心里肯定觉得不舒服，你会觉得受到了侮辱，非常生气。从此以后，你可能会有意躲避他。其实，害羞的人通常并不冷漠，至少他们不是故意如此。但是人们往往觉得害羞的人很冷漠，这种感觉以消极的方式影响害羞者的生活，并使害羞的特质产生恶性循环。这只是有关他人评价重要性的一个实例，事实上，这样的例子比比皆是。他人评价是社交生活的重要部分，它对于我们的人格和生活会产生重要影响。

## 1.2　期望的影响

在现实生活中，他人的评价和判断还可以通过"自我实现的预言"（self-fulfilling prophecies）影响一个人，更专业地讲就是期望或期望效应（expectancy effects）。换言之，如果一个人对另外一个人怀有某种期望值，这种期望值将会不自觉地引导着这个人对另外一个人的行为，这一系列的行为将最终导致另外一个人也朝着这个期望值前进，最后这个预言得以实现。期望效应在智力领域和社会领域都有广泛的影响。

### 1.2.1　智力期望

期望效应又称"皮格马利翁效应"，也叫"罗森塔尔效应"。这个效应源于古希腊一个美丽的传说。相传古希腊雕刻家皮格马利翁深深地爱上了自己用象牙雕刻的美丽少女，并希望少女能够变成活生生的真人。结果，他真挚的爱感动了爱神阿劳芙罗狄特，爱神赋予了少女雕像以生命，最终皮格马利翁与自己钟爱的少女结为伉俪。而智力领域中有关期望效应的经典研究当属美国哈佛大学的著名心理学家罗伯特·罗森塔尔（Robert Rosenthel，1933— ）等人的系列研究。

罗森塔尔曾经在动物身上做过期望效应的实验。他把一群小老鼠一分为二，并将其中的一小群（A 群）交给一名实验员说："这一群老鼠属于特别聪明的一类，请你来训练"；将另一群（B 群）老鼠交给另外一名实验员，告诉他这是智力普通的老鼠。两名实验员分别对这两群老鼠进行训练。一段时间后，罗森塔尔教授对这两群老鼠进行测试，测试的方法是让老鼠穿越迷宫，结果发现，A 群老鼠比 B 群老鼠更加聪明，跑迷宫所花的时间更短，犯的错误更少。其实，罗森塔尔对这两群老鼠的分组是随机的，他自己也根本不知道哪只老鼠更聪明。当实验员认为这群老鼠特别聪明时，他就用对待聪明老鼠的方法进行训练，结果，这些老鼠真的成了聪明的老鼠；反之，另外那个实验员用对待普通老鼠的办法训练，也就把老鼠训练成了智力一般的老鼠。

罗森塔尔立刻将这个实验扩展到人的身上。1968 年，他和雅各布森（Jacobson）教授带着一个实验小组走进一所普通的小学，对校长和教师说要对学生进行"发展潜力"的测验。他们在 6 个年级的 18 个班里随机地抽取了部分学生，然后把名单提供给任课老师，并郑重地告诉他们，名单中的这些学生是学校中最有发展潜能的学生，并再三嘱托教师在不告诉学生本人的情况下注意长期观察。

8个月后，当他们回到该小学时惊喜地发现，名单上的学生不但在学习成绩和智力表现上（智商提高了 10 ~ 15 个百分点）均有明显进步，而且在兴趣、品行、师生关系等方面也都有了很大的变化。根据罗森塔尔的观点，教师的四种行为影响了学生的表现：第一种行为是态度，指教师以比较温和的情绪态度对待那些高期望的学生；第二种行为是反馈，指教师作出更多有个体差异的反馈，反馈根据高期望学生回答的正确与否而有所

图 9 - 1　智力的期望效应
（资料来源：www.baike.com）

不同；第三种行为是输入，指教师试图教给高期望学生更多更难的知识；第四种行为是输出，指教师会给高期望学生更多的机会展示他们所学的知识。这一研究启示我们：如果教师们可以像对待高期望的学生那样对待所有的学生，教学效果将会更好。

### 1.2.2　社会期望

　　一种相关的期望效应在社会领域得到了证实，施奈德及其同事做了以下著名实验（Snyder，Tanke，& Berscheid，1977）。两名陌生的异性大学生被带到心理学教学楼的两个不同的地点。主试立刻给女性参与者拍照，说："你马上要和某个人通电话，在接电话之前，我要把你的照片给他，以保证他知道要和谁通话。"男性参与者不需要拍照。实际上，女性参与者的照片一照完就被丢掉，而替换为事先确定的两张其他女大学生的照片，一位非常有吸引力，一位相貌平平。主试给男性参与者呈现其中的一张照片并告知："这就是你一会儿要通电话的人。"然后，电话被接通，两个学生交谈几分钟，并对通话过程进行全程录音。随后，主试对谈话录音进行处理，去掉男性参与者（看假照片的参与者）的话。最后，给一些学生播放经过剪辑的只有女性声音的录音带，让他们评价这个女学生。

　　结果发现，相对于看到相貌一般的女性照片的男性参与者来说，看到漂亮的女性照片的男性参与者评价其看到的女性更温和、更幽默和更泰然自若。这一结果表明，当男生认为他的谈话对象是个漂亮女生时（相对于谈话对象不漂亮时），他的行为会引起女孩以更温和友好的方式回应。施奈德将这种现象解释为自我实现预言的另一种形式：人们期望有吸引力的女性温和友好，并且以这种方式对待她们，而这些女性的确也会以友好的方式回应。在某些方面，这一结果比罗森塔尔有关智商的结果更令人担忧。这项研究在某种程度上证明，我们对他人的行为可能取决于他人对我们的期待，这种期待可能基于比较表面的线索，如外

表。施奈德的结果在一定程度上意味着我们将真正成为他人感知到甚至错误感知到的"我们"。

这种自我实现预言的心理机制也有可能带来积极的结果。例如，它可以帮助学生提高学习成绩。贾米森（Jamieson）及其同事（1987）曾在某个学年开学时向学生们介绍一位新老师：在一个班级里，他们告诉学生，这位新老师知识渊博，经验丰富；在另一个班级，研究人员没有对新老师作出任何评价（对照组）。然后，研究人员在暗中观察学生的行为。三个星期后，他们作出了以下小结：和对照组相比，认为自己有个好老师的学生们取得了更好的成绩，对老师的评价更高，满意度也更高。研究人员还发现，在这个班级中，学生纪律也比对照班级好，听讲也更加认真。不难看出，学生对新老师的期望影响了他们在学校的表现。

### 1.2.3　现实生活中的期望

教师期待学生学习好可能是基于对学生真实成绩的期望，而非假的成绩，也可能基于对学生在以往课堂表现的观察，以及其他教师对这名学生的了解。一个男大学生期望一个女大学生既热心又迷人，这可能基于在他眼中这个女生和其他人相处时的举动，以及他的朋友告知的有关这个女生的状况。此外，有研究显示，在某种程度上，外表引人注意的女性在电话交谈中的确更善于交际、更可爱（Goldman & Lewis，1997）。尽管这些期望在实验室中是虚假的，但是在现实生活中却可能是真实的。当真的存在这些期望时，自我实现的预言就会被小小地夸大甚至会与参与者向来具备的行为趋于一致（Jussim & Eccles，1992）。

这些观察挑战了传统意义上对期望效应的解释，这意味着研究者不仅应当在实验室中研究期望，而且应当将期望研究引入现实生活中，以评定这种效应的作用，探讨在现实情境中期望效应有多强大。已有的研究一致表明，期望效应显著大于0，但是，这些效应是否能够强到将一个低智商的孩子变成高智商，或者将一个冷漠的人变得热情友好，或者反之亦然？这很难确定，因为直到现在，大多数研究者更关心期望效应是否存在，很少关注期望效应的重要性。近年来，有两项研究显示，当一个以上的重要他人对个体保持长久期望时，期望效应会非常强烈。例如，如果父母对一个孩子饮酒行为的期望几年来一直保持不变，那么期望对孩子行为的效应似乎累积上升（Madon et al.，2006）。遗憾的是，这一点在消极期待方面体现得尤为真切。如果父母过于重视孩子的饮酒倾向，这个孩子便会产生强烈"淡忘"这种期望的趋势。

尽管目前有关期望效应的研究不像最初的研究那样简单易懂，但是仍然有趣和重要。在某种程度上，了解你的人对你进行的人格判断不仅反映你是什么样子，还会引导你成为什么样子。了解期望效应有助于理解人们如何相互影响彼此的表现和社会行为的问题。罗森塔尔的研究揭示了成为一个好老师必备的四个基本要求；施奈德的研究表明，如果你希望别人以热情、友善的方式对待你，你可以对此作出最好的期待，并表现得热情、友善。

# 2 学校教育情境中的人格判断

无论是学校教育还是家庭教育，因材施教既是原则也是前提，教师之于学生，家长之于孩子，快速而又准确地了解与判断具有重要的现实意义。事实上，老师不知道学生的真实想法，家长不能准确了解孩子的个性，同伴之间不能切实体验对方感受的例子在生活中比比皆是，这不仅是人际矛盾和冲突的根源，还可能严重影响到教育效果和教学效率。

## 2.1 老师对学生的判断

如果问一位老师对自己的学生有多了解，他（她）未必能快速而准确地回答，这位老师可能要问你具体指哪位学生以及什么情境下的表现。这不是个容易回答的问题。首先，老师对学生的了解建立在与学生交往及对学生观察的基础上，与一般的任课老师相比，班主任老师可能更了解班上的学生；与古板严厉的老师相比，和蔼可亲的老师更受学生的青睐，学生也更有可能在他们面前真实表现。可见，老师对学生的了解并非简单基于单向的观察与交谈，还取决于教师本身的性情和性格。其次，任何一位老师都不可能对每一位学生有真实的了解，根据影响判断准确性的因素，判断目标的"可判断性"会影响判断的准确性，一些学生比另一些学生更喜欢在老师面前表现，有些学生在老师面前的表现比其他学生更真实，因此，只有具体到哪一位学生，教师才有可能作出准确判断，这就是所谓的"二元准确性"。最后，当要求老师对学生的人格进行判断时，他们的回答大多是基于学生在学校的表现，殊不知，这种判断很可能是不准确的。一方面，师生关系具有不对等性，学生在老师面前常常会掩饰自己，因此不可能像在同学或父母面前那样真实表现；另一方面，在不同的关系背景下，情境的强弱也会影响判断的准确性，弱情境比强情境更有利于人格判断（Beer & Brooks，2011）。与课堂教学（强情境）相比，课外活动或游戏（弱情境）时学生的表现可能更真实。

由于上述各种原因，在学校情境中教师对学生的判断大多数情况下不够准确。一位老师可能只知道某个学生在一时一地的表现，如上课发言是否积极，作业是否认真，成绩是否优秀，仅此而已。这些表现有的的确也反映了学生的人格特点，但是作用非常有限。在学校这一情境中，教师最容易了解的当属学生的能力或智力，因为它可以直接从学习成绩中体现出来；其次可能是学生的兴趣爱好及人际关系，因为它们最容易通过行为表现观察到；最难了解的当属人格特质，因为大部分的人格特质都具有内隐性，不太容易通过观察发现，观察者（老师）只能借助于学生的行为片断进行推断，这种推断有时还带有一定的主观性或偏见。例如，对于学习成绩优秀的学生，老师会认为这类学生其他方面也很优秀，这就是社会心理学家所说的"晕轮效应"（the halo effect）[①]。除去判断者的因素，判断目标也是影响准确性的重要变量。随着学生年龄增长以及社

图 9-2　师生之间的人格判断并不准确
（资料来源：cn6154.com）

会化程度不断提高，准确判断的难度也会不断增加。总体而言，小学生比中学生更易于判断，学前儿童比小学生更容易判断，大学生最难判断。这其中有人格发展本身的因素，幼儿期的人格还没定型，因此你说什么他就像什么，大学生的社会化程度较高，他们更会投其所好，大多数情境下不会轻易真实表现。

　　那么，老师对于学生的人格判断到底有多准确呢？为此，拉克等人考察了老师对学生人格判断的一致性和准确性，研究数据来自一所小学 4 名老师和 87 名学生，这些学生从 2 年级到 5 年级（7~10 岁）不等。老师根据同样的学生特征以及使用同样的量表对学生进行判断，这些老师得出的学生特征包括赞许性、自信心、烦人性及工作态度。研究发现，老师在判断学生时不是特别准确，除了"烦人性"以外，老师对学生的评定和这些学生在教室里被纯粹的观察者独立观察到的行为表现之间很少有一致性（Laak，DeGoede，& Brugman，2001）。这一研究结果与我们之前的分析颇为一致，老师对学生的了解大多局限于学业成绩方面，对于人格的判断及其准确性（行为预测）做得并不出色。究其原因可能与老师的职业特点及学校教育情境的特殊性有关。对于教师这一职业，教书育人是本职工作，但对于大多数老师而言，教书重于育人，成绩大于一切，这使得他们

────────────

　　① 晕轮效应，又称"光环效应"，是指人们对他人的认知判断首先根据整体印象，然后再从这个判断推论出认知对象的其他品质的现象。晕轮效应最早是由美国著名心理学家爱德华·桑代克于 20 世纪 20 年代提出的。他认为，人们对他人的认知和判断往往只从局部出发而扩散而得出整体印象，亦即常常以偏概全。一个人如果被标明是好的，他就会被一种积极肯定的光环笼罩，并被赋予一切好的品质；如果一个人被标明是坏的，他就被一种消极否定的光环所笼罩，并被认为具有各种坏品质（http：//zh. wikipedia. org/wiki/）。

必须花大量时间关注学生的成绩，而对于与成绩似乎没有直接关系的人格一类的特征，则较少关注。无论如何，在学校教育情境中，老师的判断非常重要，而且经常起着决定性的作用（正如罗森塔尔效应那样），因此在教育情境中教师对学生判断的准确性亟待提高。

## 2.2 学生对老师的判断

如果说老师对学生的判断在某些方面（如能力）、某种情境下（如课堂）还具有一定的准确性的话，那么学生对老师的判断是否也具有类似的准确性呢？答案是否定的。在学校教育情境中，师生关系是不对等的。尽管我们一直强调要在学校建立民主、平等的师生关系，在教育教学中强调以人为本、以学生为中心的教育理念，但直至今天，这种关系和理念依旧是一种理想和期望。与老师相比，学生相对处于弱势。在绝大多数学校，老师怎么教，学生就该怎么学，老师怎么说，学生就要怎么做。无论正确、合理与否，学生服从老师是天经地义的事，这是不容怀疑的。在当今的学校，特别是那些比较好的、有级别的学校，领导和教师是绝对权威，不仅学生要讨好他们，家长也要讨好他们，因为每个人都想赢得领导和老师更多的关注和关心，继而带来好的学业成绩。对于这些学生及其家长，学校领导和老师通常采用审视和挑剔的眼光，从家庭情况到学生特长都要一一审查。反过来呢？我们能对领导和老师要求什么呢？学校领导和老师可以审查学生的档案，学生可以审查领导和老师的档案么？之所以这样分析，无非就是说明一点，地位的不对等导致了信息的不对等，学生对老师判断的准确性远不如老师对学生判断的准确性。

根据范德（1995）的现实准确性模型，准确的人格判断必须通过相关性、可用性、察觉性和利用性四个环节，前两个环节与环境因素有关，后两个环节与判断者有关。从学生对老师判断的准确性分析，首先，教师必须表现出相关行为（如经常关心那些贫困学生），即行为能够为相关特质提供信息；其次，这一信息必须能够为学生所用（如学校组织向贫困学生献爱心公益活动，学生既是观察者又是观察对象）；再次，学生必须能够察觉这一信息（如学生正巧看到老师为贫困学生捐款捐物）；最后，学生必须正确使用这些信息（如学生将老师的捐款捐物行为推断为是"有爱心"的特质）。从这四个环节我们可以看到，教师在学生前面如何表现以及表现的真实性是关键，它决定了信息的数量和质量。在学校，师生之间的观察每天都在进行，但是这种观察主要限于课堂上。试想，作为老师，他或她能够在课堂上真实地、随心所欲地表现吗？教师的职业要求他们必须是学生的榜样，其一言一行都要经过深思熟虑。身不由己、言不由衷大致能够概括大多教师在讲台上的表现。从榜样的角度而言，一个老师必须将自己最优秀的而不是最真实的东西呈现给学生，在这种情形下，与教师有关的信息都是经过过滤的，学生据此对教师人格判断的准确性也就可想而知。

但是，这并不意味着学生对老师一无所知，否则无论是教书育人还是师生交往都将无从谈起。事实上，排除课堂上的教学内容以及教师一本正经的表现，一些老师仍然会不经意地甚至是有意识地在学生面前暴露自己某些私密的信息，学生也能够根据老师的只言片语和私下了解到的信息对其人格作出某种判断，而且这种判断通常也是准确的。例如，有些老师在课堂上通过诙谐幽默的方式创设一种轻松的气氛，以使师生之间的沟通更顺畅；而有些老师则常常向学生谈及个人的生活经历，以勉励学生好好学习。与不苟言笑、一本正经的老师相比，学生对这类老师的判断往往比较准确，这也被学生认为是有人格魅力的老师。有这样一位初中生物学老师，每个学生都喜欢上他的课，一堂课下来几乎从头笑到尾（他自己不笑），学生处于非常轻松和没有压力的状态，但又能牢固地掌握所学知识。这位老师平时给人的印象非常严肃，但对学生非常好，被学生评为"最喜欢的老师"。另外，有的老师则喜欢在课外与学生打成一片，跟学生交朋友，与学生谈心，这种方式也有利于学生的准确判断，从而形成一种良性的师生关系。总而言之，作为老师，他首先是一个真实的人，不可能十全十美，因此，偶尔在学生面前暴露某些缺陷反而会显得更真实，也更有可能受学生喜欢。当然，为了在学生前面树立好的榜样和形象，老师的表现不可能像学生那样真实，他更多的是向学生展现正面的和积极的东西，要做到"身正为师，博学为范"，必须以丧失某些真实性为代价，这也影响了学生对老师判断的准确性。

## 2.3　同学间的相互判断

与师生之间的相互判断相比，同学之间的相互判断无疑更准确。年龄相同、关系对等、阅历相似以及知识相当也许可以简单解释这种准确性。在同学交往中，相互之间无所顾忌，这一点尤其是在小学年龄阶段更明显，因此，除去课堂上的纪律约束外，大家在同学面前的表现几乎都是真实的，同性同伴之间的表现更是如此。原因在于，同学之间没有利害冲突（学业竞争似乎与人格表现的真实性无关），在老师不在场的情况下，尤其是课外，他们可以随心所欲地表现自己，加上同学之间朝夕相处，彼此之间了解非常深刻。我们经常看到这种情况，当老师对某个学生做深入了解时，他常常会去询问其他同学，特别是与这位学生关系较密切的同学。在一个班集体中，我们一般会看到三类学生：

第一类是学习成绩特别优秀的学生，这类学生深受老师的喜爱（但有时不怎么受同学的喜欢，可能是出于嫉妒），并且喜欢在老师面前表现，课堂上尤其如此，他们不只是学习成绩好，而且被老师评价为各方面都优秀，有些也的确优秀。对于这类学生，其他同学的评价往往不高，大家除了了解他们学习成绩优秀外，对其人格不甚了解，似乎也不太关心。一般同学对"优秀"学生的人格判断不够准确，可能并非"好成绩"本身惹的祸，而是这些同学与老师的关系太亲近。

第二类是成绩特别糟糕的学生，这些学生因为学习成绩不好，经常受老师和家长的批评，对学习失去信心，对学业不抱希望，因此常常破罐子破摔。无论是课堂上还是课外，他们通常是"调皮捣蛋"的代名词。这类学生的规则意识不强，纪律观念淡薄，因此往往随心所欲，甚至为所欲为。排除个别学业差、品性差的学生，这类学生常常被同学认为是仗义和直率的学生。因为他们的表现大都是他们真实所想，所以在判断这类学生时通常都比较准确。在一个班集体中，虽然老师会将这类学生视为差的榜样，但并不影响他们在同学中的声望，甚至有的同学愿意和这样的学生交心。事实上，除了学习成绩不好以外，这些学生在其他方面往往比较优秀，尤其是在课外活动及某些特长方面，他们甚至优于成绩好的学生。成绩不好的学生有点像范德（2009）所说的"所见即所得"的人，符合"可评估性"的人这一特点。这类学生的行为表现一致，甚至所有认识他们的人在不同场合下对他们的描述在本质上都是相同的，这也就意味着我们可以根据他们过去的行为预测他们将来要做什么。

第三类是学习成绩一般的学生，他们属于班上的大多数，更多时候是起陪衬作用的一个群体。在多数时候和场合，他们都不太引人注意。他们的人格特征似乎与他们的学习成绩一样中规中矩，表面看来他们好像是没有突出个性的人。对于他们的判断和了解的准确性介于前两类学生之间，并且是这两类学生争取的大多数。对于老师而言，他们只是在需要对同学之间进行比较的时候才会记起这类学生。

## 2.4　在教育情境中提高人格判断的准确性

由于情境的不同，人格判断的准确性也不一样，这其中，除了情境本身的强弱以外，更重要的是人的因素起了决定作用。与家庭相比，学校是一种强情境，学校的校规校纪每时每刻都在规范着师生的表现；与课堂教学相比，学生在课外活动中能够更加充分自由地表达。因此，就情境的客观性而言，基于学校情境尤其是课堂表现所作出的人格判断无法保证其准确性。就情境的主观性分析，特定情境中的人决定了判断的准确性，良好的判断者和良好的判断目标是影响准确性的最重要的两个因素，而彼此之间的关系质量又决定着信息的数量和质量。事实上，在学校情境中，并非所有的老师都不能准确判断学生。现实中我们发现，有的老师特别能够体察学生，他们能够深入学生的内心世界，对学生的情感、思想、价值观等内在的心理特性和品性作出准确判断，这些老师似乎能够真正读懂学生的心思。

在学校情境中，之所以难以获得准确的人格判断，最主要的原因可能还在于学校的任务和目的。学校是培养人的场所，学习是首要任务，学校要达成教育目标，必须制定严格的规则，必须定期进行考试和评估。只要有纪律约束，只要存在考试，学生就会感到压力。在压力情境下，人的表现就不可能真实。对于大多数学生来说，老师是有威胁的，考试是有压力的。试想，一个学生如若总在老师面前讲真话和真实地表现自我（这种可能性很小），老师将会如何对待他或她。从宏观层面看，要让学生在学校真实表现，教育教学管理制度要进行适当的改革，要改变这种军事化或半军事化的、千篇一律的管理模式，给学生营造一个轻松和谐的学习和生活空间。学校不是部队，学生不是军人，他们是成长中的人，他们身上会有不足，他们有可能会犯错误，因此，教育者应当以一种宽容的心态对待这一特殊的群体。不仅如此，考试制度也是亟待解决的问题，在考试压力下，一部分学生的发展几近畸形，关系不和谐，情绪不稳定，人格不健全。这已经不是判断是否准确的问题了。如果考试是教育不可缺少的手段的话，那么教育者尤其是教育的管理者，是否可以考虑不要那么频繁地考试，不要将考试与个人的命运结合在一起，不要根据考试的成绩将学生分成三六九等，不要将考试作为衡量学生学业成绩的唯一指标。

要提高教育情境下人格判断的准确性，改善师生关系势在必行。在影响判断准确性的因素中，我们一再强调关系质量的重要性。在教育教学改革中，之所以强调要建立民主平等的师生关系，是因为师生关系不仅直接影响教育教学效果，还会影响到师生之间相互了解的准确性。那些与学生交朋友并与学生打成一片的老师，往往会受到学生的爱戴，面对这样的老师，学生也喜欢讲真话，其表现也会更真实。在他们面临困难的时候，他们也会首先想起这些老师。不难想象，这类老师在判断学生时会更加准确。作为老师，我们应当放下架子，适当降低自己的身份，和学生分享，与他们谈心。一个喜欢挑学生毛病的老师，一个总想在学生面前树立权威的老师，只会让学生敬而远之，这不仅不利于老师对学生的人格判断，而且连正常的师生关系都难以维系。我们主张建立民主平等的师生关系，就是希望老师要想学生所想，急学生所需，真正做到以学生为本。我们要避免这样一种偏见，即教师的形象是高大的，这种偏见不只对老师有压力，对学生接近老师以及师生之间的信任也不利。

在学校情境下，营造和谐的人际氛围对于提高师生之间、同学之间人格判断的准确性也是必不可少。作为老师，我们要为学生树立好人际交往的榜样，要教会学生正确处理人际关系的技能技巧，教会学生正确处理合作与竞争的关系。在学习之余，学校要适当组织积极向上的文体活动，在轻松愉快的活动中让学生自由表现。在课堂教学中，教师要采用灵活多样的教学形式，改变那种一成不变的、古板的教育模式，营造一种宽松的、人本的课堂气氛，让每个学生都有真实表现自我的机会。只有这样，人际间的判断才有可能准确。

# 3　人格判断在人力资源管理中的应用

## 3.1　职业招聘中的人格判断

在职业招聘中，面试是通过考官与应聘者直接交谈或在某种特定情境中对应聘者进行行为观察，了解应聘者素质状况、能力与人格特征及求职应聘动机等情况，从而完成对应聘者适应职位的可能性和发展潜力的评价的一种测试技术（王垒，2002）。面试招聘的重要作用之一就是判断应聘者是否具备能够胜任某一职位以及可能影响工作绩效的人格特质。传统的观点认为，面试对于评估人际交往的能力非常有用，而且由面试预测的绩效成分与人格测验解释的成分部分重叠。许多研究证明，依据面试所作出的人格评估具有一定的准确性（Barrick，Patton，& Haugland，2000）。从过程的观点分析，面试者的特征会影响人格判断的准确性。一些面试者通过恰当的提问或提示提供更有用的信息，另一些面试者可能更擅长于建立和谐的关系，从而使得应聘者在面试中有更多的自我表露。

作为人才选拔的重要环节，面试的过程实质就是考官对应聘者判断的过程，而判断的准确性直接决定了所选拔人才的质量及其是否能够胜任相应的工作岗位。面试的优点在于它比笔试或看人事材料更为直观、灵活、深入，可以判断出这些方法无法看出的人的属性或层面。在面对面的面试中，应聘者不仅通过其言行举止向考官传递相关的人格或其他信息，而且其长相、衣着、打扮、表情、姿态等也包含了丰富的个人信息，这些都有助于考官对应聘者作出客观、准确的评估。当然，面试也有其主观性，考官容易产生偏见，难以防范和识别应聘者的社会赞许倾向和表演行为。面试过程中采取的形式不同，人格判断的准确性也不一样。研究表明，与结构化面试相比，依据非结构化面试所作出的人格判断更准确（Letzring et al.，2006）。

### 3.1.1 结构化与非结构化面试

**1. 结构化面试**

结构化面试（structured interview）又叫标准化面试，它是通过设计面试所涉及的内容、试题、评分标准、评分方法、分数等并加以规范化和结构化，对应聘者进行系统的面试。其目的是评估应聘者工作能力的高低及是否能适应该岗位工作，同时也是对工作情况的预先介绍，进行企业形象宣传。结构化面试测评要素一般包括三类：其一，一般能力，包括逻辑思维能力、语言表达能力；其二，领导能力，包括计划能力、决策能力、组织协调能力、人际沟通能力、创新能力、应变能力、选拔职位需要的特殊能力等；其三，人格特征，包括个人的气质风度、情绪稳定性、自我认知等。与一般面试相比，结构化面试对面试的考察要素、面试题目、评分标准、具体操作步骤等更加规范化、结构化和精细化，并且统一培训面试考官，提高评价的公平性，从而使面试结果更为客观、可靠，使同一职位的不同应聘者的评估结果之间具有可比性。

**链接：结构化访谈的问题举例**

①如果你能得到这个职位，在你工作一个月以后，我会在你身上看到与工作最有关的特质是什么？

②如果你能得到这个职位，在你工作一个月以后，我会在你身上看到与工作最无关的特质是什么？

③你目前或过去的老板是怎样评价你的？

④你的同事是怎样看待你的？

⑤想象一位效率最低的经理或管理者，告诉我他或她为何效率低下？

⑥介绍一下这位经理的某一优点。

⑦设想你受雇于心理系办公室，办公室主任要你去复印你目前正在读的课程试卷，你会怎么做？

⑧在对你目前工作成绩评估时，你现在的老板最有可能表扬你的哪种人格特征？

⑨请你做个自我介绍。

（资料来源：Blackman，2002a，p. 250）

**2. 非结构化面试**

非结构化面试（unstructured interview）是考官与应试者围绕某一主题随意地交谈，让其自由发表议论，在"闲聊"中观察应聘者的组织能力、人格特点、知识面以及谈吐和风度的一种面试方式。现在许多大型企事业单位及政府的人才招聘中均采用了这种面试形式。它比较适用于招聘中、高级管理人员。非结构化面试没有既定的模式、框架和程序，考官可以"随意"向应聘者提出问题，对应聘者来说也无固定答题标准。考官所提问题的内容和顺序取决于其本身的兴趣和现场应聘者的回答。这种方法给谈话双方充分的自由，考官可以针对应聘者的特点进行有区别的提问。与结构化面试相比，非结构化面试中尽管考官可以给应聘者自由发挥的空间，但这种面试形式也存在一些问题，它易受考官主观因素的影响，面试结果无法量化以及无法同其他应聘者的评价结果进行横向比较等。一般来说，非结构化面试通常采用案例分析、脑筋急转弯、情景模拟等形式。

3. 结构化与非结构化面试的区别

结构化与非结构化面试的主要区别有三点：第一，高度结构化的面试要求所有面试者对应聘者问同一套问题，并且不允许使用追随或探测问题；第二，结构化面试要基于工作分析；第三，当对应聘者进行评定和打分时，除需要遵循一套先期的规则外，面试者还要求使用一套标准化评定进行训练。布莱克曼（2002a）认为，相对于结构化的形式，非结构化面试对于准确地预测工作应聘者的人格特征是一种最佳方法。非结构化面试允许面试者观察应聘者更显著和相关的行为，由于一些潜在的调节变量，这些表现的行为或许更有可能出现。例如，主考官在非结构化面试中或许更倾向于使用一种非正式语调进行面谈，这种语调会创造一种更轻松的环境，从而使求职者更有可能表露出相关行为。

伊克斯（Ickes）等人的研究表明，在行为变化更自由的"弱情境"中比在"强情境"或结构化情境中所作出的人格判断更多，也更准确，而后者则限制了人格特征在这些情境中的表现（Ickes，Snyder，& Garcia，1997）。为了进一步阐明这一观点，安德森（Andersen，1984）进行了相关研究。研究表明，当被试在录像中允许他们自由谈论自己的思想和情感时，比起讨论结构化信息如他们的日常活动和行为，判断者能够对目标人物作出更准确的人格判断。布莱克曼（2006）的研究也支持了这一假设。研究发现，在评估录像中的大学生与其同伴在非结构化情境中的交往时，比他们观看其在结构化情境中与同伴的交往，对其作出的判断要更准确。

### 3.1.2　面试形式与人格判断的准确性

在职业招聘中，招聘者似乎有一个本能的目标，即预测潜在雇员未来的工作成就。雇主希望通过准确地评估应聘者的能力、知识、经验、特定的兴趣以及与工作相关的人格特质来达到这一目标。毫无疑问，对于某些职业，人格特征在工作绩效中发挥着重要作用（Barrick & Mount，1991）。研究结果已经支持了这样一种观点，即对于特定工作中的最优效能，人格起了重要作用。研究表明，自陈报告的人格问卷调查结果与主考官的特质评定能够预测警察官员的成绩（Azen et al.，1973），同事的人格评定能够预测大学教授的教学成绩（Murray et al.，1990）。当一个人想要了解求职者以下方面的情况时，对求职者人格的准确评估就变成了一个非常重要的问题：①确定求职者与那些成功的在职者是否有相似的人格特性；②确定求职者心理适应是否良好，是否易于出现反社会倾向；③确定求职者是否诚实，不会从事反生产的行为，如雇员偷窃；④确定求职者的人格与其潜在的同事是否融洽。总之，通过准确评估一个潜在雇员的人格，企业或组织有能力降低工厂暴力、性侵犯指控、可能的诉讼、偷窃以及员工之间冲突的可能性。

范德的现实准确性模型把准确的判断界定为对一个观察者的人格特质评定与目标实际具备的人格特质的匹配程度。但是，这种真实的人格永远无法直接观察，我们只能通过使用多重标准接近，包括自我—他人一致性、行为预测以及临床评估。准确性的获得要经过四个阶段：行为线索的相关性、可用性、觉察性和利用性。当且仅当模式中的所有四个阶段都顺利通过后，才有可能形成准确的判断。这一模式可以用来解释影响人际判断准确性的四种调节变量：判断能力（好的判断者）、目标的可判断性（好的判断目标）、特质的清晰度（好的特质）以及信息的数量和质量（好的信息）。与结构化面试相比，在非结构化面试中应聘者有可能表现出更高质量的信息和行为线索，面试者能据此作出一个更准确的判断。而且，在非结构化面试中，应聘者有可能表现出更多的相关行为，更多相关行为线索又将是有用的，这样增加了判断者或面试者作出准确判断的机会。

布莱克曼（2002a）详细考察了结构化与非结构化职业面试，以确定哪种方法对应聘者与工作相关的人格特质会作出更准确的评估。研究者假定，非结构化面试的方法会使得应聘者的人格特质更容易展现出来，如同应聘者的行为有较少的脚本，这将有助于作出更准确的人格评估。研究中，参与者使用结构化或非结构化的方法进行模拟工作面试，其行为由一个独立的评定者进行编码。源自加利福尼亚Q分类的与工作相关的人格特质的自我评定从参与者中获得，参与者的人格评定从面试者及参与者的同伴中获得。以自我—面试者和同伴—面试者一致性的相关作为准确性的标准。研究发现，当面试者采用非结构化面试方法时，平均的自我—面试者和同伴—面试者的一致性相关非常显著。研究证实，职业招聘中采用非结构化面试能够获得比结构化面试更准确的人格判断。

布莱克曼（2002b）还比较了面对面面试与电话面试在人格判断准确性方面的差异，目的在于考察职业应聘者的人格判断是否会因为电话面试缺乏重要的非言语交流而使之与面对面面试相比大打折扣。在该研究中，参与者或者使用面对面形式或者使用电话形式进行模拟工作面试，而他们的行为由独立的评定者进行编码。对于每一个参与者，与工作相关的人格特质的自我评定通过应聘者获得，而应聘者人格的评定通过招聘者和应聘者的同伴获得。结果发现，当招聘者使用面对面的面试方式时，平均的自我—招聘者和同伴—招聘者一致性相关（作为准确性的标准）显著性更高，证明面对面的面试比电话面试所作出的人格判断更准确。项目分析进一步支持了这一假设，即在面对面的面试形式中，对应聘者的评定更加偏好那些通过非言语交流传递的特质。

### 3.1.3　如何招聘到理想的职员

研究表明，有标准问题及评定程序的结构化面试能够较好地预测求职者的工作成就潜力（Campion，Palmer，& Campion，1997）。然而，当评估一位工作应聘者的人格特征时，研究又表明招聘者应当使用非结构化面试形式（Blackman，2002a）。非结构化面试包括没有标准问题的主考官与求职者之间的自由交谈，这种面谈方式通常是在一种非常随意的氛围如咖啡厅或就餐环境中进行，同时向求职者随意提些问题。研究发现，在预测求职者的人格时，非结构化面试比结构化面试更有优势，尽管结构化面试仍然被用于预测求职者未来的成绩（Blackman，2002a）。为何那

图9-3　结构化面试能较好预测求职者的工作潜力
（资料来源：neonan.com）

些使用非结构化面试形式的主考官能够准确地预测应聘者的人格呢？答案在于，非结构化面试形式让应聘者感到舒适，这种轻松的面试环境可以让求职者表现出更多自然的反应。面谈中主考官非常友好地对待求职者，这样求职者可能在不经意之间向主考官泄露出他们的人格特征。应聘者发现，他们事先为结构性访谈准备好的脚本将不再适合这种面试形式，因此他们只能依靠临场发挥，在非结构化面试形式中他们真实的人格特质出现的可能性更高（Blackman & Funder，2002）。例如，求职者可能会透露他们为什么离开此前的工作岗位。

工业—组织心理学家指出，在面试过程中最好同时使用结构化与非结构化面试形式（Blackman，2006）。使用结构性的标准化面谈和工作访谈是为了重新确认你从求职者材料中得出的决定，即他或她是否适合于这个职位。在你作出这个决定之后，接下来就要在咖啡馆或餐厅进行非结构性访谈。作为招聘者，你需要敏锐地把握求职者有可能夸大事实或欺骗你的暴露实情的信号。范德（1995）的研究表明，那些非常外向和活泼的主考官或观察者是最好的人格判断者。一般说

来，外向的人与很多人有不同的交往经历和体验，并能阅读他人的人格。在条件允许的情况下，你应当尽量避免让那些比较内向的同事参与面谈过程，因为内向的人一般不太会阅读他人的非言语行为。

范德认为，作为准确性的调节变量，好的特质就是那些比其他特质更容易判断的特质。范德的研究表明，更容易观察到的特质（如一个人如何健谈或可靠）比那些不太容易观察到的特质（如一个人如何想入非非或感到内疚）更容易准确判断。因此，作为一名主考官，如果你正在判断一个人如何热情或关心他人（一种很容易观察的特质），你很可能对这位求职者热情和关心的程度判断得非常准确。此外，好的目标意味着某些目标比其他目标更容易判断，你对这些目标的判断也将会更准确（Colvin，1993）。例如，你遇见的一位求职者在整个面谈过程中向你敞开心扉，告诉你他的生活故事和经历，而且表现出一致的行为，你会觉得此人是个很好的判断目标，你对他的判断也会比较准确。然而，如果你面谈的求职者三缄其口，整个面谈过程中行为模式不一致（一个很难判断的目标），那么你就会很难保证对此人人格判断的准确性。

最后，我们再来谈谈好的信息。范德指出，作为一名主考官，你对求职者信息数量和质量的把握也非常重要。你对求职者掌握更多、更好的信息可以增加你对他或她人格判断的准确性。理想的情况是，你要尽可能多地收集求职者的所有信息，面谈时间越长越好。布莱克曼和范德（1998）的研究表明，熟悉度的增加或面谈时间的延长会导致更准确的人格判断。在收集关于求职者的"高质量的"信息时，应尽可能在不同的情境中与求职者面谈。首先，你可以在一个正式的办公室情境中面试这个人。其次，在一个非正式的场合如咖啡馆与之交谈。安排会见的部门成员越多或与求职者进行用餐的环境越随意，效果会越好。这些不同的情境能够让你收集到更高质量的线索，并从这位求职者身上确定一种一致的行为模式。你收集到求职者的人格线索越多，对求职者是否能达到本单位或部门设定目标所作出的评估就越准确。

观察求职者的非言语行为对于获取你对求职者评估因素的线索非常重要。美国情绪研究专家保罗·艾克曼（Paul Ekman，1992）的研究表明，我们应当关注求职者腰部以下身体部位所透露的线索。他认为，个体不能控制腰部以下的无意识动作或姿势，这些信号有可能表明一个人是否在撒谎。另外一条线索是，如果求职者正在把玩她们穿戴的一些首饰（如戒指或耳环）或抚弄身体的某个部位（如头发），那么这个人可能是在欺骗主考官。艾克曼告诫我们，这些正是一个人有可能撒谎的线索，我们收集到的这类线索越多，就越有可能认为这个人是不诚实的。艾克曼关于欺骗线索的研究为非结构化面试的使用提供了更多有支持作用的证据。在这种随意的面谈环境下，你能够看到求职者的整个身体，对不一致性的行为或泄密信号有更多的觉知。当然，在预测求职者的行为潜能时，最好的

**243**

办法是采用多重方法。如果你所属的招聘委员会有充足时间的话，那么可以从各个方面收集求职者不同的信息，如他们的毕业院校、亲密的朋友以及那些给他写过推荐信的人。通过收集不同的信息资源，你很可能对求职者真实的人格画像有一个清晰的认识。

## 3.2  组织管理中的人格判断

人格判断准确性不但对一些特殊的专业领域很重要，而且在公司管理中对职位的安排也非常有意义。评估的准确性程度往往会影响一个公司的功能，例如面试，通过考察面试行为进而决定候选人的资格。公司管理者一项重要的任务就是对公司的职员进行评估，一个判断准确的管理者往往会选择那些通过反馈能够对公司作出更多贡献的职员。此外，在职员的管理过程中，有的职员可能需要循循善诱，而有的职员则大大咧咧很容易打成一片。由于管理者不能准确判断职员的人格而导致人不能尽其用的例子比比皆是，这不仅不利于充分发挥员工的个性优势，而且有可能会压制他们的潜能。如果对一个缺乏自信的职员大声训斥的话，那么很可能会降低职员本身的积极性。

### 3.2.1  人才测评的准确性问题

在组织管理中，人才测评是一个非常重要的环节，它是指通过一系列科学的手段和方法对人的基本素质及其绩效进行测量和评定的活动。人才测评的具体对象不是抽象的人，而是作为个体存在的人的内在素质及其表现出的绩效。人才测评的方法包含在概念中，即人才测量和评价，它通过各种方法对受测者加以了解，从而为企业组织的人力资源管理决策提供参考和依据。从某种意义上讲，人才测评也是一个对人判断的过程，只不过这种判断的依据既有定性的描述，也有定量的分析，不完全是一个主观推断的过程。尽管如此，由于人的因素、测量工具以及管理系统本身存在的问题，人才测评的准确性仍然受到质疑。

（1）履历分析。个人履历档案分析是根据履历或档案中记载的事实，了解一个人的成长历程和工作业绩，从而对其人格背景有一定的了解。研究结果表明，履历分析对申请人今后的工作表现有一定的预测效果，个体的过去总是能从某种程度上预示他的未来。这种方法用于人员测评的优点是较为客观，而且低成本，但也存在一些问题，比如：履历填写的真实性问题；履历分析的预测效度随着时间的推进会越来越低；履历项目分数的设计是纯实证性的，除了统计数字外，缺乏合乎逻辑的解释原理。

（2）纸笔考试。纸笔考试主要用于测量人的基本知识、专业知识、管理知识、相关知识以及综合分析能力、文字表达能力等素质及能力要素。它是一种最古老而又最基本的人才测评方法，至今仍是企业组织经常采用的选拔人才的重要方法。纸笔考试在测定知识面和思维分析能力方面效度较高，而且成本低，可以大规模地进行施测，成绩评定比较客观，往往作为人员选拔录用程序中的初期筛选工具。

（3）心理测验。心理测验是通过观察人的具有代表性的行为，对于贯穿在人的行为活动中的心理特征，依据确定的原则进行推论和数量化分析的一种科学手段。心理测验是能够对胜任职务所需要的人格特点进行最好的描述并测量的工具，被广泛用于人事测评工作中。

（4）情景模拟。情景模拟是通过设置一种逼真的管理系统或工作场景，让受测者参与其中，按测试者提出的要求，完成一个或一系列任务。在这个过程中，测试者根据受测者的表现或通过模拟提交的报告和总结材料为其打分，以此来预测受测者在拟聘岗位上的实际工作能力和水平，主要适用于管理人员和某些专业人员。常用的情景模拟测验包括：

①文件筐作业。将实际工作中可能会碰到的各类信件、便笺、指令等放在一个文件筐中，要求受测者在一定时间内处理这些文件，相应地作出决定、撰写回信和报告、制订计划、组织和安排工作，考察受测者的敏感性、工作独立性、组织与规划能力、合作精神、控制能力、分析能力、判断力和决策能力等。

②无领导小组讨论。安排一组互不相识的受测者（通常为6~8人）组成一个临时任务小组，并不指定任务负责人，请大家就给定的任务进行自由讨论，并给出小组决策意见。测试者对每个受测者在讨论中的表现进行观察，考察其在自信心、口头表达、组织协调、洞察力、说服力、责任心、灵活性、情绪控制、处理人际关系、团队精神等方面的能力和特点。

③管理游戏。以游戏或共同完成某种任务的方式，考察小组内每个受测者的管理技巧、合作能力、团队精神等方面的素质。

④角色扮演。测试者设置一系列尖锐的人际矛盾和人际冲突，要求受测者扮演某一角色，模拟实际工作情境中的一些活动，去处理各种问题和矛盾。

总之，情景模拟测验能够获得关于受测者更加全面的信息，对其将来的工作表现有更好的预测效果，但缺点是对于受测者的观察和评价比较困难，而且费时。

### 3.2.2 绩效评估的准确性

绩效评估（performance appraisal）是组织管理系统的一个核心部分，它指的是对个体或团队的工作业绩和不足进行系统的描述。绩效评估包括观察和判断两个过程，这两个过程都会受到个人偏见的影响。正是由于这个原因，一些人建议应主要根据客观指标来对工作绩效进行判断，这些客观指标包括生产力、雇佣（如事故、奖励）等方面的资料（Cascio & Aguinis，2006）。虽然这些资料从直觉上看很有吸引力，但它们通常测量的不是绩效，而是那些个体无法控制的影响绩效的因素；它们测量的不是行为本身，而是行为的后果。正因为如此，主观指标（如上级的评价）也常常被采用。由于评价取决于人的判断，所以主观指标肯定会受到其他一些偏见的影响。这些偏见可能会伴随着评价者（如缺乏关于员工绩效的一手资料）、被评价者（如性别、工作年限）、评价者与被评价者的交互作用（如种族和性别）或各种各样的情境和组织特征。

（1）评价中的判断偏差。评价中的判断偏差来自于下列三个方面：

①宽容效应和严格效应。使用评价等级所依据的假设是：人的观察能够达到一定程度的准确性和客观性（Guilford，1954）。他或她的评价等级意味着对某个被评价个体的某些方面所作的准确描述。"客观"是这种假设的主要要求，也是最容易受到污染的一个方面。评价者都会认同自己的假设（可能是有效的，也可能是无效的），而且大多数人都会碰到那些显得过于宽容或过于严格的评价者。有证据表明，宽容是评价者的一种稳定的反应倾向（Kane et al.，1995）。宽容评价的一个重要原因是人们对现有的绩效管理系统服务于什么目的的理解。当评价等级在实际工作环境中产生真正影响的时候，评价倾向于更宽容。

②趋中趋势（central tendency）。当政治因素占主导地位的时候，评价者可能会对所有的下属赋予既不太好也不太差的评价等级。他们避免使用量表的高低两个极端进行评价，而是倾向于把所有的评价等级都集中在量表的中间。"每个人都是平均水平"是趋中趋势的一种表现方式。如同宽容偏差和严格偏差一样，趋中趋势所造成的不幸后果是，大多数系统绩效评估的价值都丧失掉了。评价等级并没有在个体内部或个体之间进行区分，这样的评价作为管理决策辅助、预测因子、效标或反馈手段实际上毫无用处。

③晕轮效应。这一效应在绩效评估中可能是研究得最多的一种偏差。一个受晕轮效应偏差影响的评价者，会根据被评价者的整体印象赋予等级。由于评价者对被评价者的整体绩效所具有的整体印象好或者坏，被评价者在某种具体因素上可能被评价得很高或者很低（Lance，LaPointe，& Stewart，1994）。根据这一理论，评价者并未对不同绩效维度上的绩效水平进行区分，受晕轮效应偏差影响的评价表现出一种虚高的正相关。

（2）影响主观评价的因素。绩效评估是一个复杂的过程，它受组织的、政治的和人际障碍诸多因素的影响。实际上，在绩效评估结果的变异中，有研究发现，一些特定的变异（即评价者带来的变异）比被评价者实际工作绩效的变异更大（Scullen，Mount，& Goff，2000）。研究还发现，对上级评价来讲，评价者变异是被评价者变异的 1.21 倍；对同事评价来讲，评价者变异是被评价者变异的 2.08 倍；对下级评价来讲，评价者变异是被评价者变异的 1.86 倍。因此，我们应该考察评价者与被评价者的个体差异以及这些变量如何影响绩效评估，表

9-1和表9-2对每个方面的研究发现进行了总结。

表9-1　评价者特征对绩效评估的影响

| 个人特征 | 性　别 | 无普遍的影响 |
| --- | --- | --- |
| | 种　族 | 非裔美国人评价者评价白种人比评价非裔美国人得分稍高 |
| | 年　龄 | 无一致性影响 |
| | 受教育程度 | 统计显著，但仅有极微弱的影响 |
| | 自信心低，心理距离增加 | 较重要，负面评价 |
| | 兴趣、智力、社会洞察力 | 无一致性影响 |
| | 人格特征 | 宜人性高的评价者可能作出较高的评价，而责任心高的评价者更可能作出较低的评价；高自我监督的评价者更可能提供准确的评价，绩效评估的态度对低宜人性评价者的评价行为有更大的影响 |
| 与工作相关的变量 | 责任心 | 对评价结果负责的评价者比不负责的评价者作出的评价更准确 |
| | 工作经验 | 统计显著，但对评价质量仅有微弱的积极影响 |
| | 绩效水平 | 有效的评价者倾向于作出更可靠、更有效的评价 |
| | 领导风格 | 对下属工作活动不能提供周密安排的主管倾向于回避正式的绩效评估 |
| | 评价者对被评价者和工作的了解 | 接触被评价维度的适宜程度很重要，在观察基于有限资料的条件下延迟评价比即时评价更不准确 |
| | 以前的期望、信息 | 没有满足期望会降低评价等级，以前的信息使短期评价出现偏差，但随着时间的推移，评价会反映真实行为 |
| | 应　激 | 处于应激状态下的评价者对第一印象的依赖非常强烈，而且很少在不同的绩效维度之间进行区分 |

（资料来源：Cascio & Aguinis，2006，p. 102）

　　正如研究结果显示的那样，关于个体差异变量对工作绩效评估的影响我们现在已了解很多，但是不了解的也很多。细言之，当给评价者提供被评价者行为表现的信息时，评价者似乎总是对被评价者的一般人格特质进行推论，而这些超出了我们的评价范围，除此之外我们对绩效评估所涉及的认知过程知之甚少。这样的归因对绩效评估会产生独立的影响，此外评估结果可归因于真实的工作行为。后来的研究发现，评价者会按照与他们先前对评价者的态度相一致的方式对被评价者赋予评价等级，而且会采用情感一致性而非简单的绩效好坏作为诊断绩效信息的标准。现在已经知道，在对绩效评估的影响因素中，评价者的情感状态与信息加工过程是交互作用的（Forgas & George，2001）。

表 9 - 2　被评价者特征对绩效评估的影响

| | | |
|---|---|---|
| 个人特征 | 性　别 | 当女性的比例在工作团体中不足 20% 的时候，倾向于比男性接受更低的评价，但是在团体中的比例超过 50% 时，倾向于比男性接受更高的评价。女性被评价者比男性被评价者更能够得到准确的评价 |
| | 种　族 | 被评价者的种族在评价中能够解释 1% 到 5% 的变异 |
| | 年　龄 | 不论是白人还是黑人评价者，他们对老龄下属的评价都要比对年轻下属的评价更低 |
| | 受教育程度 | 统计上无显著影响 |
| | 情绪障碍 | 有情绪障碍的员工会得到更高的评价，但是当采用清晰的评价标准时，这种正向偏差就会消失 |
| 与工作相关的变量 | 绩效水平 | 实际的绩效水平和能力对绩效评估有强烈的影响；被评价者的消极特征比积极特征显得更重要 |
| | 团体构成 | 当团体中令人不满意的员工占多数时，令人满意的员工倾向于得到更高的评价，但是这些结论不能推广到其他所有的职业群体中 |
| | 工作年限 | 尽管年龄和工作年限高相关，但研究显示，评价等级与被评价者的一般工作年限或被评价者为同一个主管服务的工作年龄无关 |
| | 工作满意度 | 有关被评价者满意度的知识会以与满意度相同的方向（正或负）使评价等级出现偏差 |
| | 人格特征 | 同事和上级对可靠性（dependability）的评价都很高，但是厌恶（obnoxiousness）这种人格特征对同事评价的影响大于上级评价者 |

（资料来源：Cascio & Aguinis，2006，p. 103）

**链接：人格能否弥补能力的平庸？**

为了衡量高层领导对一般职员的评估标准中工作业绩与责任心孰轻孰重，潘苏（Pansu，1997）邀请了某石油跨国公司人力资源部的 36 位高级职员审阅 4 位商务技术团队负责人的材料（是研究人员杜撰的），并评估这些员工的职业素质。材料中两种信息唱主角：其一为工作业绩，分为出色与一般；其二为责任心，以心理问卷调查的形式呈现，例如，视为己任的程度（营业额的多少是自己的责任）与事不关己的程度（营业额的多少完全由市场左右）。责任心强弱由此判断。参与者必须说出招聘其中某个人的理由，研究结果如表 9 – 3 所示。

表 9 – 3　4 名求职者得分情况表（总分为 10 分）

|  | 视为己任 | 事不关己 |
|---|---|---|
| 工作业绩出色 | 7.32 | 5.65 |
| 工作业绩一般 | 5.65 | 3.32 |

数据显示，责任心在人力资源部门高级职员心中的分量远远高于客观的工作业绩。但是令人震惊的结论还在于，工作业绩一般但将其视为己任的求职者的得分竟与业绩出色但事不关己的求职者一模一样。由此可见，客观的工作业绩并不如责任心那般起着举足轻重的作用。潘苏的研究表明，人力评价机构中某人的评价不仅依赖于他的实际工作业绩，更取决于他的心理因素。确切地说，在企业均实行自由的现代化管理的今天，责任心这一宝贵品质就更受推崇。卢什（Louche，1998）所做的另一份研究中比较了心理因素（如责任心等）在自由式管理企业（如自主性与团队合作制企业）与传统企业（制度严明、缺乏自主性企业）中的不同价值。卢什观察到，在自由式管理企业中，心理因素有着更高的价值，这就是我们所谓的"心理标准"。这项标准就好比品行在优秀运动员挑选过程中的地位。

（资料来源：利昂内尔·达高，2006，pp. 30 – 32）

## 3.3　作为判断目标的管理者

### 3.3.1　从 CEO 的外貌预测公司收益

第一印象是对他人重要而又丰富的信息资源，研究表明这种印象能够在许多领域（如教学和选举）有效预测成绩或成功（Todorov et al.，2005）。然而，此类研究采用的结果变量大多数时候具有主观性。例如，在教学成绩的研究中，预测源（幼稚的观察者评定）和结果（教学评估）都是基于主观的评定。在企业管理中，作为最高管理者的首席执行官（CEO），其给人的印象与其公司的成就有关吗？为此，鲁尔和阿姆巴迪（Rule & Ambady，2008）检验了主观预测源（CEO 的印象）与客观结果（公司成就）之间的相关。尽管 CEO 代表了公司形象是人们普遍的看法，但是没有明显的证据表明 CEO 的人格与他们公司的成功有关系（Ranft et al.，2006）。虽然有些研究发现了一些调节变量，如环境背景能够使 CEO 的吸引力与公司成就相关联，但是研究发现，CEO 的人格与公司成就之间没有直接关系（Agle et al.，2006）。以往的研究表明，和领导才能有关的人格特质与通过脸部判断的人格特质部分重叠，这些特质包括才能（competence）、可爱性（likeability）、信任度（trustworthiness）以及支配性（dominance）（Todorov et al.，2005）。另一个与领导才能判断相关的脸部特征是成熟度（maturity）（Zebrowitz & Montepare，2005）。从脸部信息估计的这些变量会与领导者的成功和成就相联系吗？为了回答这一问题，鲁尔和阿姆巴迪（2008）要求被试从 CEO 的照片中进行单纯的人格判断，研究者从《财富1000》中评定 25 个最高和 25 个最低级别的公司，以检验这些判断是否与公司的成功相关。

鲁尔和阿姆巴迪（2008）的研究结果表明，经验判断比证据良好的判断可以提供更多准确的个体评估，对 CEO 的外表判断的研究结果证明了这一结果的一致性。所有的 CEO 都是男性，几乎相同的年龄，都是白种人。即使当研究者控制了年龄、情感和吸引力因素之后，他们都能够仅仅基于 CEO 面部表现知觉的经验判断来区分更成功公司的 CEO 和不太成功公司的 CEO。当然，我们不能据此得出因果推断，究竟是更成功的公司会选择那些有特殊外表的个体成为他们的 CEO，还是有特殊外表的个体在他们的工作中更成功并成为 CEO。然而，我们可以推断，从面部特征作出的经验判断不仅可以为主观推断提供信息，而且可以为客观成绩提供信息。

### 3.3.2　CEO 的人格特征和领导才能对工作绩效的影响

一直以来，研究者对人格与领导才能都比较感兴趣，这一点尤其体现在对首席执行官（CEO）的研究中，因为他们的行为关系到企业的成功甚至生存。一般情况下，CEO 的工作很难准确预测，这其中包括与各种任务广泛联系的决策技能、执行的改变、对他人的影响、建立关系、发展策略以及对这些策略和战略的执行情况等。尽管这类研究很少，但是人格特质和领导才能是用来预测 CEO 在上述任务中成功与否的两种个体差异（Barling，Christie，& Hoption，2010）。

在早期关于 CEO 人格和领导才能对绩效影响的研究中，一个明显的不足是对档案材料的过分依赖，这些材料对于了解这些领导们是非常有限的。为此，默里·巴里克（Murray Barrick，2012）在他的一项研究中直接评估了 CEO 的人格和领导行为，从多重资料中获取对 CEO 的评定。在以往的研究中，人格的评估主要是基于自陈报告，而领导才能的评估主要是根据下属的了解。上述每种评估仅仅能够反映一方的观点，由于不同的评估者是从不同信息的角度作出的不同推断，因此每种评估均包含明显的个人偏好，无论评定者是局外人还是他自己。巴里克（2012）提出，每个评定者的偏好误差都可以通过聚合多重角度的评定加以中和，从而对人格特征与领导才能结构作出更完美的推断，正如在测量中增加项目的数量能够提高其信度一样。类似地，从多重观点的角度所评估的 CEO 的人格和领导行为也将提高每种结构的解释力。

最近有两项大规模的人格元分析研究证实了特质的观察者评定与自我报告同时使用在预测工作绩效中的作用（Connelly & Ones, 2010; Oh, Wang, & Mount, 2011）。这两项研究同时表明，人格的观察者评定实际上比基于自我报告的评定具有更高的预测效度。基于这种结果，巴里克考察了在转型领导才能的测量中是否也能获得相同的预测效度。为了克服领导才能研究中测量存在的问题，亨特等人提出了三条建议，即从多重资料获取领导行为的信息，关注领导才能的核心方面以及进行多角度的研究（Hunter et al., 2007）。在此基础上，巴里克进一步考察了根据自我报告和下属报告所作出的人格和领导才能的综合测量对 CEO 绩效和整个公司绩效的预测效度，同时还检验了下属对 CEO 人格和领导才能的知觉是否随组织水平的不同而有差异，因为 CEO 与高层经理的接触不同于与一线员工的交往。而且，与 CEO 的熟悉度也将是检验不同评估者聚合评估价值的另一调节变量。相应地，仅仅通过解释多重信息资源及多重管理水平，我们就能对 CEO 的人格和领导才能作出一个准确的描述。如果人格和领导才能在预测整个组织成功的过程中扮演了重要角色的话，那么研究者使用不同资源验证这些测量结构的效度就显得尤为必要。

在巴里克（2012）的研究中，总共包括82家公司，所有公司均来自全美不同地方的金融领域，82 位 CEO 和 860 名员工对人格和转型领导才能进行了评定。这些员工平均分成三个不同的等级水平：3.5 为高层领导（他们直接负责向 CEO 汇报，在高层管理团队服务），3.5 为中层管理者，以及 3.5 为一般雇员，他们分别对 CEO 的大五人格特质和转型领导才能进行评定。每个评估者还要根据 9 种关键行为维度评定 CEO 的绩效。该研究的目的在于考察两个重要问题：其一，从 CEO 和员工中收集的人格特质与领导才能评定能够为这些个体差异提供一种更好的解释和测量吗？其二，来自多重资料的人格特质和领导才能评定比单独来自 CEO 自我报告的人格特质和员工报告的领导才能有更高的预测效度吗？研究结果揭示，人格特质和领导才能在解释组织绩效中起了非常突出的作用，这些结果可丰富人格与领导才能的理论。

### 3.3.3　如何判断 CEO 在说谎

员工如何判断他们的 CEO 在说谎？或许可以在公司年报或者季度报告的电话会议中找到答案。美国斯坦福大学的拉克尔和察柯柳金娜（Larcker & Zakoly-ukina, 2010）的最新研究发现：那些讲大话的领导倾向于爱发誓、泛泛而谈，

**251**

在回答问题时，几乎没有任何的犹豫不决。这两位研究者指出，人们应该仔细倾听 CEO 与 CFO（财务总监）主持召开的电话会议，记录下他们的措辞及说话方式，从中可能会找出他们说谎的蛛丝马迹。两人分析了 2003—2007 年近 3 万家企业的电话会议记录，将重点放在 CEO 和 CFO 的提问环节，尤其是自由提问环节。如果将这些记录与公司其后的业绩表现一一对比，就能够很清楚地判定，在面对净利润、重大信息失误等关键性信息时，哪些 CEO 在电话会议上使用了模棱两可的语言，从而掩饰财务报告中隐藏的某些令人不安的问题。

心理学研究表明，人们在撒谎时，说话方式会有所不同。两位研究者总结了 CEO 与 CFO 在说谎时的 6 个特征：①容易泛泛而谈，提及大家都知道的"常识"，经常出现"你知道"或"大家都同意的"之类的短语，企图将自己与谎言撇得干干净净。②经常使用极端的、积极的词汇，这是为了让事情听起来更具有说服力，他们不说"好"，而说"棒极了"或者"简直不可思议"。③较少提到股东和公司的价值，这可能是为了避免诉讼，因为只要他们不诚实，诉讼终将到来。④撒谎时，会避免使用"我"这个词，相反，他们会使用第三人称。他们较少使用像"嗯"、"哦"之类的"口头禅"，这会让人感觉他们比较犹豫。这也表明他们在撒谎前已经"演练过"。⑤在遭受质疑时，更容易被激怒，甚至破口大骂。例如，安然公司的前老板杰夫·斯基林（Jeff Skilling）在 2001 年 4 月的业绩发布会上，曾对一位投资人破口大骂"混蛋"，只是因为这位投资者质疑其对公司财务健康的乐观描述。⑥部分说谎的老板更容易"发誓"。

基于以上发现，研究者认为，虽然财务报告与对公司以往业绩的研究是分析师与投资者评估一家公司的重要措施，然而，这些分析师与投资者也应该开始注重从电话会议中寻找到更多的语言线索。

## 3.4　通过培训提高人格判断的准确性

人力资源管理学会（Society for Human Resource Management）的一项调查表明，财富 100 强公司中超过 40% 的公司使用人格测验来评估职业应聘者（Erickson，2004）。在职业招聘中，应聘者的人格特质一般是通过自陈报告进行测量的。但是，在具体的面试过程中，越来越多的研究者更加关注人格的评估问题，而与之密切相关的一个问题就是"谁是最好的判断者"。最近的一项研究发现，在面试中那些掌握更多人格知识的判断者能够作出更准确的人格判断（Christiansen et al.，2005）。研究表明，倾向性智力（即一个人拥有的关于人格与行为如何关联的知识）与一般心理能力相关（$r = 0.43$），是面试准确性的最好预测源（$r = 0.41$）。令人困惑的是，人们为何在人格—行为关系的知识方面会有不同？尽管研究者认为这是一种稳定的个体差异，但是用倾向性智力测试评估与人格相关的知识表明，倾向性智力可能是某种可以习得的东西。范德（1999）认为，判断者必须掌握一定的社会知识，用以准确地察觉和利用与人格相关的线索，这些社会知识是理解行为如何揭示人格特质的关键，它通过表露、实践和反馈获得。

1981 年，伯纳丁和巴克利（Bernardin & Buckley）介绍了称之为参照系（frame of reference，简称 FOR）的评定者训练策略，这种训练提供了对他人作出判断以及接受准确性反馈的机会。FOR 训练起初是增加绩效评估准确性的一种方法，其应用大多数也局限于该领域。典型的 FOR 训练是给参与者介绍一些工作绩效中比较重要的事件，然后参与者评定每一简介中表现的绩效，并给出每一评定的解释。接着，训练者告诉参与者每一简介中应该有的正确评定，根据专家评定的标准数据，解释每一评定的理由，并对参与者评定与"正确"评定不相符的地方进行讨论。研究表明，FOR 训练在统计上和实践中都显著地提高了评定的准确性（Sulsky & Day，1992）。鲍威尔和戈芬（Powell & Goffin，2009）认为，类似的做法也有可能用来提高面试者人格判断的准确性，其训练程序包括：

（1）评估准确性的真分数来源。由 10 位专家评定者组成一个对目标对象人格评定的团队，以作为评估准确性的真分数来源。其中 8 位专家评定者是工业/组织、人格和临床心理学专业的研究生，其研究特长是人格测量，另外 2 位专家是工业/组织心理学教授。为了能够让他们很自信地作出评定，所有的专家评定者都有机会多次观看视频录像。在专家评定者看完每一段面试的视频后，研究者还鼓励他们记笔记并要求他们使用 RPM 量表进行评定。通过计算得到，这些专家对 4 个目标人物的人格评定的信度系数平均为 0.96，表明评定者有较高的一致性。除了他们的数字评定，研究者还要求专家描述他们在评定中如何使用行为线索，这一信息在接下来将用于形成训练材料。除专家的真分数外，视频中目标表现的特定行为以及目标对象的自我评定也作为真分数的来源。

（2）评估程序。164 名大学生扮演面试者的角色，要求他们评定 4 段视频中目标人物的人格特质，以小组形式进行，时间大约为 2 小时。主试告诉被试他们将要观看学生的视频，以锻炼他们的面试技巧，同时他们将要评定在银行经理实习生工作中比较重要的人格特质，第一个面试是一段练习的视频。

（3）训练过程。训练阶段总共有四个步骤，每个步骤大约持续 10 分钟。第一，采用行为类型方面的例子对人格特质作一个简短的解释，这些行为类型可能出现在三种指定的人格特质（果断性——外倾性因子、脆弱性——神经质因子、自律性——责任心因子）中。第二，被试完成一项写作练习，用以帮助训练正确使用人格的相关线索。第三，被试分享他们对练习目标的数字评定，并解释他们在判断时如何使用线索。实验者通过告诉被试训练目标的"真分数"（基于专家评定者的评定）对每个人作出反馈，并解释专家评定者是如何使用这些线索的。训练结束后，被试完成倾向性智力测验。第四，被试观看三段测试视频，在六种小的特质和三种大的特质上对目标进行评定。对于第一个（练习）目标的评定，被试评定的仅仅是三种与工作有关的特质，对于最后一段视频，另外加进了三种特质。

鲍威尔和戈芬（2009）的研究表明，人格准确性的训练方案有助于6种人格特质中的4种特质有更准确的评定。有趣的是，训练并没有提高倾向性智力的分数，这表明提高准确性的机制可能不只是增加关于人格的知识。根据人格评定训练的内容，这一内容集中于人格相关线索，很可能是这样一种情况，即在评估目标对象的人格时，受训被试更好地使用了可利用的线索。研究表明，受训被试比控制组被试在果断性和自律性评定而不是在压力的易感性评定中更准确。受训被试尤其在评定开朗（外倾性因子）和秩序性（责任心因子）时更加准确，但在评定自我意识（神经质因子）时并不比控制组更准确。如此看来，除神经质因子外，训练效应似乎可以概化到那些没有特别训练的人格特质中。这一结果表明，训练方案中尽管仅局限于三种特质，但是在一般的人格判断中可能具有广泛的应用性。鲍威尔和戈芬发展的训练方案特别强调应聘者反应的内容。人格线索中其他的分类对于面试者也有潜在的利用价值，包括受访者的音质、身体特征、外表、言行举止、衣着打扮以及其他的非言语信息（Motowidlo & Burnett，1995）。这些线索类型在职业招聘中为人格判断提供了重要信息。

## 4  在社会实践中提高人格判断的准确性

### 4.1  一个提高判断准确性的途径：课堂教学

我们每时每刻都在对他人的人格进行判断，这种判断往往是自动化的，它不仅表现在日常生活的交谈和交流中，而且也对生活决策和生活事件起了重要作用，诸如一个人选择什么样的朋友、亲密伴侣以及职员的选拔等。人们对他人的即时判断还会影响到判断目标自身的行为及其对自己的看法（Funder，2006）。即时的或零相识情境的人格判断研究一般的做法是计算出人格的自我评定与一个或多个他人对目标人格评定的相关，应用这一方法，研究者通常关注下面几个问题：即时判断的准确性（将相关视为准确性的指标），人们在作出这些判断时所依靠的线索类型（如目标人物的身体吸引力，讲话是否啰唆），以及调节自我—他人一致性的各种因素（Connelly & Ones，2010）。研究揭示了几个较为一致的结论：①在大五人格特质中自我—他人一致性水平存在明显的可变性，亦即有的特质比其他特质更为一致；②这种一致性在外倾性特质中相对更明显；③一致性的强度随关系熟悉度的增加而加强（Funder，2006）。

卡普兰（Kaplan）等人使用华生（Watson，1989）研究中陌生人人格评定准确性的练习方法，通过课堂活动证实了人格判断中的一致性（Kaplan，Stachowski，& Bradley - Geist，2012）。这种练习可以作为引导和刺激讨论以下主题的一种实践方法：①处理这些判断的潜在信息；②日常生活中这类判断的重要性；③准确性判断研究中的方法论和统计分析。尽管已有的研究讨论过人际判断练习，但是这些练习一般要求学生评估"纸质人物"、照片或虚构角色的人格（Herringer，2000）。而在卡普兰等人的课堂活动中，学生被要求评定他们自己的人格，然后再根据真实的面对面交往对同学的人格进行评定。该研究总共包括 7 个样本，其中 5 个完成自我评定和对同学的评定，其他 2 个作为控制组。5 个实验组中有 4 个是人格心理学课程组，1 个是心理统计学课程组，另外 2 个控制组一个是心理统计学课程，另一个是人力资源管理课程（HRM）。

在卡普兰等人（2012）的研究中，老师在学期开始的第一节课就通知学生，告诉他们将参加体验该课程的一项活动。老师解释说该活动的第一部分是必须完成一项标准的人格测试，而且向学生保证这一活动仅仅是为了一个证实目的，他们的反应绝对保密。在完成自陈报告的人格问卷后，要求学生计算 1 ~ 5 个项目的得分，然后将分数写在 N（神经质）的后面，接着再计算 6 ~ 10 个项目的得分，并将分数写在 E（外倾性）的后面，以此类推。接下来，老师规定，"在我们继续练习之前，我想给你们一个相互认识的机会"。老师要求每个同学找一个他们从没见过的同学坐在一起，然后相互告知他们为何讨论这门课程，以及一起为这门课程的教学大纲思考一个问题。5 分钟后，老师终止了同学们的交谈。这时，老师透露了这一活动的真正目的是要考察人格评定中的自我—他人一致性，学生们现在需要评定刚刚与之交谈的那位同学的人格。为了在没有使用名字的情况下使两个问卷匹配，老师要求学生大声报数，并在已经完成的问卷（即他们的自我评定）上记录自己（自我）的数字。老师将完成的自我问卷收回并要求完成"他人"问卷，学生在第二次问卷中记录他们的"自我"数字及其同伴（他人）的数字。接着要求学生在每个项目中评定其同伴的人格，在完成过程中老师要求学生遮住其问卷，且告诉学生"课后不要讨论各自的评定"。再次要求学生计算每种人格特质的分数。在接下来的练习中，老师应用这种练习组织一场关于人格特质的讨论，并且介绍了大五特质，随后将量表分数录入到统计程序并计算自我—他人一致性。

除了课上的时间更短（老师仅仅为学生提供 2 分钟的交谈）外，心理统计学课上的程序与描述人格课的程序相同。因此，老师在活动中也没有讨论人格（判断），只是在该学期随后介绍相关的概念时用到了它而已。在课程结束前，老师在两堂课上使用外倾性数据演示了如何计算相关系数。在第二天，两堂课的学生都用无关的数据计算了一个相关系数。HRM 课程的学生没有完成这一活动，然而，作为该课程非常有意义的一部分内容，当涉及工作中与人格有关的内容时，老师讨论了人格判断的主题，那些学习了自我—他人一致性的学生在零相识情境中倾向于在外倾性中得分最高。

卡普兰等人（2012）的结果表明，在 5 个不同的样本中，外倾性的自我—他人一致性最强，而其他四种特质各不相同；与控制组在相关测试项目提供的初步证据相比，练习促进了相关材料的学习。这一练习可应用于心理学导论或人格心理学课程的教学，以促进包括人际判断、准确性、方法论及统计问题等各种主题的讨论。首先，这一活动可用于讨论各种与人际判断有关的问题。在讨论人格的人际判断时，人格课程的老师在这一学期随后的课堂中可分享这节课的结果，可以运用这些结果进行关于这些判断构成的讨论：日常决策的重要性，为何或何时会有更高或更低的一致性，以及他人即时判断的后果等。他还可以解释这种自我评定与他人评定相关的实践是人格判断准确性研究中的常用做法，并要求学生思考这种做法的不足。其次，这一练习对于向学生介绍实验研究过程非常有用，该练习提供了一个用于讨论方法论和统计问题的真实背景。此外，在实践中，老师们还可以选择不同的特质、每种特质的多重测量以及变换讨论的主题，这取决于特定的学习目标以及具体的研究目的。

## 4.2　在实践中提高判断的准确性

不管你是做什么的，你都得承认这样一个事实：准确地了解和判断一个人非常重要。如果你对自己有一个准确的了解，那么你就能根据自己的想法和能力建立一个恰当的目标，并为此目标而不断努力，你将因此收获更多的成功和幸福。如果你能准确地判断他人并知道他人对你的看法，那么你将在为人处世方面游刃有余，在学习和工作中如鱼得水，你既能赢得别人的尊重，又能提高自己的自尊和自信。但是，准确地了解和判断一个人并不是一件容易的事情，自人类文明开始，我们的祖先及先哲就在实践和探讨人格判断及其准确性问题，当代心理学也把它作为一个极其重要的奋斗目标。

在生活中，有些人的确更善于了解自己，有些人则更擅长判断他人，无论了解自己还是判断他人，都是一种非常重要的能力，它大致相当于美国心理学家爱德华·桑代克（1874—1949）早期提到的社会智力（如今称之为情绪智力）这一类的能力。但是，无论一个人在这方面有多高的能力，我们都宁愿相信准确了解和判断人的能力不是与生俱来的，而主要是后天学习的结果。如果说一般智力大部分与遗传素质有关的话，那么这种类似于社会智力的对人判断的能力则是环境和教育的结果。一些人比另一些人更善于了解自己和判断他人，不仅说明他们在人际知觉中是非常用心的人，而且也跟他们长期的学习和积累有密切关系。人们普遍认为，在了解和判断人的能力方面，心理学家似乎比一般人做得更好。其实也未必如此。我们一再强调，心理学不是算命术，心理学家不相信读心术。如果说有些心理学家的确更擅长人格判断的话，那也只能说明他们在了解人的内心世界方面比常人更深刻，在掌握社会知觉及人格心理知识方面比常人更丰富、更渊博，正如我们在书中看到的该领域的许多专家那样。

在了解和判断人的问题上，我们觉得没有什么诀窍可言，谁都有可能成为行家和专家。如果说有的话，那就是在生活实践中不断地学习、总结和反思。就像任何其他事情一样，只要你全身心投入，就一定能有收获。如果你真的很想了解自己，你总能找到了解的方法和途径；如果你真的有准确判断他人的想法，你肯定能够找到帮助你准确判断的线索和信息。本书从多维的角度分析了人格判断及其准确性问题，我们希望它能给你带来某些启发。最后，在提高人格判断准确性的问题上，我们提出几点建议供你参考：

（1）在实践中锻炼和提高人际知觉的能力。一个人只有投身于人际交往中才有可能提高人际知觉的敏感性，既然这种能力主要是后天学习的结果，那它肯定与生活实践分不开。试想，一个交往被动的人，一个远离人群的人，怎么可能去准确了解和判断他人呢？

（2）具有随时准备判断周围人的意图。想法决定行动，意图决定结果。在人际交往的过程中，除了需要有敏锐的知觉和直觉，还需要有强烈的动机和意图。无论是跟陌生人还是跟熟人打交道，端正思想和态度是最重要的，要准确了解一个人，不能一知半解。

（3）关注那些一致的行为、态度、情感以及思想线索，不受个别独特信息的影响。人格具有稳定性和一致性，往往通过思想、态度、情感和行为来体现。一贯和一致的表现与人格相对应，因此，偶然的、独特的表现一般不能作为人格判断的依据。有时候，个别独特的信息可能会左右我们的判断，此时必须要将信息—人格—情境统合起来考虑。

（4）将分散信息进行整合并形成一个完整的看法。人格内部具有一致性和不矛盾性，一个人不可能既是内向的又是外向的，除非人格本身出了问题。而在分析人格判断依据的信息来源时，同样要看这些信息是否具有一致性和不矛盾性。一个人的卧室收拾得干净整洁，他或她的办公室必定也是干净整洁的，他或她的个人网站也必定是井然有序的。

（5）不要忽视那些看似与目标无关的线索。一个人的人格总是会通过这样或那样的行为线索表现出来，我们正是依据这些线索对人作出判断。不过，人们在决定表现什么或不表现什么时，不仅受意识支配，而且受社会赞许性制约。我们的大多数行为表现都受自己或社会的控制和限制，这有可能让我们变得不够真实。相反，那些我们不太在意的、看似无关紧要的行为线索，有可能更能投射出真实的人格。例如，垃圾桶里一封写了又撕、撕了又写的信件，能够反映信的主人的真实情感和心态。

（6）增加投入度，寻找指导者，提高专业素养。既然人格判断跟后天学习有关，那么你是否用心投入其中就是关键因素。正如一个人的学习和工作一样，我们相信勤能补拙。在学习的过程中，我们的态度要认真，虚心向我们身边的每个人学习，尤其是向那些善于"读心"的人学习。人格判断也是一项技术活，有专业的指导和培训才能上一个新台阶。要多向心理学家学习，向阅历丰富的人学习，向人际关系的专家学习。

（7）丰富阅历，掌握心理学的相关知识。相信很多人在某些方面某些情境下都是人格判断的高手，从某种意义上讲，每个人都是人格判断专家，因为人格判断能力与生活的积累分不开。在人际交往中，我们要多总结经验和得失，不断扩大我们的交际圈。此外，心理学尤其是人格与社会心理学的知识有助于提高我们判断的准确性。

（8）关注影响准确性的每一个因素和阶段。正如范德指出的那样，一个完整的人格判断要经历相关性、可用性、察觉性和利用性四个阶段，四者缺一不可。要做到准确判断一个人，光靠敏锐发现和正确利用各种信息和线索是不够的，判断者还应该考虑特质是否与行为相关、信息是否可用。总之，除了提高判断者自身的素质外，还要综合考虑判断目标、人格特质以及判断依据的信息是否良好。

# 参考文献

［1］陈少华（2005）．人格与认知．北京：社会科学文献出版社，127～130.

［2］陈少华（2008）．人格分化的智力假设．心理学探新，28（1），77～81.

［3］陈少华（2010）．人格心理学．广州：暨南大学出版社，1～25.

［4］陈少华（2012）．测量工具判断人格未必准确．中国社会科学报，24/10.

［5］陈少华，赖庭红，吴颖（2012）．关系质量对人格判断的影响及其对教育的启示．宁波大学学报（教育科学版），34（2），55～59.

［6］陈少华，吴颖，赖庭红（2013）．人格判断的准确性：特质特性的作用．心理科学进展，21（8），1441～1449.

［7］陈少华，郑雪（2000）．西方关于人格一致性研究的进展与启示．社会心理研究，（4），52～56.

［8］高菁阳（2011）．如何判断 CEO 在说谎．管理学家（实践版），3，8.

［9］贺雯（2009）．群体元知觉的形成及其对群体间关系的影响．心理科学，32（2），346～348.

［10］黄希庭，张蜀林（1992）.562个人格特质形容词的好恶度、意义度和熟悉度的测定．心理科学，14（5），17～22.

［11］赖庭红（2013）．关系质量对大学生人格判断准确性的影响．广州大学硕士学位论文．

［12］李庆善（1993）．中国人社会心理研究论集．香港：香港时代文化出版公司．

［13］谭慧（2012）．影响人格判断准确性的个体差异研究．广州大学硕士学位论文．

［14］王垒（2002）．实用人事测量（简明版）．北京：经济科学出版社，210～213.

［15］吴颖（2012）．特质特性对人格判断准确性的影响．广州大学硕士学位论文．

［16］吴蔚（2003）．互联网网上聊天中的人际知觉的研究．华东师范大学硕士学位论文．

［17］张宏宇，许燕，柳恒超（2007）．社会关系模型（SRM）——个体差异研究的新策略．心理科学进展，15（6），968～973.

［18］［法］利昂内尔·达高（2009）.100 个心理小实验：帮你在工作中游刃有余．谈珩译．上海：上海社会科学院出版社，30～32.

［19］［法］塞尔日·西科迪（2009）.150 个心理小实验：帮你了解自己，洞悉他人．洪昊玥译．上海：上海社会科学院出版社，120～146.

［20］［英］亚伦·皮斯，芭芭拉·皮斯（2007）．身体语言密码．王甜甜，黄佼译．北京：中国城市出版社，28～47.

［21］Aronson，E.，Wilson，T. D.，& Akert，R. M.（2012）．社会心理学（第7版）．侯玉波等译．北京：世界图书出版公司，100～133.

［22］Cascio，W. F.，& Aguinis，H.（2006）．人力资源管理中的应用心理学．吕厚超等译．北京：

北京大学出版社，82～107.

［23］Dunbar, R., Barrett, L., & Lycett, J. (2011). 进化心理学——从猿到人的心灵演化之路. 万美婷译. 北京：中国轻工业出版社，69～85.

［24］Funder, D. (2009). 人格谜题（第4版）. 许燕等译. 北京：世界图书出版公司，127～143，132～142，491～495.

［25］Gosling, S. (2009). 窥探术. 李玮译. 北京：中国人民大学出版社，42～58.

［26］Larsen, R. J., & Buss, D. M. (2001). 人格心理学：人性的科学探索（第2版）. 郭永玉等译. 北京：人民邮电出版社，56～85.

［27］Martin Lloyd – Elliott. (2006). 两性身体语言. 苏惠玲译. 北京：中国友谊出版公司，54～55.

［28］Myers, D. (2012). 我们都是自己的陌生人. 沈德灿译. 北京：人民邮电出版社，100～132.

［29］Pervin, L. A. (2001). 人格科学. 周榕等译. 上海：华东师范大学出版社，466～480.

［30］Taylor, S. E., Peplau, L. A., & Sears, D. O. (2010). 社会心理学（第12版）. 崔丽娟等译. 上海：上海人民出版社，32～60.

［31］Abbey, A., Cozzarelli, C., McLaughlin, K., & Harnish, R. J. (1987). The effects of clothing and dyad sex composition on perceptions of sexual intent: Do women and men evaluate these cues differently. *Journal of applied social psychology*, 17, 108 – 126.

［32］Ackerman, P. L., & Heggestad, E. D. (1997). Intelligence, personality, and interests: Evidence for overlapping traits. *Psychological bulletin*, 121, 219 – 245.

［33］Adams, H. F. (1927). The good judge of personality. *Journal of abnormal and social psychology*, 22, 172 – 181.

［34］Agle, B. R., Nagarajan, N. J., Sonnenfeld, J. A., & Srinivasan, D. (2006). Does CEO charisma matter? An empirical analysis of the relationships among organizational performance, environmental uncertainty, and top management team perceptions of CEO charisma. *Academy of management journal*, 49, 161 – 174.

［35］Albright, L., Forest, C., & Reiseter, K. (2001). Acting, behaving, and the selfless basis of meta-perception. *Journal of personality and social psychology*, 81, 910 – 921.

［36］Albright, L., Kenny, D. A., & Malloy, T. E. (1988). Consensus in personality judgments at zero acquaintance. *Journal of personality and social psychology*, 55, 387 – 395.

［37］Albright, L., & Malloy, T. E. (1999). Self-observation of social behavior in meta-perception. *Journal of personality and social psychology*, 77, 726 – 734.

［38］Allik, J., Realo, A., Mõttus, R., Borkenau, P., Kuppens, P., & Hrebícková, M. (2010a). How people see others is different from how people see themselves: A replicable pattern across cultures. *Journal of personality and social psychology*, 99, 870 – 882.

［39］Allik, J., Realo, A., Mottus, R., Esko, T., Pullat, J., & Metspalu, A. (2010b). Variance determines self-observer agreement on the Big Five personality traits. *Journal of research in personality*, 44, 421 – 426.

［40］Allik, J., Realo, A., Mottus, R., & Kuppens, P. (2010c). Generalizability of self-other agreement from one personality trait to another. *Personality and individual differences*, 48, 128 – 132.

［41］ Allport, G. W. （1925）. *Social psychology.* Cambridge, MA：Riverside.

［42］ Allport, G. W. （1937）. The ability to judge people. In G. W. Allport, *Personality：A psychological interpretation* （pp. 499 – 522）. New York：Holt.

［43］ Allport, G. W. （1961）. *Patterns and growth in personality.* New York：Holt, Reinhart & Winston.

［44］ Allport, G. W. , & Odbert, H. S. （1936）. Trait names：A psycho-lexical study. *Psychological monographs,* 47.

［45］ Ambady, N. , Hallahan, M. , & Rosenthal, R. （1995）. On judging and being judged accurately in zero-acquaintance situations. *Journal of personality and social psychology,* 69, 518 – 529.

［46］ Ambady, N. , & Rosenthal, R. （1992）. Thin slices of expressive behavior as predictors of interpersonal consequences：A meta-analysis. *Psychological bulletin,* 111, 165 – 181.

［47］ Ames, D. R. （2004）. Strategies for social inference：A similarity contingency model of projection and stereotyping in attribute prevalence estimates. *Journal of personality and docial psychology,* 87, 573 – 585.

［48］ Andersen, S. M. （1984）. Self-knowledge and social inference：II. The diagnosticity of cognitive/affective and behavioral data. *Journal of personality and social psychology,* 46, 294 – 307.

［49］ Andersen, S. M. , Glassman, N. S. , & Gold, D. A. （1998）. Mental representations of the self, significant others, and nonsignificant others：Structure and processing of private and public aspects. *Journal of personality and social psychology,* 75, 845 – 861.

［50］ Andreoletti, C. , Zebrowitz, L. , & Lachman, M. E. （2001）. Physical appearance and control beliefs in young, middle-aged, and older adults. *Personality and social psychological Bulletin,* 27, 969 – 981.

［51］ Aron, A. , Aron, E. N. , Tudor, M. , & Nelson, G. （1991）. Close relationships as including the other in the self. *Journal of personality and social psychology,* 60, 241 – 253.

［52］ Aron, A. , Melinat, E. , Aron, E. N. , Vallone, R. , & Bator, R. （1997）. The experimental generation of interpersonal closeness：A procedure and some preliminary findings. *Personality and social psychology bulletin,* 23, 363 – 377.

［53］ Asch, S. E. （1946）. Forming impressions of personality. *Journal of abnormal and social psychology,* 41, 258 – 290.

［54］ Austin, E. J. , Deary, I. J. , & Gibson, G. J. （1997）. Relationships between ability and personality：Three hypotheses tested. *Intelligence,* 25, 49 – 70.

［55］ Austin, E. J. , Hofer, C. M. , Deary, I. J. , & Eber, H. W. （2000）. Interactions between intelligence and personality：Results from two large samples. *Personality and individual differences,* 29, 405 – 427

［56］ Back, M. D. , Egloff, B. , & Schmukle, S. C. （2010a）. Why are narcissists so charming at first sight? Decoding the narcissism-popularity link at zero acquaintance. *Journal of personality and social psychology,* 98, 132 – 145.

［57］ Back, M. D. , Schmukle, S. C. , & Egloff, B. （2009）. Predicting actual behavior from the explicit and implicit self-concept of personality. *Journal of personality and social psychology*, 97, 533 – 548.

[58] Back, M. D., Stopfer, J. M., Vazire, S., Gaddis, S., Schmukle, S. C., Egloff, B., & Gosling, S. D. (2010b). Facebook profiles reflect actual personality, not self-idealization. *Psychological science*, 21, 372 – 374.

[59] Bakan, D. (1966). *The duality of human existence*. Chicago: Rand McNally.

[60] Barling, J., Christie, A., & Hoption, C. (2010). Leadership. In S. Zedeck (Ed.), *APA handbook of industrial and organizational psychology: Volume 1, building and developing the organization* (pp. 183 – 240). Washington, D. C.: American Psychological Association.

[61] Barrick, M. R., & Mount, M. K. (1991). The Big Five personality dimensions and job performance: A meta-analysis. *Personnel psychology*, 44, 1 – 26.

[62] Barrick, M. R., Patton, G. K., & Haugland, S. N. (2000). Accuracy of interviewer judgments of job applicant personality traits. *Personnel psychology*, 53, 925 – 951.

[63] Beer, A., & Brooks, C. (2011). Information quality in personality judgment: The value of personal disclosure. *Journal of research in personality*, 45, 175 – 185.

[64] Beer, J. S., & Hughes, B. L. (2010). Neural systems of social comparison and the "Above-Average" effect. *NeuroImage*, 49, 2671 – 2679.

[65] Beer, A., & Watson, D. (2008). Asymmetry in judgments of personality: Others are less differentiated than the self. *Journal of Personality*, 76, 535 – 560.

[66] Beer, A., & Watson, D. (2010). The effects of information and exposure on self-other agreement. *Journal research in personality*, 44, 38 – 45.

[67] Balcetis, E., & Dunning, D. (2008). A mile in moccasins: How situational experience diminishes dispositionism in social inference. *Personality and social psychology bulletin*, 38, 102 – 114.

[68] Bem, D. J. (1967). Self-perception: An alternative interpretation of cognitive dissonance phenomena. *Psychological review*, 74, 183 – 200.

[69] Bernardin, H. J., & Buckley, M. R. (1981). Strategies in rater training. *The academy of management review*, 6, 205 – 212.

[70] Bernstein, D. M., & Roberts, B. (1995). Assessing dreams through self-report questionnaires: Relations with past research and personality. *Dreaming*, 5, 13 – 27.

[71] Berry, D. S., & Finch-Wero, J. L. (1993). Accuracy in face perception: A view from ecological psychology. *Journal of personality*, 61, 497 – 521.

[72] Berry, D. S., & Pennebaker, J. W. (1993). Nonverbal and verbal emotional expression and health. *Psychotherapy and psychosomatics*, 59, 11 – 19.

[73] Biesanz, J. C. (2010). The social accuracy model of interpersonal perception: Assessing individual differences in perceptive and expressive accuracy. *Multivariate behavioral research*, 45, 853 – 885.

[74] Biesanz, J. C., & Human, L. J. (2010). The cost of forming more accurate impressions: Accuracy-motivated perceivers see the personality of others more distinctively but less normatively than perceivers without an explicit goal. *Psychological science*, 21, 589 – 594.

［75］ Biesanz, J. C. , Human, L. J. , Paquin, A. C. , Chan, M. , Parisotto, K. L. , Sarracino, J. , & Gillis, R. L. (2011) . Do we know when our impressions of others are valid? Evidence for realistic accuracy awareness in first impressions of personality. *Social psychological and personality science*. Advance online publication.

［76］ Biesanz, J. C. , West, S. G. , & Millevoi, A. (2007) . What do you learn about someone over time? The relationship between length of acquaintance and consensus and self-other agreement in judgments of personality. *Journal of personality and social psychology*, 92, 119 – 135.

［77］ Blackman, M. C. (2002a) . Personality judgment and the utility of the unstructured employment interview. *Basic and applied social psychology*, 24, 241 – 250.

［78］ Blackman, M. C. (2002b) . The employment interview via the telephone: Are we sacrificing accurate personality judgments for cost efficiency? *Journal of research in personality*, 36, 208 – 223.

［79］ Blackman, M. C. (2006) . Using what we know about personality to hire the ideal colleague. *The industrial-organizational psychologist*, 43, 27 – 31.

［80］ Blackman, M. C. , & Funder, D. C. (1998) . The effect of information on consensus and accuracy in personality judgment. *Journal of experimental social psychology*, 34, 164 – 181.

［81］ Blackman, M. C. , & Funder, D. C. (2002) . Effective interview practices for evaluating counterproductive traits. *International journal of selection and assessment*, 10, 109 – 116.

［82］ Block, J. (1989) . Critique of the act frequency approach to personality. *Journal of personality and social psychology*, 56, 234 – 245.

［83］ Bobick, A. , & Wilson, A. (1997) . State-based recognition of gesture. In M. Shah and R. Jain (eds. ), *Motion-based recognition*, pp. 201 – 226.

［84］ Bodenhausen, G. V. (1988) . Stereotypic biases in social decision making and memory: Testing process models of stereotype use. *Journal of personality and social psychology*, 55, 726 – 737.

［85］ Borkenau, P. , Brecke, S. , Motting, C. , & Paelecke, M. (2009) . Extraversion is accurately perceived after a 50-ms exposure to a face. *Journal of research in personality*, 43, 703 – 706.

［86］ Borkenau, P. , & Liebler, A. (1992) . Trait inferences: Sources of validity at zero- acquaintance. *Journal of personality and social psychology*, 62, 645 – 657.

［87］ Borkenau, P. , & Liebler, A. (1993) . Convergence of stranger ratings of personality and intelligence with self-ratings, partner ratings, and measured intelligence. *Journal of personality and social psychology*, 65, 546 – 553.

［88］ Borkenau, P. , & Liebler, A. (1995) . Observable attributes as manifestations and cues of personality and intelligence. *Journal of personality*, 63, 1 – 25.

［89］ Borkenau, P. , Mauer, N. , Riemann, R. , Spinath, F. M, . , & Angleitner, A. (2004). Thin slices of behavior as cues of personality and intelligence. *Journal of personality and social psychology*, 86, 599 – 614.

［90］ Brand, C. , Egan, V. , & Deary, I. (1994) . Intelligence, personality and society: Constructivist versus essentialist possibilities. In Detterman D K (Ed), *Current topics in human intelligence* (pp. 29 – 42) . Norwood, NJ: Ablex.

[91] Branje, S. J. T., van Aken, M. A. G., van Lieshout, C. F. M., Mathijssen, J. (2003). Personality judgments in adolescents' families: The perceive, the target, their relationship, and the family. *Journal of personality*, 71, 49 – 81.

[92] Bruner, J. S., & Tagiuri, R. (1954). Person perception. In G. Lindsey (Ed.), *Handbook of social psychology* (Vol. 2, pp. 634 – 654). Reading, MA: Addison-Wesley.

[93] Brunswik, E. (1956). *Perception and the representative design of psychological experiments*. Berkeley: University of California Press.

[94] Buehler, R., Griffin, D., & Ross, M. (1994). Exploring the "Planning Fallacy": Why people underestimate their task completion times. *Journal of personality and social psychology*, 67, 366 – 381.

[95] Burroughs, J. W., Drews, D. R., & Hallman, W. K. (1991). Predicting personality from personal possessions: A self-presentational analysis. *Journal of docial behavior and personality*, 6, 147 – 163.

[96] Buss, D. M. (1987). Selection, evocation, and manipulation. *Journal of personality and social psychology*, 53, 1214 – 1221.

[97] Buss, D. M., & Craik, K. H. (1983). The act frequency approach to personality. *Psychological review*, 90, 105 – 126.

[98] Buunk, A. P., & Gibbons, F. X. (2007). Social comparison: The end of a theory and the emergence of a field. *Organizational behavior and human secision process*, 102, 3 – 21.

[99] Campion, M., Palmer, D., & Campion, J. (1997). A review of structure in the selection interview. *Personnel psychology*, 50, 655 – 702.

[100] Caspi, A. (1998). Personality development across the life course. In W. Damon (Series Ed.) & N. Eisenberg (Vol. Ed.), *Handbook of child psychology: Social, emotional, and personality development* (5th ed. pp. 311 – 388). New York: Wiley.

[101] Carlson, E. N., & Furr, R. M. (2009). Evidence of differential meta-accuracy: People understand the different impressions they make. *Psychological science*, 20, 1033 – 1039.

[102] Carlson, E. N., Furr, R. M., & Vazire, S. (2010). Do we know the first impressions we make? Evidence for idiographic meta-accuracy and calibration of first impressions. *Social psychological and personality science*, 1, 94 – 98.

[103] Carlson, E. N., Vazire, S., & Furr, R. M. (2011). Meta-Insight: Do people really know how others see them? *Journal of personality and social psychology*, 101, 831 – 846.

[104] Carroll, D. W. (1999). *Psychology of language* (3rd ed.). New York: Brooks/Cole.

[105] Chambers, J. R., Epley, N., Savitsky, K., & Windschitl, P. D. (2008). Knowing too much: Using private knowledge to predict how one is viewed by others. *Psychological science*, 19, 542 – 548.

[106] Chan, W., & Mendelsohn, G. A. (2010). Disentangling stereotype and person effects: Do social stereotypes bias observer judgment of personality? *Journal of research in personality*, 44, 251 – 257.

[107] Chan, M., Rogers, K. H., Parisotto, K. L., & Biesanz, J. (2011). Forming first impres-

sions: The role of gender and normative accuracy in personality perception. *Journal of research in personality*, 45, 117 – 120.

[108] Chaplin, W. F. , Phillips, J. B. , Brown, J. D. , Clanton, N. R. , & Stein, J. L. (2000). Handshaking, gender, personality, and first impressions. *Journal of personality and social psychology*, 79, 110 – 117.

[109] Christiansen, N. D. , Wolcott-Burnam, S. , Janovics, J. E. , Burns, G. N. , & Quirk, S. W. (2005) . The good judge revisited: Individual differences in the accuracy of personality judgments. *Human performance*, 18, 123 – 149.

[110] Clark, J. M. , & Paivio, A. (1989) . Observational and theoretical terms in psychology: A cognitive perspective on scientific language. *American psychologist*, 44, 500 – 512.

[111] Cohn, M. A. , Mehl, M. R. , & Pennebaker, J. W. (2004) . Linguistic markers of psychological change surrounding September 11, 2001. *Psychological science*, 15, 687 – 693.

[112] Colman, A. M. (2001) . *A dictionary of psychology*. New York: Oxford University Press.

[113] Colvin, C. R. (1993) . Judgable people: Personality, behavior, and competing explanations. *Journal of personality and social psychology*, 64, 861 – 873.

[114] Colvin, C. R. , & Bundick, M. J. (2001) . In search of the good judge of personality: Some methodological and theoretical concerns. In J. A. Hall & F. J. Bernieri (Eds. ), *Interpersonal sensitivity: Theory and measurement*. Associates, New Jersey: Lawrence Erlbaum.

[115] Colvin, C. R. , & Funder, D. C. (1991) . Predicting personality and behavior: A boundary on the acquaintanceship effect. *Journal of personality and social psychology*, 60, 884 – 894.

[116] Connelly B. S. , & Ones, D. S. (2010) . Another perspective on personality: Meta-analytic integration of observers' accuracy and predictive validity. *Psychological bulletin*, 136, 1092 – 1122.

[117] Connolly, J. J. , Kavanagh, E. J. , & Viswesvaran, C. (2007) . The convergent validity between self and observer ratings of personality: A meta-analytic review. *International journal of selection and assessment*, 15, 110 – 117.

[118] Cooley, C. H. (1902) . *Human nature and the social order*. New York: Scribner's.

[119] Corcoran, K. J. (1996) . The influence of gender, expectancy, and partner beverage selection on metaperceptions in a "blind" dating situation. *Addictive behaviors*, 21, 273 – 282.

[120] Corcoran, K. J. (1997) . The influence of personality, cognition, and behavior on perceptions and metaperceptions following alcoholic beverage selection in a dating situation. *Addictive behaviors*, 22, 577 – 587.

[121] Corcoran, K. J. (1998) . What will you think of me if I drink with you? Situational influences on metaperceptions. *Journal of child and adolescent substance abuse*, 7, 256 – 258.

[122] Costa Jr. P. T. , & McCrae R. R. (1992) . *Revised NEO personality inventory (NEO-PI-R) and NEO five-factor inventory (NEO-FFI) professional manual*. Odessa, FL: Psychological Assessment Resources.

[123] Costanzo, M. , & Archer, D. (1989) . Interpreting the expressive behavior of others: The interpersonal perception task. *Journal of nonverbal behavior*, 13, 225 – 245.

[124] Critcher, C. R. , Dunning, D, & Armor, D. A. (2010) . When self-affirmations reduce

defensiveness: Timing is key. *Personality and social psychology bulletin*, 36, 947 – 959.

[125] Cronbach, L. J. (1955). Processes affecting scores on "understanding of others" and "assumed similarity". *Psychological bulletin*, 52, 177 – 193.

[126] Cronbach, L. J., & Meehl, P. E. (1955). Construct validity in psychological tests. *Psychological bulletin*, 52, 281 – 302.

[127] Darley, J. M., & Gross, P. H. (1983). A hypothesis-confirming bias in labeling effects. *Journal of personality and social psychology*, 44, 20 – 33.

[128] Derlega V. J., Winstead B. A., Jones W. H. (1999). *Personality: Contemporary theory and research*. USA: Wadsworth Group.

[129] DeYoung, C. G. (2006). Higher order factors of the big five in a multi-informant sample. *Journal of personality and social psychology*, 91, 1138 – 1151.

[130] Digman, J. M. (1990). Personality structure: Emergence of the five-factor model. *Annual review of psychology*, 41, 417 – 440.

[131] Dunning, D. (1999). A newer look: Motivated social cognition and the schematic representation of social concepts. *Psychological inquiry*, 10, 1 – 11.

[132] Dunning, D. (2005). *Self-insight: Roadblocks and detours on the path to knowing thyself*. New York, Psychology Press.

[133] Dunning, D., & Hayes, A. F. (1996). Evidence for egocentrism in social judgment. *Journal of personality and social psychology*, 71, 213 – 229.

[134] Dunning, D., Meteriwitz, J. A., & Holzberg, A. D. (1989). Ambiguity and self-evaluation: The role of idiosyncratic trait definitions in self-serving assessments of ability. *Journal of personality and social psychology*, 57, 1082 – 1090.

[135] Dunning, D., Perie, M., & Story, A. L. (1991). Self-serving prototypes of social categories. *Journal of personality and social psychology*, 61, 957 – 968.

[136] Ekman, P. (1992). *Telling lies: Clues to deceit in the marketplace, marriage, and politics*. New York: WW Norton.

[137] Elfenbein, H. A., Eisenkraft, N., & Ding, W. W. (2009). Do we know who values us? Dyadic meta-accuracy in the perception of professional relationships. *Psychological science*, 20, 1081 – 1083.

[138] Emmons, R. A. (1984). Factor analysis and construct validity of the Narcissistic Personality Inventory. *Journal of personality assessment*, 48, 291 – 300.

[139] Epley, N., & Dunning, D. (2006). The mixed blessing of self-knowledge in behavioral prediction: Enhanced discrimination but exacerbated bias. *Personality and social psychology bulletin*, 32, 641 – 655.

[140] Epley, N., Keysar, B., Van Boven, L., & Gilovich, T. (2004). Perspective taking as egocentric anchoring and adjustment. *Journal of personality and social psychology*, 87, 327 – 339.

[141] Epley, N., Savitsky, K., & Gilovich, T. (2002). Empathy neglect: Reconciling the spotlight effect and the correspondence bias. *Journal of personality and social psychology*, 83, 300 – 312.

[142] Epstein, S. (1983). A research paradigm for the study of personality and emotions. In M. M. Page

（Ed.）, *Personality: Current theory and research* （pp. 91 – 154）. Lincoln: University of Nebraska Press.

[143] Erickson, P. B. （2004）. Employer hiring tests grow sophisticated in quest for insight about applicants. *Knight ridder tribune business news*, 5 （16）, 1.

[144] Estes, S. G. （1938）. Judging personality from expressive behavior. *Journal of abnormal and social psychology*, 33, 217 – 236.

[145] Fast, L. A. , & Funder, D. C. （2008）. Personality as manifest in word use: Correlations with self-report, acquaintance report, and behavior. *Journal of personality and social psychology*, 94, 334 – 346.

[146] Feingold, A. （1992）. Good-looking people are not what we think. *Psychological bulletin*, 111, 304 – 341.

[147] Feldman-Summers, S. , & Kiesler, S. B. （1974）. Those who are number two try harder: The effect of sex on attributions of causality. *Journal of personality and social psychology*, 30, 846 – 855.

[148] Felson, R. B. , & Reed, M. （1986）. The effect of parents on the self-appraisals of children. *Social psychology quarterly*, 49, 302 – 308.

[149] Fiedler, E. R. , Oltmanns, T. F. , & Turkheimer, E. （2004）. Traits associated with personality disorders and adjustment to military life: Predictive validity of self and peer reports. *Military medicine*, 169, 207 – 211.

[150] Fleeson, W. , & Wilt, J. （2010）. The relevance of Big Five trait content in behavior to subjective authenticity: Do high levels of within-person behavioral variability undermine or enable authenticity achievement? *Journal of personality*, 78, 1354 – 1382.

[151] Flora, C. （2005）. Meta-perceptions: How do you see yourself? *Psychology today*. 检索自 http://www.psychologytoday.com/articles/200505/.

[152] Forgas, J. P. , & George, J. M. （2001）. Affective influences on judgments and behavior in organizations: An information processing perspective. *Organizational behavior and human decision processes*, 86, 3 – 34.

[153] Forsyte, S. , Drake, M. F. , & Cox, C. E. （1985）. Influence of applicant's dress on interviewer's selection decisions. *Journal of applied psychology*, 70, 374 – 378.

[154] Freud, S. （1964）. Introductory lectures on psycho-analysis. In J. Strachey （Trans. ）, *The standard edition of the complete psychological works of Sigmund Freud*. New York: Norton. （Original work published 1916）.

[155] Funder, D. C. （1995）. On the accuracy of personality judgment: A realistic approach. *Psychological review*, 102, 652 – 670.

[156] Funder, D. C. （1999）. *Personality judgment: A realistic approach to person perception*. San Diego, CA: Academic Press.

[157] Funder, D. C. （2001）. Personality. *Annual review of psychology*, 52, 197 – 221.

[158] Funder, D. C. （2003）. Toward a social psychology of person judgments: Implications for person perception accuracy and self-knowledge. In J. P. Forgas, K. D. Williams & W. von Hip-

pel（Eds.），*Social judgments：Implicit and explicit processes. Sydney symposium on social psychology*（*pp.* 115 – 133）．New York：Cambridge University Press.

[159] Funder, D. C.（2006）．Towards a resolution of the personality triad：Persons, situations and behaviors. *Journal of research in personality*, 40, 21 – 34.

[160] Funder, D. C.（2007）．*The personality puzzle*（4th ed.）．New York, NY：W. W. Norton.

[161] Funder, D. C.（2012）．Accurate personality judgment. *Current directions in psychological science*, 21, 177 – 182.

[162] Funder, D. C., & Colvin, C. R.（1988）．Friends and strangers：Acquaintanceship, agreement, and the accuracy of personality judgment. *Journal of personality and social psychology*, 55, 149 – 158.

[163] Funder, D. C., & Colvin, C. R.（1997）．Congruence of others' and self-judgments on personality. In R. Hogan, J. Johnson & S. Briggs（Eds.），*Handbook of personality psychology*（pp. 617 – 647）．San Diego：Academic Press.

[164] Funder, D. C., & Dobroth, K. M.（1987）．Differences between traits：Properties associated with inter-judge agreement. *Journal of personality and social psychology*, 52, 409 – 418.

[165] Funder, D. C., Kolar, D. C., & Blackman, M. C.（1995）．Agreement among judges of personality：Interpersonal relations, similarity, and acquaintanceship. *Journal of personality and social psychology*, 69, 656 – 672.

[166] Funder, D. C., & West, S. G.（1993）．Viewpoints on personality：Consensus, self-other agreement, and accuracy in personality judgment［Special issue］．*Journal of personality*, 61, 457 – 476.

[167] Furr, R. M.（2008）．A framework for profile similarity：Integrating similarity, normativeness, and distinctiveness. *Journal of personality*, 76, 1267 – 1316.

[168] Furr, R. M.（2009）．Profile analysis in person-situation integration. *Journal of research in personality*, 43, 196 – 207.

[169] Furr, R. M., Dougherty, D. M. Marsh, D. M., & Mathias, C. W.（2007）．Personality judgment and personality pathology：Self-other agreement in adolescents with conduct disorder. *Journal of personality*, 75, 629 – 662.

[170] Furr, R. M., & Funder, D. C.（2004）．Situational similarity and behavioral consistency：Subjective, objective, variable-centered, and person-centered approaches. *Journal of research in personality*, 38, 421 – 447.

[171] Gallagher, P., Fleeson, W., & Hoyle, R.（2011）．A self-regulatory mechanism for personality trait stability：Contra-trait effort. *Social psychological and personality science*, 2, 335 – 342.

[172] Gaugler, B. B., Rosenthal, D. B., Thornton, G. C., & Bentson, C.（1987）．Meta-analysis of assessment center validity. *Journal of Applied Psychology*, 72, 493 – 511.

[173] Gergen, K. J., & Gergen, M. M.（1981）．*Social psychology.* New York：Harcourt Brace Jovanovich.

[174] Gibson, J. J.（1979）．*The ecological approach to visual perception.* New York：Harper & Row.

[175] Gifford, R.（1994）．A lens-mapping framework for understanding the encoding and decoding

of interpersonal dispositions in nonverbal behavior. *Journal of personality and social psychology*, 66, 398 – 412.

[176] Gill, A. , & Oberlander, J. (2002, August) . Taking care of the linguistic features of extraversion. In *Proceedings of the 24th annual conference of the cognitive science society*. Fairfax, VA.

[177] Gill, M. J. , & Swann, W. B. Jr. (2004) . On what it means to know someone: A matter of pragmatics. *Journal of personality and social psychology*, 86, 405 – 418.

[178] Goldberg, L. R. (1990) . An alternative "description of personality": The Big-Five factor structure. *Journal of personality and social psychology*, 59, 1216 – 1229.

[179] Goldberg, L. R. (1993) . The structure of phenotypic personality traits. *American Psychologist*, 48, 26 – 34.

[180] Goleman, D. P. (1995) . *Emotional Intelligence: Why it can matter more than IQ for character, health and lifelong achievement.* New York: Bantam Books.

[181] Gosling, S. D. (2008) . Personality in non-human animals. *Social and personality psychology compass*, 2, 985 – 1002.

[182] Gosling, S. D. , Augustine, A. A. , Vazire, S. , Holtzman, N. , & Gaddis, S. (2011) . Manifestations of personality in online social networks: Self-reported Facebook-related behaviors and observable profile information. *Cyberpsychology, behavior, and social networking*, 14, 483 – 488.

[183] Gosling, S. D. , John, O. P. , Craik, K. H. , & Robins, R. W. (1998) . Do people know how they behave? Self-reported act frequencies compared with on-line codings by observers. *Journal of personality and social psychology*, 74, 1337 – 1349.

[184] Gosling, S. D. , Ko, S. J. , Mannarelli, T. , & Morris, M. E. (2002) . A room with a cue: Judgments of personality based on offices and bedrooms. *Journal of personality and social psychology*, 82, 379 – 398.

[185] Grammer, K. , Keki, V. , Striebel, B. , Atzmüller, M. , Fink, B. , & Jütte, A. (2003) . Bodies in motion: A window to the soul. In E. Voland & K. Grammer (Eds. ), *Evolutionary aesthetics* (pp. 295 – 324) . Berlin, Heidelberg, New York: Springer.

[186] Guilford, J. P. (1954) . *Psychometric methods.* McGraw-Hill Education.

[187] Guilford, J. P. (1959) . *Personality.* New York: McGraw Hill.

[188] Hall, C. C. , Ariss, L. , & Todorov, A. (2007) . The illusion of knowledge: When more information reduces accuracy and increases confidence. *Organizational behavior and human decision processes*, 103, 277 – 290.

[189] Hall, J. A. (1984) . *Nonverbal sex differences: Communication accuracy and expressive style.* Baltimore: Johns Hopkins University Press.

[190] Hall, J. A. , & Andrzejewski, S. A. (2008) . Who draws accurate first impressions? Personal correlates of sensitivity to nonverbal cues. In N. Ambady & J. J. Skowronski (Eds. ), *First impressions* (pp. 87 – 105) . New York: Guilford Press.

[191] Hall, J. A. , Andrzejewski, S. A. , Murphy, N. A. , Mast, M. S. , & Feinstein, B. A.

（2008）. Accuracy of judging others' traits and states: Comparing mean levels across tests. *Journal of research in personality*, 42, 1476 – 1489.

[192] Hall, J. A. Gunnery, S. D., & Andrzejewski, S. A. （2011）. Nonverbal emotion displays, communication modality, and the judgment of personality. *Journal of research in personality*, 45, 77 – 83.

[193] Herr, P. M. （1986）. Consequences of priming: Judgment and behavior. *Journal of personality and social psychology*, 51, 1106 – 1115.

[194] Hampson, S. E., John, O. P., & Goldberg, L. R. （1986）. Category breadth and hierarchical structure in personality: Studies of asymmetries in judgments of trait implications. *Journal of personality and social psychology*, 51, 37 – 54.

[195] Hartshorne, H., & May, M. A. （1928）. *Studies in the nature of character: Studies in deceit*. New York: Macmillan.

[196] Haselton, M. G., & Funder, D. （2004）. The evolution of accuracy and bias in social judgment. In M. Schaller, D. T. Kenrick & J. A. Simpson （Eds.）, *Evolution and social psychology*. （pp. 15 – 37）. New York: Psychology Press.

[197] Hasler, B. P., Mehl, M. R., Bootzin, R. R., & Vazire, S. （2008）. Preliminary evidence of diurnal rhythms in everyday behaviors associated with positive affect. *Journal of research in personality*, 42, 1537 – 1546.

[198] Hauenstein, N. M., & Alexander, R. A. （1991）. Rating ability in performance judgments: The joint influence of implicit theories and intelligence. *Organizational behavior & human decision processes*, 50, 300 – 323.

[199] Hayes, A. F., & Dunning, D. （1997）. Construal processes and trait ambiguity: Implications for self-peer agreement in personality judgment. *Journal of personality and social psychology*, 72, 664 – 677.

[200] Helson, R., Stewart, A. J., & Ostrove, J. （1995）. Identity in three cohorts of midlife woman. *Journal of personality and social psychology*, 69, 544 – 557.

[201] Herringer, L. G. （2000）. The two captains: A research exercise using Star Trek. *Teaching of psychology*, 27, 50 – 51.

[202] Hills, P., & Argyle, M. （2003）. Uses of the internet and their relationships with individual differences in personality. *Computers in human behavior*, 19, 59 – 70.

[203] Hirschmüller, S., Egloff, B., Nestler, S., & Back, M. D. （2013）. The dual Lens Model: A comprehensive framework for understanding self-other agreement of personality judgments at zero acquaintance. *Journal of personality and social psychology*, 104, 335 – 353.

[204] Hirsh, J. B., & Peterson, J. B. （2009）. Personality and language use in self-narratives. *Journal of research in personality*, 43, 524 – 527.

[205] Hogan, R. （1998）. What is personality psychology? *Psychological Inquiry*, 9, 152 – 153.

[206] Holleran, S. E., & Mehl, M. R. （2008）. Let me read your mind: Personality judgments based on a person's natural stream of thought. *Journal of research in personality*, 42, 747 – 754.

[207] Horton, R. S., & Sedikides, C. （2009）. Narcissistic responding to ego threat: When the status

of the evaluator matters. *Journal of Personality*, 77, 1493 – 1526.

[208] Hsee, C. K. , & Zhang, J. (2004) . Distinction bias: Misprediction and mischoice due to joint evaluation. *Journal of personality and social psychology*, 86, 680 – 695.

[209] Human, L. J. , & Biesanz, J. C. (2011) . Target adjustment and self-other agreement: Utilizing trait observability to disentangle judgeability and self-knowledge. *Journal of personality and social psychology*, 101, 202 – 216.

[210] Human, L. J. , & Biesanz, J. C. (2011). Through the looking glass clearly: Accuracy and assumed similarity in well-adjusted individuals' first impressions. *Journal of personality and social psychology*, 100, 349 – 364.

[211] Human, L. J. , Biesanz,, J. C. , Parisotto,, K. L. , & Dunn, E. W. (2012) . Your best self helps reveal your true self: Positive self-presentation leads to more accurate personality impressions. *Social psychological and personality science*, 3, 23 – 30.

[212] Hunter, S. T. , Bedell-Avers, K. E. , & Mumford, M. D. (2007) . The typical leadership study: Assumptions, implications, and potential remedies. *Leadership quarterly*, 18, 435 – 446.

[213] Ickes, W. , Snyder, M. , & Garcia, S. (1997) . Personality influences on the choice of situations. In R. Hogan & J. A. Johnson & S. R. Briggs (Eds. ), *Handbook of personality psychology*, 165 – 195. San Diego, CA: Academic Press, Inc.

[214] Jaksch, M. (2010) . Wonder how people see you? How to improve your mind-reading skills. *Goodlife Zen*. Retrieved from http: //goodlifezen. com/2010/03/15/.

[215] John, O. P. (1990) . The "Big Five" factor taxonomy: Dimensions of personality in the natural language and in questionnaires. In L. Pervin (Ed. ), *Handbook of personality theory and research* (pp. 66 – 100) . New York: Guilford.

[216] John, O. P. , Hampson, S. E. , & Goldberg, L. R. (1991) . The basic level in personality-trait hierarchies: Studies of trait use and accessibility in different contexts. *Journal of personality and social psychology*, 60, 348 – 361.

[217] John, O. P. , & Robins, R. W. (1993) . Determinants of interjudge agreement personality traits: The Big Five domains, observability, evaluativeness, and the unique perspective of the self. *Journal of personality*, 41, 521 – 551.

[218] Jones, E. E. (1985) . Major developments in social psychology during the past five decades. In G. Lindzey & E. Aronson (Eds. ), *The handbook of social psychology* (3rd ed. , Vol. 1, pp. 47 – 107) . New York: Random House.

[219] Jones, E. E. , & Nisbett, R. E. (1971) . *The actor and the observer: Divergent perceptions of the causes of behavior.* Morristown, NJ: General Learning Press.

[220] Jussim, L. (2012) . Liberal privilege in academic psychology and the social sciences: Commentary on Inbar & Lammers (2012) . *Perspectives on psychological science*, 7, 504 – 507.

[221] Jussim, L. , & Eccles, J. (1992) . Teacher expectations II: Construction and reflection of student achievement. *Journal of personality and social psychology*, 63, 947 – 961.

[222] Kane, J. S. , Bernardin, H. J. , Villanova, P. , & Peyrfitte, J. (1995) . Stability of rater leniency: Three studies. *Academy of Management Journal*, 38, 1036 – 1051.

［223］ Kaplan, S. A., Santuzzi, A. M., & Ruscher, J. B. （2009）. Elaborative meta-perceptions in outcome-dependent situations: The diluted relationship between default self-perceptions and meta-perceptions. *Social cognition*, 27, 601 – 614.

［224］ Kaplan, S. A., Stachowski, A. A., & Bradley-Geist, J. C. （2012）. A classroom activity to demonstrate self-other agreement in personality judgments. *Teaching of psychology*, 39, 213 – 216.

［225］ Katz, J., & Joiner, T. E. J. （2002）. Being known, intimate, and valued: Global self-verification and dyadic adjustment in couples and roommates. *Journal of personality*, 70, 33 – 58.

［226］ Kelly, G. A. （1967）. A psychology of optimal man, in B. Maher （ed.）, *The goals of psychotherapy*. New York: Appleton-Century-Crofts.

［227］ Kenny, D. A. （1991）. A general model of consensus and accuracy in interpersonal perception. *Psychological review*, 98, 155 – 163.

［228］ Kenny, D. A. （1994）. *Interpersonal perception: A social relations analysis.* New York, NY: Guilford Press.

［229］ Kenny, D. A. （1996）. The design and analysis of social-interaction research. *Annual review of psychology*, 47, 59 – 86.

［230］ Kenny, D. A. （2004）. Person: A general model of interpersonal perception. *Personality and social psychology review*, 8, 265 – 280.

［231］ Kenny, D. A., Bond, C. F. Jr., Mohr, C. D., & Horn, E. M. （1996）. Do we know how much people like one another. *Journal of personality and social psychology*, 71, 928 – 936.

［232］ Kenny, D. A., & DePaulo, B. M. （1993）. Do people know how others view them? An empirical and theoretical account. *Psychological bulletin*, 114, 145 – 161.

［233］ Kenny, D. A., Horner, C., Kashy, D. A., & Chu, L. （1992）. Consensus at zero-acquaintance: Replication, behavioral cues, and stability. *Journal of personality and social psychology*, 62, 88 – 97.

［234］ Kenny, D. A., & Kashy, D. A. （1994）. Enhanced co-orientation in the perception of friends: A social relations analysis. *Journal of personality and social psychology*, 67, 1024 – 1033.

［235］ Kenny, D. A., & West, T. V. （2008）. Self-perception as interpersonal perception. In J. V. Wood, A. Tesser, & J. G. Holmes （Eds.）, *The self and social relationships* （pp. 119 – 137）. New York: Psychology Press.

［236］ Klein, K. J. K., & Hodges, S. D. （2001）. Gender differences, motivation, and empathic accuracy: When it pays to understand. *Personality and social psychology bulletin*, 27, 720 – 730.

［237］ Kluckhohn, C., & Murray, H. A. （1961）. Personality formation: The determinants. In C. Kluckhohn, H. A. Murray, & D. M. Schneider （Eds.）, *personality in nature, society, and culture* （2^nd ed., pp. 53 – 67）. New York: Knopf.

［238］ Kolar, D. W. （1996）. *Individual differences in the ability to accurately judge the personality characteristics of others.* Unpublished doctoral dissertation, University of California, Riverside.

［239］ Kolar, D. W., Funder, D. C., & Colvin, C. R. （1996）. Comparing the accuracy of personality judgments by the self and knowledgeable others. *Journal of personality*, 64, 311 – 337.

[240] Kroes, G., Veerman, J. W., & De-Bruyn, E. E. (2005). The impact of the Big Five personality traits on reports of child behavior problems by different informants. *Journal of abnormal child psychology*, 33, 231 – 240.

[241] Kroes, G., Veerman, J. W., & De-Bruyn, E. E. (2010). The role of acquaintanceship in the perception of child behavior problems. *Europe xhild adolesces psychiatry*, 19, 371 – 377.

[242] Kruger, J., Epley, N., Parker, J., & Ng, Z. (2005). Egocentrismover E-mail: Can we communicate as well as we think? *Journal of personality and social psychology*, 89, 925 – 936.

[243] Krueger, J. I., & Funder, D. C. (2004). Towards a balanced social psychology: Causes consequences, and cures for the problem-seeking approach to social behavior and cognition. *Behavioral and brain sciences*, 27, 313 – 327.

[244] Kruglanski, A. W. (1989). The psychology of being "right": The problem of accuracy in social perception and cognition. *Psychological bulletin*, 106, 395 – 409.

[245] Kurtz, J. E., & Sherker, J. L. (2003). Relationship quality, trait similarity, and self-other agreement on personality rations in college roommates. *Journal of personality*, 71, 21 – 48.

[246] Kubota, J. T., Banaji, M. R., & Phelps, E. A. (2012). Journal name: The neuroscience of race. *Nature neuroscience*, 15, Pages: 940 – 948. Year published.

[247] Küfner, A. C. P., Back, M. D., Nestler, S., & Egloff, B. (2010). Tell me a story and I will tell you who you are! Lens model analyses of personality and creative writing. *Journal of research in personality*, 44, 427 – 435.

[248] Laak, J. F., DeGoede, M. P., & Brugman, G. M. (2001). Teachers' judgments of pupils: Agreement and accuracy. *Social behavior and personality*, 29, 257 – 270.

[249] Laing, R. D., Phillipson, H., & Lee, A. R. (1966). *Interpersonal perception: A theory and method of research*. New York: Springer.

[250] Lance, C. E., LaPointe, J. A., & Stewart, A. M. (1994). A test of the context dependency of three causal models of halo rater error. *Journal of applied psychology*, 79, 332 – 340.

[251] Lane, D. J., & Gibbons, F. X. (2007). Am I the typical student? Similarity to student prototypes predicts success. *Personality and social psychology bulletin*, 33, 1380 – 1391.

[252] Leary, M. R., Cottrell, C. A., & Phillips, M. (2001). Deconfounding the effects of dominance and social acceptance on self-esteem. *Journal of personality and social psychology*, 81, 898 – 909.

[253] Leising, D., Erbs, J., & Fritz, U. (2010). The letter of recommendation effect in informant ratings of personality. *Journal of personality and docial psychology*, 98, 668 – 682.

[254] Lemay, E. P., Jr., Clark, M. S., & Feeney, B. C. (2007). Responsiveness to needs and the construction of satisfying communal relationships. *Journal of personality and social psychology*, 92, 834 – 853.

[255] Letzring, T. D. (2008). The good judge of personality: Characteristics, behaviors, and observer accuracy. *Journal of research in personality*, 42, 914 – 932.

[256] Letzring, T. D. (2010). The effects of judge-target gender and ethnicity similarity on the accuracy of personality judgments. *Social psychology*, 41, 42 – 51.

[257] Letzring, T. , & Funder, D. C. (2006) . *Relations between judge's personality and types of realistic accuracy.* Poster, Society for Personality and Social Psychology, Palm Springs, CA.

[258] Letzring, T. D. , Wells, S. M. , & Funder, D. C. (2006) . Information quantity and quality affect the realistic accuracy of personality judgment. *Journal of personality and social psychology*, 91, 111 – 123.

[259] Levesque, M. J. (1997) . Meta-accuracy among acquainted individuals: a social relations analysis of interpersonal perception and meta-perception. *Journal of personality and social psychology*, 72, 66 – 74.

[260] Lippa, R. A. , & Dietz, J. K. (2000) . The relation of gender, personality, and intelligence to judges' accuracy in judging strangers' personality from brief video segments. *Journal of nonverbal nehavior*, 24, 25 – 43.

[261] Little, A. C. , & Perrett, D. I. (2007) . Using composite images to assess accuracy in personality attribution to faces. *British journal of psychology*, 98, 111 – 126.

[262] Luft, J. , & Ingham, H. (1955) . The Johari window, a graphic model of interpersonal awareness. In *Proceedings of the western training laboratory in group development.* Los Angeles, CA: UCLA.

[263] Madon, S. , Willard, J. , Guyll, M. , Trudeau, L. , & Spoth, R. (2006) . Self-fulfilling prophecy effects of mothers' beliefs on children's alcohol use: Accumulation, dissipation, and stability over time. *Journal of personality and social psychology*, 90, 911 – 926.

[264] Malatesta, C. Z. , Fiore, M. J. , & Messina, J. J. (1987) . Affect, personality, and facial expression characteristics of older people. *Psychology and aging*, 2, 64 – 69.

[265] Malle, B. F. , & Knobe, J. (1997) . Which behaviors do people explain? A basic actor-observer asymmetry. *Journal of personality and social psychology*, 72, 288 – 304.

[266] Malle, B. F. , Knobe, J. A. , & Nelson, S. E. (2007) . Actor-observer asymmetries in explanations of behavior: New answers to an old question. *Journal of personality and social psychology*, 93, 491 – 514.

[267] Malle, B. F. , & Pearce, G. E. (2001) . Attention to behavioral events during social interaction: Two actor-observer gaps and three attempts to close them. *Journal of personality and social psychology*, 81, 278 – 294.

[268] Malloy, T. E. , & Albright, L. (1990) . Interpersonal perception in a social context. *Journal of personality and social psychology*, 58, 419 – 428.

[269] Malloy, T. E. , Albright, L. , Diaz-Loving, R. , Dong, Q. , & Lee, Y. T. (2004) . Agreement in personality judgments within and between nonoverlapping social groups in collectivist cultures. *Personality and social psychology bulletin*, 30, 106 – 117.

[270] Malloy, T. E. , & Janowski, C. L. (1992) . Perceptions and meta-perceptions of leadership: Components, accuracy, and dispositional correlates. *Personality and social psychology bulletin*, 18, 700 – 708.

[271] Marcus B, Machilek F, Schütz A. (2006) . Personality in Cyberspace: Personal web sites as media for personality expressions and impressions. *Journal of personality and social psychol-

*ogy*, 90, 1014 – 1031.

[272] Markey, P. M. , & Wells, S. M. ( 2002 ) . Interpersonal perception in Internet chat rooms. *Journal of research in personality*, 36, 134 – 146.

[273] Marks, G. , & Miller, N. (1987) . Ten years of research on the falseconsensus effect: An empirical and theoretical review. *Psychological bulletin*, 102, 72 – 90.

[274] Mayer, J. D. , & Salovey, P. ( 1997 ) . What is emotional intelligence? In P. Salovey & D. Sluyter ( Eds. ) , *Emotional development and emotional intelligence: educational implications* ( pp. 3 – 31) . New York: Basic Books.

[275] McAdams, D. P. (1995) . What do we know when we know a person? *Journal of personality*, 63, 365 – 396.

[276] McAdams D. P. ( 1997 ) . A conceptual history of personality psychology. In R. Hogan, J. Johnson & S. Briggs ( Eds. ), *Handbook of personality psychology.* San Diego: Academic Press.

[277] McCrae, R. R. , & Costa, P. T. ( 1990 ) . *Personality in adulthood.* New York: Guiford Press.

[278] McCrae, R. R. , Costa, P. T. , Martin, T. A. , Oryol, V. E. , Rukavishnikov, A. A. , Senin, I. G. , et al. ( 2004 ) . Consensual validation of personality traits across cultures. *Journal of research in personality*, 38, 179 – 201.

[279] McCrae, R. R. , & Stone, S. V. ( 1998 ) . Identifying causes of disagreement between self-reports and spouse ratings of personality. *Journal of personality*, 66, 285 – 313.

[280] McCrae, R. R. , & Terracciano, A. ( 2005 ) . Universal features of personality traits from the observer's perspective: Data from 50 cultures. *Journal of personality and social psychology*, 88, 547 – 561.

[281] McGue, M. , Bacon, S. , & Lykken, D. T. ( 1993 ) . Personality stability and change in early adulthood: A behavioral genetic analysis. *Developmental psychology*, 62, 190 – 198.

[282] Mehl, M. R. ( 2006 ) . The lay assessment of subclinical depression in daily life. *Psychological assessment*, 18, 340 – 345.

[283] Mehl, M. R. , Gosling, S. D. , & Pennebaker, J. W. (2006) . Personality in its natural habitat: Manifestations and implicit folk theories of personality in daily life. *Journal of personality and social psychology*, 90, 862 – 877.

[284] Mehl, M. R. , & Pennebaker, J. W. (2003) . The sounds of social life: A psychometric analysis of students' daily social environments and natural conversations. *Journal of personality and social psychology*, 84, 857 – 870.

[285] Mittal V A, Tessner K D, Walker E F. Elevated social Internet use and schizotypal personality disorder in adolescents. *Schizophrenia research*, 2007 (94): 50 – 57.

[286] Mischel, W. (1968) . *Personality and assessment.* New York: Wiley.

[287] Mischel, W. (1992) . Personality dispositions revisited and revised: A view after three decades. In L. A. Pervin ( Ed. ), *Handbook of personality: theory and research* ( pp. 111 – 134) . New York: Guilford Press.

[288] Mischel W. (1999). Personality coherence and dispositions in a cognitive-affective processing system approach. In D. Cervone & Y. Shoda (Eds.), *The Coherence of personality: social-cognitive bases of consistency, variability, and organization*. New York: Guilford Press.

[289] Moon, H. (2001). The two faces of conscientiousness: Duty and achievement striving in escalation of commitment dilemmas [Special issue]. *Journal of applied psychology*, 86, 535–540.

[290] Morf, C. C., & Rhodewalt, F. (2001). Unraveling the paradoxes of narcissism: A dynamic self-regulatory processing model. *Psychological inquiry*, 12, 177–196.

[291] Moss, S. A., Garivaldis, F. J., & Toukhsati, S. R. (2007). The perceived similarity of other individuals: The contaminating effects of familiarity and neuroticism. *Personality and individual differences*, 43, 401–412.

[292] Motowidlo, S. J., & Burnett, J. R. (1995). Aural and visual sources of validity in structured employment interviews. *Organizational behavior and human decision processes*, 61, 239–249.

[293] Mottus, R., Allik, J., & Pullmann, H. (2007). Does personality vary across ability levels? A study using self and other ratings. *Journal of research in personality*, 41, 155–170.

[294] Murphy, L. M. (2004). Metaperception of self-concept and personality by same-sex friend and nonfriend adolescents. *The sciences and engineering*, 5, 8–17.

[295] Murray, S. L., Holmes, J. G., & Griffin, D. W. (1996). The self-fulfilling nature of positive illusions in romantic relationships: Love is not blind, but prescient. *Journal of personality and social psychology*, 71, 1155–1180.

[296] Murray, S. L., Holmes, J. G., & Griffin, D. W. (2000). Self-esteem and the quest for felt security: How perceived regard regulates attachment processes. *Journal of personality and social psychology*, 78, 478–498.

[297] Nagy, W., & Anderson, R. (1984). How many words are there in printed school English? *Reading research quarterly*, 19, 304–330.

[298] Naumann, L. P., Vazire, S., Rentfrow, P. J., & Gosling, S. D. (2009). Personality judgments based on physical appearance. *Personality and social psychology bulletin*, 35, 1661–1671.

[299] Neff, L. A., & Karney, B. R. (2005). To know you is to love you: The implications of global adoration and specific accuracy for marital relationships. *Journal of personality and social psychology*, 88, 480–497.

[300] Nisbett, R. E., Caputo, C., Legant, P., & Marecek, J. (1973). Behavior as seen by the actor and as seen by the observer. *Journal of personality and social psychology*, 27, 154–164.

[301] Norman, W. T., & Goldberg, L. R. (1966). Raters, ratees, and randomness in personality structure. *Journal of personality and social psychology*, 4, 681–691.

[302] Oh, I. S., Wang, G., & Mount, M. K. (2011). Validity of observer ratings of the Five-Factor Model of personality traits: A meta-analysis. *Journal of applied psychology*, 96, 762–773.

[303] Oltmanns, T. F., Friedman, J. N. W., Fiedler, E. R., & Turkheimer, E. (2004). Perceptions of people with personality disorders based on thin slices of behavior. *Journal of research in personality*, 38, 216–229.

[304] Oltmanns, T. F., Gleason, M. E., Klonsky, E. D., & Turkheimer, E. (2005). Meta-

perception for pathological personality traits: Do we know when others think that we are difficult? *Consciousness and cognition*, 14, 739 – 751.

[305] Ozer, D. J. , & Benet-Martinez, V. (2006) . Personality and the prediction of consequential outcomes. *Annual review of psychology*, 57, 401 – 421.

[306] Pansu, P. (1997) . The norm of internality in an organizational context. *European journal of work and organizational psychology*, 6, 37 – 58.

[307] Park, B. , & Judd, C. M. (1989) . Agreement on initial impressions: Differences due to perceivers, trait dimensions, and target behaviors. *Journal of personality and social psychology*, 56, 493 – 505.

[308] Park, B. , Kraus, S. , & Ryan, C. S. (1997) . Longitudinal changes in consensus as a function of acquaintance and agreement in liking. *Journal of personality and social psychology*, 72, 604 – 616.

[309] Paulhus, D. L. , & Vazire, S. (2007) . The self-report method. In R. W. Robins, R. C. Fraley, & R. Krueger (Eds. ), *Handbook of research methods in personality psychology* (pp. 224 – 239) . New York, NY: Guilford Press.

[310] Paunonen, S. V. (1989) . Consensus in personality judgments: Moderating effects of target-rater acquaintanceship and behavior observability. *Journal of personality and social psychology*, 56, 823 – 833.

[311] Pawlik K. (1998) . The psychology of individual differences: The personality puzzle. In J. G. Adair, D. Belanger & K. L. Dion (Eds. ), *Advances in psychological science* (Vol. 1, pp. 1 – 30) . Hove, UK: Psychology Press.

[312] Pelham, B. W. , Mirenberg, M. C. , & Jones, J. T. (2002) . Why Susie sells seashells by the seashore: Implicit egotism and major life decisions. *Journal of personality and social psychology*, 82, 469 – 487.

[313] Pennebaker, J. W. , & King, L. A. (1999) . Linguistic styles: Language use as an individual difference. *Journal of personality and social psychology*, 77, 1296 – 1312.

[314] Pennebaker, J. , Mehl, M. , & Niederhoffer, K. (2003) . Psychological aspects of natural language use: Our words, our selves. *Annual review of psychology*, 54, 547 – 577.

[315] Penton-Voak, I. S. , & Chen, J. Y. (2004) . High salivary testosterone is linked to masculine male facial appearance in humans. *Evolution and human behavior*, 25, 229 – 241.

[316] Penton-Voak, L. S. , Pound, N. , Little, A. C. , & Perrett, D. I. (2006) . Personality judgments from natural and composite facial images: More evidence for a "kernel of truth" in social perception. *Social cognition*, 24, 607 – 640.

[317] Powell, D. M. , & Goffin, R. D. (2009) . Assessing personality in the employment interview: Theimpact of training on rater accuracy. *Human performance*, 22, 450 – 465.

[318] Pronin, E. (2004) . The bias blind spot: Introspection versus insight. In D. A. Armor (Chair), *Naïve realism, the bias blind spot, and illusions of objectivity*. Annual meeting of the American Psychological Society, Chicago, IL.

[319] Pronin, E. (2008) . How we see ourselves and how we see others. *Science*, 320, 1177 – 1180.

[320] Pronin, E. , Fleming, J. J. , & Steffel, M. (2008) . Value revelations: Disclosure is in the eye of the beholder. *Journal of personality and social psychology*, 95, 795 – 809.

[321] Pronin, E. , Gilovich, E. , & Ross, L. (2004) . Objectivity in the eye of the beholder: Divergent perceptions of bias in self versus others. *Psychological review*, 111, 781 – 799.

[322] Pronin, E. , Kruger, J. , Savitsky, K. , & Ross, L. (2001) . You don't know me, but I know you: The illusion of asymmetric insight. *Journal of personality and social psychology*, 81, 639 – 656.

[323] Pronin, E. , Lin, D. Y. , & Ross, L. (2002) . The bias blind spot: Perceptions of bias in self versus others. *Personality and social psychology bulletin*, 28, 369 – 381.

[324] Pytlik Zillig, L. M. , Hemenover, S. H. , & Dienstbier, R. A. (2002) . What Do We Assess When We Assess a Big 5 Trait : A content analysis of the affective, behavioral, and cognitive processes represented in Big 5 personality inventories. *Personality and social psychology bulletin*, 28, 847 – 858.

[325] Ranft, A. L. , Zinko, R. , Ferris, G. R. , & Buckley, M. R. (2006) . Marketing the image of management: The costs and benefits of CEO reputation. *Organizational dynamics*, 35, 279 – 290.

[326] Reimer, H. M. , Greve, L. A. , & Funder, D. C. (2006) . *The social wisdom of the attributionally complex.* Paper presented at the Western Psychological Association, Palm Springs, CA.

[327] Reno, R. , & Kenny, D. A. (1992) . Effects of self-consciousness on self-disclosure among unacquainted individuals: An application of the social relations model. *Journal of personality*, 60, 79 – 94.

[328] Rentfrow, P. J. , & Gosling, S. D. (2003) . The do re mi's of everyday life: The structure and personality correlates of music preferences. *Journal of personality and social psychology*, 84, 1236 – 1256.

[329] Rentfrow, P. J. , & Gosling, S. D. (2006) . Message in a ballad: The role of music preferences in interpersonal perception. *Psychological science*, 17, 236 – 242.

[330] Rentfrow, P. J. , McDonald, J. A. , & Oldmeadow, J. A. (2009) . You are what you listen to: Young people's stereotypes about music fans. *Group processes and intergroup relations*, 12, 329 – 344.

[331] Robbins, J. M. , & Krueger, J. I. (2005) . Social projection to ingroups and outgroups: A review and meta-analysis. *Personality and social psychology review*, 9, 32 – 47.

[332] Roberts, B. W. , & DelVecchio, W. F. (2000) . The rank-order consistency of personality traits from childhood to old age: A quantitative review of longitudinal studies. *Psychological review*, 126, 3 – 25.

[333] Roberts, B. W. , Kuncel, N. R. , Shiner, R. , Caspi, A. , & Goldberg, L. R. (2007) . The power of personality: The comparative validity of personality traits, socioeconomic status, and cognitive ability for predicting important life outcomes. *Perspectives on psychological science*, 2, 313 – 345.

[334] Robins, R. W. , & Beer, J. S. (2001) . Positive illusions about the self: Short-term bene-

fits and long-term costs. *Journal of personality and social psychology*, 80, 340 – 352.

[335] Rofey, D., Reede, V. K., Landsbaugh, J., Corcoran, K. J. (2007). Perceptions and metaperceptions of same-sex social interactions in college women with disordered eating patterns. *Body mage*, 4, 61 – 68.

[336] Rorer, L. G. (1991). Some myths of science in psychology. In D. Cicchetti & W. Grove (Eds.), *Thinking clearly about psychology: Essays in honor of paul E. Meehl* (pp. 61 – 87). Minneapolis: University of Minnesota Press.

[337] Rosenberg, S., Nelson, C., & Vivekananthan, P. S. (1968). A multidimensional approach to the structure of personality impressions. *Journal of personality and social psychology*, 9, 283 – 294.

[338] Rosenthal, R., & Jacobson, L. (1968). *Pygmalion in the classroom.* New York: Holt, Rinehart & Winston.

[339] Rosenzweig, S. (1997). "Idiographic" vis-à-vis "idiodynamic" in the historical perspective of personality theory: Remembering Gordon Allport, 1897 – 1997, *Journal of the history of the behavioral sciences*, 33, 405 – 419.

[340] Rosip, J. C., & Hall, J. A. (2004). Knowledge of nonverbal cues, gender, and nonverbal decoding accuracy. *Journal of nonverbal behavior*, 28, 267 – 286.

[341] Ross, L. (1977). The intuitive psychologist and his shortcomings. In L. Berkowitz (Ed.), *Advances in experimental social psychology* (Vol. 10, pp. 173 – 220). New York: Academic.

[342] Rule, N. O., & Ambady, N. (2008). Theface of success: Inferences from Chief Executive Officers' appearance predict company profits. *Psychological science*, 19, 109 – 111.

[343] Russell, S. S., & Zickar, M. J. (2005). An examination of differential item and test functioning across personality judgments. *Journal of research in personality*, 39, 354 – 368.

[344] Salovey, P., & Mayer, J. D. (1990). Emotional intelligence. *Imagination, cognition, and personality*, 9, 185 – 211.

[345] Sande, G., Goethals, G., & Radloff, C. (1988). Perceivingone's own traits and others': The multifaceted self. *Journal of personality and social psychology*, 54, 13 – 20.

[346] Savitsky, K., Epley, N., & Gilovich, T. (2001). Do others judge us as harshly as we think? Overestimating the impact of our failures, shortcomings, and mishaps. *Journal of personality and social psychology*, 81, 44 – 56.

[347] Savitsky, K., & Gilovich, T. (2003). The illusion of transparency and the alleviation of speech anxiety. *Journal of experimental social psychology*, 39, 618 – 625.

[348] Schaller, M. (2008). Evolutionary bases of first impressions. In N. Ambady & J. J. Skowronski (Eds.), *First impressions* (pp. 15 – 34). New York: Guilford Press.

[349] Schlenker, B. R. (1980). *Impression management.* Monterey, CA: Brooks/Cole.

[350] Schneider, D. J., Hastorf, A. H., & Ellsworth, P. C. (1979). *Person perception* (2nd ed.). Reading, MA: Addison-Wesley.

[351] Schuerger, J. M., Zarrella, K. L., & Hotz, A. S. (1989). Factors that influence the temporal stability of personality by questionnaire. *Journal of personality and social psychology*, 56,

777 – 783.

[352] Schwitzgebel, E. (2008). The unreliability of naive introspection. *Philosophical review*, 117, 245 – 273.

[353] Scullen, S. E., Mount, M. K., & Goff, M. (2000). Understanding the latent structure of job performance ratings. *Journal of applied psychology*, 85, 956 – 970.

[354] Sedikides, C. (1993). Assessment, enhancement, and verification determinants of the self-evaluation process. *Journal of personality and social psychology*, 65, 317 – 338.

[355] Sedikides, C., & Gregg, A. P. (2008). Self-enhancement: Food for thought. *Perspectives on psychological science*, 3, 102 – 116.

[356] Shafer, A. B. (1999). Relation of the Big Five and factor subcomponents to social intelligence. *European journal of personality*, 13, 225 – 240.

[357] Shechtman, Z., & Kenny, D. A. (1994). Meta-perception accuracy: An Israeli study. *Basic and applied social psychology*, 15, 451 – 465.

[358] Sherman, R. A., Nave, C. S., & Funder, D. C. (2010). Situational similarity and personality predict behavioral consistency. *Journal of personality and social psychology*, 99, 330 – 343.

[359] Sherman, R. A., Nave, C. S., & Funder, D. C. (2012). Properties of persons and situations related to overall and distinctive personality-behavior congruence. *Journal of research in personality*, 46, 87 – 101.

[360] Sinclair, S., Lowery, B. S., Hardin, C. D., & Colangelo, A. (2005). Social tuning of automatic racial attitudes: The role of affiliative motivation. *Journal of personality and social psychology*, 89, 583 – 592.

[361] Slatcher, R. B., & Vazire, S. (2009). Effects of global and contextualized personality on relationship satisfaction. *Journal of research in personality*, 43, 624 – 633.

[362] Smith, K. D., Smith, S. T., & Christopher, J. C. (2007). What defines the good person? Cross-cultural comparisons of experts' models with lay prototypes. *Journal of cross-cultural psychology*, 38, 333 – 360.

[363] Snyder, M., & Ickes, W. (1985). Personality and social behavior. In G. Lindzey & E. Aronson (Eds.), *Handbook of social psychology* (3rd ed., Vol. 2, pp. 883 – 947). New York: Random House.

[364] Snyder, M., Tanke, E. D., Berscheid, E. (1977). Social perception and interpersonal behavior: On the self-fulfilling nature of social stereotypes. *Journal of personality and social psychology*, 35, 656 – 666.

[365] Spain, J. S., Eaton, L. G., & Funder, D. C. (2000). Perspectives on personality: The relative accuracy of self versus others for the prediction of emotion and behavior. *Journal of personality*, 68, 837 – 867.

[366] Spengler, P. M., & Strohmer, D. C. (1994). Clinical judgmental biases: The moderating roles of counselor cognitive complexity and counselor client preferences. *Journal of counseling psychology*, 41, 8 – 17.

[367] Suls, J., Lemos, K., & Stewart, H. L. (2002). Self-esteem, construal, and comparisons

with the self, friends, and peers. *Journal of personality and social psychology*, 82, 252–261.

[368] Sulsky, L. M. , & Day, D. V. (1992) . Frame-of-reference training and cognitive categorization: An empirical investigation of rater memory issues. *Journal of applied psychology*, 47, 149–155.

[369] Swann, W. B. (1984) . Quest for accuracy in person perception: A matter of pragmatics. *Psychological review*, 91, 457–477.

[370] Swann, W. B. , Jr. , De La Ronde, C. , & Hixon, J. (1992) . Authenticity and positivity strivings in marriage and courtship. *Journal of personality and social psychology*, 66, 857–869.

[371] Swann, W. B. Jr. , & Pelham, B. (2002) . Who wants out when the going gets good? Psychological investment and preference for self-verifying college roommates. *Self and identity*, 1, 219–233.

[372] Taft, R. (1955) . The ability to judge people. *Psychological bulletin*, 52, 1–23.

[373] Tausch, N. Kenworthy, J. B. , & Hewstone, M. (2007) . The c fonfirmability and disconfirmability of trait concepts revisited: Does Content Matter? *Journal of personality and social psychology*, 92, 542–556.

[374] Taylor, S. E. , & Brown, J. D. (1988) . Illusion and well-being: A social psychological perspective on mental health. *Psychological bulletin*, 103, 193–210.

[375] Tesser, A. (1988) . Toward a self-evaluation maintenance model of social behavior. In L. Berkowitz (Ed. ) . *Advances in experimental social psychology* (Vol. 21, pp. 181–227). New York: Academic Press.

[376] Tett, R. P. , & Guterman, H. A. (2000) . Situation trait relevance, trait expression, and cross-situational consistency: Testing a principle of trait activation. *Journal of research in personality*, 34, 397–423.

[377] Thomas, G. , & Fletcher, G. J. O. (2003) . Mind-reading accuracy in intimate relationships: Assessing the roles of the relationship, the target, and the judge. *Journal of personality and social psychology*, 85, 1079–1094.

[378] Todorov, A. , Baron, S. , & Oosterhof, N. N. (2008) . Evaluating face trustworthiness: A model based approach. *Social, cognitive & affective neuroscience*, 3, 119–127.

[379] Todorov, A. , Mandisodza, A. N. , Goren, A. , & Hall, C. C. (2005) . Inferences of competence from faces predict election outcomes. *Science*, 308, 1623–1626.

[380] Tracy, J. L. , & Robins, R. W. (2007) . The psychological structure of pride: A tale of two facets. *Journal of personality and social psychology*, 92, 506–525.

[381] Trope, Y. (1986) . Identification and inferential processes in dispositional attribution. *Psychological review*, 93, 239–257.

[382] Uhlmann, E. L. , & Cohen, G. L. (2005) . Constructed criteria: Redefining merit to justify discrimination. *Psychological science*, 16, 474–480.

[383] Vallone, R. P. , Ross, L. , & Lepper, M. R. (1985) . The hostile media phenomenon: Biased perception and perceptions of media bias in coverage of the Beirut massacre. *Journal of personality and social psychology*, 49, 577–585.

［384］ Vazire, S. (2006) . *The person from the inside and outside* (Unpublished doctoral dissertation) . The University of Texas at Austin.

［385］ Vazire, S. (2010) . Who knows what about a person? The self-other knowledge asymmetry (SOKA) model. *Journal of personality and social psychology*, 98, 281 – 300.

［386］ Vazire, S. , & Carlson, E. N. (2010) . Self-knowledge of personality: Do people know themselves? *Social and personality psychology compass*, 418, 605 – 620.

［387］ Vazire, S. , & Carlson, E. N. (2011) . Others sometimes know us better than we know ourselves. *Current directions in psychological science*, 20, 104 – 108.

［388］ Vazire, S. , & Gosling, S. D. (2004) . E-Perceptions: Personality impressions based on personal websites. *Journal of personality and docial psychology*, 87, 123 – 132.

［389］ Vazire, S. , Gosling, S. D. , Dickey, A. S. , & Schapiro, S. J. (2007) . Measuring personality in non-human animals. In R. W. Robins, R. C. Fraley & R. Krueger (Eds. ), *Handbook of research methods in personality psychology* (pp. 190 – 206) . New York: Guilford Press.

［390］ Vazire, S. , & Mehl, M. R. (2008) . Knowing me, knowing you: The accuracy and unique predictive validity of self-ratings and other-ratings of daily behavior. *Journal of personality and social psychology*, 95, 1202 – 1216.

［391］ Vazire, S. , Naumann, L. P. , Rentfrow, P. J. , & Gosling, S. D. (2008) . Portrait of a narcissist: Manifestations of narcissism in physical appearance. *Journal of research in personality*, 42, 1439 – 1447.

［392］ Vernon, P. E. (1933) . Some characteristics of the good judge of personality. *Journal of social psychology*, 4, 42 – 58.

［393］ Vingoe, F. J. , & Antonoff, S. R. (1968) . Personality characteristics of good judges of others. *Journal of counseling psychology*, 15, 91 – 93.

［394］ Vogt, D. S. , & Colvin, C. R. (2003) . Interpersonal orientation and the accuracy of personality judgment. *Journal of personality*, 71, 267 – 295.

［395］ Vorauer, J. D. , Hunter, A. J. , Main, K. J. , & Roy, S. (2000) . Concerns with evaluation and meta-stereotype activation. *Journal of personality and social psychology*, 78, 690 – 707.

［396］ Watson, D. (1989) . Strangers' ratings of the five robust personality factors: Evidence of a surprising convergence with self-report. *Journal of personality and social psychology*, 57, 120 – 128.

［397］ Watson, D. , & Clark, L. A. (1991) . Self-versus peer-ratings of specific emotional traits: Evidence of convergent and discriminant validity. *Journal of personality and social psychology*, 60, 927 – 940.

［398］ Watson, D. , Hubbard, B. , & Wiese, D. (2000) . Self-other agreement in personality and affectivity: The role of acquaintanceship, trait visibility, and assumed similarity. *Journal of personality and social psychology*, 78, 546 – 558.

［399］ Watson, D. , Klohnen, E. C. , Casillas, A. , Nus Simms, E. , Haig, J. , & Berry, D. S. (2004) . Match makers and deal breakers: Analyses of assortative mating in newlywed couples. *Journal of personality*, 72, 1029 – 1068.

［400］ Weintraub, W. (1989) . *Verbal behavior in everyday life*. New York: Springer.

[401] Weis, R. , & Lovejoy, M. C. (2002). Information processing in everyday life: Emotion-congruent bias in mothers' reports of parent-child interactions. *Journal of personality and social psychology*, 83, 216 – 230.

[402] Weller, J. A. , & Watson, D. (2008). *Friend or foe? Differential use of the self-based heuristic as a function of relationship satisfaction*. Manuscript in preparation.

[403] Wells, M. M. (2000). Office clutter or meaningful personal displays: The role of office personalization in employee and organizational well-being. *Journal of environmental psychology*, 20, 239 – 255.

[404] Wells, M. , & Thelen, L. (2002). What does your workplace say about you? The influence of personality, status and workplace on personalization. *Environmental and behavior*, 34, 300 – 321.

[405] Welsch, G. S. (1975). *Creativity and intelligence: A personality approach*. Chapel Hill, NC: Institute of Research in Social Science.

[406] Widiger. T. A. , & Trull, T. J. (1991). Diagnosis and clinical assessment. *Annual review of psychology*, 42, 109 – 133.

[407] Wiekens, C. J. , & Stapel, D. A. (2008). I versus we: The effects of self-construal level on diversity. *Social cognition*, 26, 368 – 377.

[408] Wiggins, J. S. , & Trapnell, P. D. (1996). A dyadic-interactional perspective on the five-factor model. In J. S. Wiggins (Ed. ), *The five-factor model of personality: Theoretical perspectives*. New York: Guilford.

[409] Wilson, T. D. (2002). *Strangers to ourselves: Discovering the adaptive unconscious*. Cambridge, MA: Harvard University Press.

[410] Wilson, T. D. (2009). Know thyself. *Perspectives on psychological science*, 4, 384 – 389.

[411] Wilson, T. D. , & Dunn, E. W. (2004). Self-knowledge: Its limits, value, and potential for improvement. *Annual review of psychology*, 55, 493 – 518.

[412] Wilson, T. D. , & Gilbert, D. T. (2003). Affective forecasting. In M. P. Zanna (Ed. ), *Advances in experimental social psychology* (Vol. 35, pp. 345 – 411). San Diego: Academic Press.

[413] Wood, D. , Harms, P. , & Vazire, S. (2010). Perceiver effects as projective tests: What your perceptions of others say about you. *Journal of personality and social psychology*, 99, 174 – 190.

[414] Wood, D. , & Roberts, B. W. (2006). Cross-sectional and longitudinal tests of the Personality and Role Identity Structural Model (PRISM). *Journal of personality*, 74, 779 – 809.

[415] Yang, Y. , Read, S. J. , & Miller, L. C. (2006). A taxonomy of situations from Chinese idioms. *Journal of research in personality*, 40, 750 – 778.

[416] Yarkoni, T. (2010). Personality in 100, 000 words: A large-scale analysis of personality and word use among bloggers. *Journal of research in personality*, 44, 363 – 373.

[417] Youngstrom, E. , Loeber, R. , & Stouthamer-Loeber, M. (2000). Patterns and correlates of agreement between parent, teacher, and male adolescent ratings of externalizing and internalizing problems. *Journal of consult and clinical psychology*, 68, 1038 – 1050.

[418] Zebrowitz, L. A. , Hall, J. A. , Murphy, N. A. , & Rhodes, G. (2002). Looking smart and

looking good: Facial cues to intelligence and their origins. *Personality and social psychology bulletin*, 28, 238 – 249.

[419] Zebrowitz, L. A., & Montepare, J. M. (2005). Appearance does matter. *Science*, 308, 1565 – 1566.

[420] Zeigler-Hill, V., Myers, M., & Clark, C. B. (2010). Narcissism and self-esteem reactivity: The role of negative achievement events. *Journal of research in personality*, 44, 285 – 292.

[421] http: //www. psycofe. com/read/readDetail_ 24576. htm.

[422] http: //en. wikipedia. org/wiki/Personality_ judgment.

[423] http: //onthehuman. org/2010/09/bright-spots-and-blind-spots/.

[424] http: //www. uscupstate. edu/uploadedFiles/Academics/Undergraduate _ Research/Reseach _ Journal/2010_ 013_ ARTICLE_ BEER_ BROOKS. pdf.

[425] http: //health. huanqiu. com/huanqiu/funny/2009 – 11/636179. html.

[426] http: //article. yeeyan. org/view/167398/126375.

[427] http: //www. nature. com/news/how-the-brain-views-race – 1. 10886.

[428] http: //xl. wenkang. cn/axx/xgcs/2108411. html.

[429] http: //zh. wikipedia. org/wiki/% E6% 99% 95% E8% BD% AE% E6% 95% 88% E5% BA% 94.

# 后 记

　　几年前，我曾发誓不再写书，一是因为自己能力有限，怕写出来的东西对不起读者，二是因为写书是件"苦差事"，费时、费力、费心，而且还可能吃力不讨好。但是，我食言了。如果说以前写书主要是为了完成任务的话，那么眼前写的这本《人格判断：多维的视角》则完全出于自愿。起初我并没有打算要写书，只是为了发几篇论文才涉足人格判断领域，随着收集和查阅的文献资料越来越多，才越来越觉得这是一个非常有意思和有价值的研究领域。这样，不经意中竟然整理出一份近20万字的文献综述，它便是本书的雏形。

　　一直以来我有个心愿，希望能够找到一个自己真正感兴趣、有意义的研究领域，希望这个领域不要脱离生活实践。如今，我相信自己找到了这样的领域——人格判断。这不是一个新兴的研究领域，更谈不上是一个"尖端"的研究领域，但它一定是跟每个人都休戚相关的领域。从古代哲学对人性的探讨到当代心理学关于心理的脑神经机制研究，从人格心理学的人格测量与评估到社会心理学的自我与社会认知研究，人们试图通过多种渠道和方法去接近那个"真实的人"。然而，即便我们能够将所有学科的研究成果都整合起来，仍然无法获取一幅"真实的人"的画像，这是一种真正的挑战。

　　书稿完成在即，欣慰之余，首先我要感谢我的导师郑雪教授，是他将我带入人格这样一个既有意义又有挑战的研究领域，感谢他17年来无微不至的关爱与教导。其次，感谢我的学生吴颖、谭慧、赖庭红、姚斌、刘小芝，他们不仅帮助我整理文献资料，进行广泛的实证研究，还提出了许多合理的建议，感谢他们为此付出的辛勤劳动。再次，感谢广州大学教育学院领导和同事的关心与支持，本书的出版得到了广州大学教育学院学科建设经费的大力资助，正是这种融洽的学术氛围与宽松的激励机制让本书得以出版。最后，感谢暨南大学出版社为本书出版所做的大量工作。此外，我要特别感谢我的妻子，感谢她这么多年来为家庭的无私奉献，感谢我的孩子，谢谢她对我这份"苦差事"的理解。

　　书写完了，按说心里应该比较轻松才对，然而却怎么也轻松不起来，反倒多了许多担心。其一是担心"言多必失"，人格判断涉及面太广，写得越多就越容易"露出马脚"；其二是担心自己有"打肿脸来充胖子"之嫌，老实说，写这样一本书我觉得底气不足；其三是担心别人说这本书"挂羊头卖狗肉"，怕书中有些内容"名不符实"；其四是担心别人说我"关公面前耍大刀"，无论是在人格判断还是社会知觉领域，国内外有许许多多优秀的专家学者，我充其量算个"小学生"。尽管这样的担心还有很多，但我仍坚持写作的初衷：帮助我们准确地了解和判断一个人。为了让本书更有说服力和权威性，我在写作的过程中引用了国内外大量的文献资料，在此表示诚挚的谢意。不管我怎么努力，书中难免会有纰漏，恳请读者朋友提出宝贵意见。

陈少华
2013 年 8 月于云山熹景